大学数学系列课程

高等数学 下

学习指导与练习

第二版

湖南大学数学与计量经济学院 组 编

肖 萍 李永群 全志勇 主 编

湖南大学出版社

U0738904

内 容 简 介

本书是湖南大学数学与计量经济学院组编的大学数学系列教材中的《大学数学2》（理工类）及《微积分》（经济类）的配套学习辅导教材。本书编写的顺序与教材大致相同，内容紧密联系原教材，并且又具有相对的独立性。内容包括向量代数与空间解析几何、多元函数微分学及其应用、多元函数积分学及其应用和无穷级数等。书中每章由五个部分构成：内容要点与教学基本要求、释疑解难、典型例题分析和问题讨论、课内练习、课内练习解答与提示。本书还附有课后习题和综合测试及其参考答案。

本书旨在帮助学生归纳、总结并掌握知识要点，领会分析问题和解决问题的方法技巧，提高学习能力。本书可作为理工类和经济类微积分课程的学习辅导与教学参考书，也可作为考研学生在基础阶段的复习用书。

图书在版编目（CIP）数据

高等数学（下）学习指导与练习（第二版）/肖萍，李永群，全志勇主编. —长沙：湖南大学出版社，2015.8（2019.1重印）

（大学数学系列课程）

ISBN 978-7-5667-0810-6

Ⅰ.①高… Ⅱ.①肖… ②李… ③全… Ⅲ.①高等数学—高等学校—教学参考资料 Ⅳ.①O13

中国版本图书馆 CIP 数据核字（2015）第 037506 号

高等数学（下）学习指导与练习（第二版）

GAODENG SHUXUE（XIA）XUEXI ZHIDAO YU LIANXI（DI-ER BAN）

主　　编：肖　萍　李永群　全志勇
责任编辑：陈建华　金红艳　**责任校对：**全　健
特约编辑：彭亚新
印　　装：长沙市昱华印务有限公司
开　　本：787×1092　16 开　**印张：**17　**字数：**414 千
版　　次：2015 年 8 月第 2 版　**印次：**2019 年 1 月第 4 次印刷
书　　号：ISBN 978-7-5667-0810-6
定　　价：38.00 元

出版人：雷　鸣
出版发行：湖南大学出版社
社　　址：湖南·长沙·岳麓山　　　**邮　编：**410082
电　　话：0731-88822559（发行部），88821327（编辑室），88821006（出版部）
传　　真：0731-88649312（发行部），88822264（总编室）
网　　址：http://www.hnupress.com
电子邮箱：presschenjh@hnu.edu.cn

大学数学系列课程

湖南大学数学与计量经济学院　组编

编委会主任　罗　汉

编委会成员（按姓氏笔画排列）

　　　　马传秀　邓远北　李永群　全志勇

　　　　刘开宇　刘先霞　孟益民　肖　萍

　　　　罗　汉　周金华　胡合兴　晏华辉

　　　　蒋月评　彭国强　彭亚新　彭　豪

《高等数学(上)学习指导与练习》（第二版）　主　编　刘开宇　孟益民　胡合兴

《高等数学(下)学习指导与练习》（第二版）　主　编　肖　萍　李永群　全志勇

《概率论与数理统计学习指导与练习》（第二版）　主　编　彭国强　刘先霞

《线性代数学习指导与练习》（第二版）　主　编　邓远北　彭亚新　马传秀

《复变函数学习指导与练习》　主　编　周金华

编写说明

　　大学数学系列课程(包括高等数学(微积分)、线性代数、概率论与数理统计和复变函数等)是高等学校主要的基础理论课。熟练掌握大学数学的基本概念、基本理论和基本方法,不仅对学生们学好后续的课程是十分必要的,而且对于他们今后的提高和发展也具有重要的影响和作用。

　　目前我国的高等教育已经逐渐从以往的精英教育转变为大众化教育,为提高学校的教学质量,诸多高校纷纷提出"大班授课,小班辅导"的教学模式,并加强"过程"教学和教学助理(TA)制度。为了适应高等学校教学形式的变化,我们尝试编写了这套大学数学系列课程学习指导与练习丛书,一方面能为 TA 及小班辅导课提供教学的参考材料,另一方面能对学生们的课程学习提供辅导和帮助。

　　本套丛书在"学习指导"这一部分,通过内容要点与教学基本要求、释疑解难、典型例题分析和问题讨论、课内练习和课内练习解答与提示等内容,使学生们能不断加深对基本概念和基本理论的理解,掌握数学的思维和方法,提高分析问题和解决问题的能力;在"练习"这一部分则提供课后的习题作业(活页)和综合测试及其答案,便于师生们使用。

　　这套丛书针对高等本科院校非数学类专业的高等数学、线性代数、概率论与数理统计和复变函数等大学数学系列课程,在章节的编排上与我院目前组编的两套大学数学系列教材大致配合,以便能与课堂教学的需求保持同步,同时为让更多的读者使用起来方便,编写时也注意了本丛书相对的独立性。它可作为上述课程的学习辅导和教学参考用书,同时也适合考研学生在基础阶段的复习使用。

　　为了编好这套丛书,我们组织了一些具有丰富教学经验的教师组成编写团队,并就本书的内容体系和结构进行了反复讨论,湖南大学出版社的领导和编辑也提出了许多宝贵的建议。尽管如此,由于我们编写此类书的经验不足,又限于作者水平,书中疏漏不当之处在所难免,还望读者们批评指正。

　　本册《高等数学(下)学习指导与练习》由肖萍、李永群、全志勇主编,周金华副主编,刘鹏飞、强华参编。我们对支持本书出版的湖南大学数学与计量经济学院各位老师、湖南大学教务处和湖南大学出版社表示衷心的感谢!

湖南大学数学与计量经济学院
2015 年 8 月

目　次

1 向量代数与空间解析几何

1.1 内容要点与教学基本要求

一、内容要点

(一)空间直角坐标系、向量的概念及其运算

1. 空间直角坐标系的两个基本问题

空间两点间的距离公式:若 $M_1(x_1,y_1,z_1)$, $M_2(x_2,y_2,z_2)$ 为空间任意两点,则 M_1M_2 的距离为

$$d = |M_1M_2| = \sqrt{(x_2-x_1)^2 + (y_2-y_1)^2 + (z_2-z_1)^2}.$$

定比分点公式:若点 $M(x,y,z)$ 是线段 M_1M_2 的分点,且 $\dfrac{M_1M}{MM_2}=\lambda(\lambda\neq-1)$,则分点 M 的坐标为

$$x = \frac{x_1+\lambda x_2}{1+\lambda}, y = \frac{y_1+\lambda y_2}{1+\lambda}, z = \frac{z_1+\lambda z_2}{1+\lambda}.$$

当 $\lambda=1$ 时,M 是线段 M_1M_2 的中点,中点坐标为

$$x = \frac{x_1+x_2}{2}, y = \frac{y_1+y_2}{2}, z = \frac{z_1+z_2}{2}.$$

2. 向量的概念

向量:既有大小,又有方向的量.若 $M_1(x_1,y_1,z_1)$, $M_2(x_2,y_2,z_2)$ 为空间任意两点,则

$$\overrightarrow{M_1M_2} = (x_2-x_1, y_2-y_1, z_2-z_1).$$

向量的模:向量的大小,记为 $\|\boldsymbol{a}\|$.若向量 $\boldsymbol{a}=a_x\boldsymbol{i}+a_y\boldsymbol{j}+a_z\boldsymbol{k}=(a_x,a_y,a_z)$,则向量的模为

$$\|\boldsymbol{a}\| = \sqrt{a_x^2+a_y^2+a_z^2}.$$

零向量:模为零的向量,零向量的方向是任意的.

单位向量:模为 1 的向量.若向量 $\boldsymbol{a}$ 的单位向量记为 $\boldsymbol{a}^\circ$,则

$$\boldsymbol{a}^\circ = \frac{\boldsymbol{a}}{\|\boldsymbol{a}\|} = (\frac{a_x}{\sqrt{a_x^2+a_y^2+a_z^2}}, \frac{a_y}{\sqrt{a_x^2+a_y^2+a_z^2}}, \frac{a_z}{\sqrt{a_x^2+a_y^2+a_z^2}}).$$

向量的方向余弦:

$$\cos\alpha = \frac{a_x}{\sqrt{a_x^2+a_y^2+a_z^2}}, \cos\beta = \frac{a_y}{\sqrt{a_x^2+a_y^2+a_z^2}}, \cos\gamma = \frac{a_z}{\sqrt{a_x^2+a_y^2+a_z^2}}.$$

显然有
$$a^\circ = (\cos\alpha, \cos\beta, \cos\gamma), \ \text{且}\cos^2\alpha + \cos^2\beta + \cos^2\gamma = 1.$$

3. 向量的运算及性质

加法运算:设 $a=(a_x, a_y, a_z), b=(b_x, b_y, b_z)$,则
$$a+b=(a_x+b_x, a_y+b_y, a_z+b_z)=(a_x+b_x)i+(a_y+b_y)j+(a_z+b_z)k.$$

数乘向量:设 λ 是一个数,$a=(a_x, a_y, a_z)$,则 $\lambda a=(\lambda a_x, \lambda a_y, \lambda a_z)$,且有
$$\|\lambda a\| = \begin{cases} \lambda\|a\| \ (\lambda a \ \text{与} \ a \ \text{同向}), \lambda > 0, \\ 0, \lambda = 0, \\ |\lambda|\|a\| \ (\lambda a \ \text{与} \ a \ \text{反向}), \lambda < 0. \end{cases}$$

向量的数量积(点积、内积):设 $a=(a_x, a_y, a_z)$, $b=(b_x, b_y, b_z)$,则
$$a \cdot b = \|a\|\|b\|\cos\langle a,b\rangle = \|a\|\operatorname{Prj}_a b = \|b\|\operatorname{Prj}_b a = a_x b_x + a_y b_y + a_z b_z.$$

向量的数量积满足以下规律:

(1)交换律:$a \cdot b = b \cdot a$;

(2)分配律:$a \cdot (b+c) = a \cdot b + a \cdot c$;

(3)与数乘向量有结合律:$\lambda(a \cdot b) = (\lambda a) \cdot b = a \cdot (\lambda b)$.

向量的向量积(叉积、外积):设 $a=(a_x, a_y, a_z), b=(b_x, b_y, b_z)$,则
$$a \times b = c \Longleftrightarrow \begin{cases} \|c\| = \|a\|\|b\|\sin\langle a,b\rangle; \\ c \perp a, c \perp b; \\ a, b, c \ \text{成右手系}. \end{cases}$$

$$a \times b = \begin{vmatrix} i & j & k \\ a_x & a_y & a_z \\ b_x & b_y & b_z \end{vmatrix} = \begin{vmatrix} a_y & a_z \\ b_y & b_z \end{vmatrix} i - \begin{vmatrix} a_x & a_z \\ b_x & b_z \end{vmatrix} j + \begin{vmatrix} a_x & a_y \\ b_x & b_y \end{vmatrix} k$$
$$= (a_y b_z - a_z b_y)i + (a_z b_x - a_x b_z)j + (a_x b_y - a_y b_x)k.$$

向量的向量积满足以下规律:

(1)反交换律:$a \times b = -b \times a$;

(2)分配律:$a \times (b+c) = a \times b + a \times c$;

(3)与数乘向量有结合律:$\lambda(a \times b) = (\lambda a) \times b = a \times (\lambda b)$.

向量的混合积:设 $a=(a_x, a_y, a_z), b=(b_x, b_y, b_z), c=(c_x, c_y, c_z)$,则

$$[a,b,c] = (a \times b) \cdot c = \begin{vmatrix} a_x & a_y & a_z \\ b_x & b_y & b_z \\ c_x & c_y & c_z \end{vmatrix}.$$

向量的混合积满足轮换对称性:$[a,b,c]=[b,c,a]=[c,a,b]$;两向量互换,混合积变号:$[a,b,c]=-[a,c,b]=-[c,b,a]=-[b,a,c]$.

4. 向量运算的应用

两个非零向量的夹角:$\cos\langle a,b\rangle = \dfrac{a \cdot b}{\|a\|\|b\|} = \dfrac{a_x b_x + a_y b_y + a_z b_z}{\sqrt{a_x^2+a_y^2+a_z^2} \cdot \sqrt{b_x^2+b_y^2+b_z^2}}.$

两个非零向量垂直的条件:$a \perp b \Longleftrightarrow a \cdot b = 0 \Longleftrightarrow a_x b_x + a_y b_y + a_z b_z = 0.$

两个非零向量平行的条件：$a \parallel b \Leftrightarrow a = \lambda b \Leftrightarrow \lambda a + \mu b = 0 \Leftrightarrow a \times b = 0 \Leftrightarrow \dfrac{b_x}{a_x} = \dfrac{b_y}{a_y} = \dfrac{b_z}{a_z}$.

三个非零向量的共面：a, b, c 共面 $\Leftrightarrow \lambda a + \mu b + \gamma c = 0 \Leftrightarrow [a, b, c] = 0 \Leftrightarrow$

$$\begin{vmatrix} a_x & a_y & a_z \\ b_x & b_y & b_z \\ c_x & c_y & c_z \end{vmatrix} = 0.$$

（二）平面与直线

1. 平面方程

平面的一般方程：$Ax + By + Cz + D = 0$，其中 $n = (A, B, C)$ 为法向量. 若方程中某个坐标不出现，则平面就平行于该坐标轴；若方程中只出现一个坐标，则平面就垂直于该坐标轴. 例如平面 $Ax + Cz + D = 0$ 平行于 y 轴，平面 $Cz + D = 0$ 垂直于 z 轴.

平面的点法式方程：$A(x - x_0) + B(y - y_0) + C(z - z_0) = 0$，其中 $n = (A, B, C)$ 为法向量，$M_0(x_0, y_0, z_0)$ 为平面上的已知点.

平面的三点式方程：$\begin{vmatrix} x - x_1 & y - y_1 & z - z_1 \\ x_2 - x_1 & y_2 - y_1 & z_2 - z_1 \\ x_3 - x_1 & y_3 - y_1 & z_3 - z_1 \end{vmatrix} = 0$，其中 $M_1(x_1, y_1, z_1)$，$M_2(x_2, y_2, z_2)$，$M_3(x_3, y_3, z_3)$ 为平面上的三个点.

平面的截距式方程：$\dfrac{x}{a} + \dfrac{y}{b} + \dfrac{z}{c} = 1$，其中 a, b, c 分别为平面在三个坐标轴上的截距，即平面过三点 $(a, 0, 0)$，$(0, b, 0)$，$(0, 0, c)$.

平面束方程：由平面 $\Pi_1 : A_1 x + B_1 y + C_1 z + D_1 = 0$ 与平面 $\Pi_2 : A_2 x + B_2 y + C_2 z + D_2 = 0$ 所确定的平面束方程为 $\lambda(A_1 x + B_1 y + C_1 z + D_1) + \mu(A_2 x + B_2 y + C_2 z + D_2) = 0$.

2. 两平面间的关系

设平面 $\Pi_1 : A_1 x + B_1 y + C_1 z + D_1 = 0$ 与平面 $\Pi_2 : A_2 x + B_2 y + C_2 z + D_2 = 0$，$\Pi_1$ 与 Π_2 的夹角为 θ，则

$$\cos\theta = \frac{|A_1 A_2 + B_1 B_2 + C_1 C_2|}{\sqrt{A_1^2 + B_1^2 + C_1^2} \cdot \sqrt{A_2^2 + B_2^2 + C_2^2}};$$

$$\Pi_1 \parallel \Pi_2 \Leftrightarrow \frac{A_1}{A_2} = \frac{B_1}{B_2} = \frac{C_1}{C_2};$$

$$\Pi_1 \perp \Pi_2 \Leftrightarrow A_1 A_2 + B_1 B_2 + C_1 C_2 = 0.$$

点 $M(x_0, y_0, z_0)$ 到平面 $\Pi : Ax + By + Cz + D = 0$ 的距离为

$$d = \frac{|A x_0 + B y_0 + C z_0 + D|}{\sqrt{A^2 + B^2 + C^2}}.$$

3. 空间直线方程

空间直线的一般方程（两个平面的交线）：$\begin{cases} A_1 x + B_1 y + C_1 z + D_1 = 0, \\ A_2 x + B_2 y + C_2 z + D_2 = 0, \end{cases}$ 其中直线的方

向向量为 $s = n_1 \times n_2 = \begin{vmatrix} i & j & k \\ A_1 & B_1 & C_1 \\ A_2 & B_2 & C_2 \end{vmatrix}$.

空间直线的点向式(对称式)方程：$\dfrac{x-x_0}{m} = \dfrac{y-y_0}{n} = \dfrac{z-z_0}{p}$，其中 $M(x_0, y_0, z_0)$ 为直线上已知点，$s = (m, n, p)$ 为直线的方向向量.

空间直线的参数式方程：$\begin{cases} x = x_0 + mt, \\ y = y_0 + nt, \\ z = z_0 + pt, \end{cases}$ 其中 $M(x_0, y_0, z_0)$ 为直线上已知点，$s = (m, n, p)$ 为直线的方向向量，t 为参数.

空间直线的两点式方程：$\dfrac{x-x_1}{x_2-x_1} = \dfrac{y-y_1}{y_2-y_1} = \dfrac{z-z_1}{z_2-z_1}$，其中 $M_1(x_1, y_1, z_1)$，$M_2(x_2, y_2, z_2)$ 为直线上两点.

4. 直线间的关系

设有两直线 $\Gamma_1 : \dfrac{x-x_1}{m_1} = \dfrac{y-y_1}{n_1} = \dfrac{z-z_1}{p_1}$ 与 $\Gamma_2 : \dfrac{x-x_2}{m_2} = \dfrac{y-y_2}{n_2} = \dfrac{z-z_2}{p_2}$，则 Γ_1 与 Γ_2 的夹角为 θ，则

$$\cos\theta = \frac{|m_1 m_2 + n_1 n_2 + p_1 p_2|}{\sqrt{m_1{}^2 + n_1{}^2 + p_1{}^2} \cdot \sqrt{m_2{}^2 + n_2{}^2 + p_2{}^2}};$$

$$\Gamma_1 /\!/ \Gamma_2 \Leftrightarrow \frac{m_1}{m_2} = \frac{n_1}{n_2} = \frac{p_1}{p_2};$$

$$\Gamma_1 \perp \Gamma_2 \Leftrightarrow m_1 m_2 + n_1 n_2 + p_1 p_2 = 0.$$

点 $M_1(x_1, y_1, z_1)$ 到直线 $\Gamma : \dfrac{x-x_0}{m} = \dfrac{y-y_0}{n} = \dfrac{z-z_0}{p}$ 的距离为

$$d = \frac{\|s \times \overrightarrow{M_1 M_0}\|}{\|s\|} = \frac{\left\| \begin{vmatrix} i & j & k \\ x_0-x_1 & y_0-y_1 & z_0-z_1 \\ m & n & p \end{vmatrix} \right\|}{\sqrt{m^2 + n^2 + p^2}}.$$

5. 平面与直线间的关系

设平面 $\Pi : Ax + By + Cz + D = 0$ 和直线 $\Gamma : \dfrac{x-x_0}{m} = \dfrac{y-y_0}{n} = \dfrac{z-z_0}{p}$，$\Pi$ 与 Γ 的夹角为 φ，则

$$\sin\varphi = \frac{|Am + Bn + Cp|}{\sqrt{A^2 + B^2 + C^2} \cdot \sqrt{m^2 + n^2 + p^2}};$$

$$\Pi /\!/ \Gamma \Leftrightarrow Am + Bn + Cp = 0;$$

$$\Pi \perp \Gamma \Leftrightarrow \frac{A}{m} = \frac{B}{n} = \frac{C}{p}.$$

(三)曲面与空间曲线

1. 曲面方程

曲面的一般方程：$F(x,y,z)=0$.

曲面的参数方程：$x=x(u,v),y=y(u,v),z=z(u,v)$.

2. 球面方程

球面：$(x-x_0)^2+(y-y_0)^2+(z-z_0)^2=R^2$，其中 $M_0(x_0,y_0,z_0)$ 为球心，R 为半径.

3. 柱面方程

柱面：平行于定直线并沿定曲线 C 移动的直线 L 形成的轨迹，定曲线 C 称为柱面的准线，动直线 L 称为柱面的母线.

准线为 C：$\begin{cases} f(x,y)=0, \\ z=0, \end{cases}$ 母线平行于 z 轴的柱面方程为 $f(x,y)=0$；

准线为 C：$\begin{cases} g(x,z)=0, \\ y=0, \end{cases}$ 母线平行于 y 轴的柱面方程为 $g(x,z)=0$；

准线为 C：$\begin{cases} h(y,z)=0, \\ x=0, \end{cases}$ 母线平行于 x 轴的柱面方程为 $h(y,z)=0$.

常见的柱面方程：圆柱面：$x^2+y^2=R^2$；椭圆柱面：$\dfrac{x^2}{a^2}+\dfrac{y^2}{b^2}=1$；双曲柱面：$\dfrac{x^2}{a^2}-\dfrac{y^2}{b^2}=1$；抛物柱面：$y^2=2px\ (p>0)$.

4. 旋转曲面方程

旋转曲面：由一已知平面曲线 L 绕该平面上一定直线旋转一周而成的曲面，定直线称为旋转曲面的轴，曲线 L 称为旋转曲面的母线.

平面曲线 L：$\begin{cases} f(x,y)=0, \\ z=0 \end{cases}$ 绕 x 轴旋转一周而成的旋转曲面方程为 $f(x,\pm\sqrt{y^2+z^2})=0$；绕 y 轴旋转一周而成的旋转曲面方程为 $f(\pm\sqrt{x^2+z^2},y)=0$.

常见的旋转曲面：旋转椭球面；旋转抛物面；旋转双曲面；圆锥面等.

5. 标准二次曲面方程

椭球面：$\dfrac{x^2}{a^2}+\dfrac{y^2}{b^2}+\dfrac{z^2}{c^2}=1$；单叶双曲面：$\dfrac{x^2}{a^2}+\dfrac{y^2}{b^2}-\dfrac{z^2}{c^2}=1$；双叶双曲面：$\dfrac{x^2}{a^2}+\dfrac{y^2}{b^2}-\dfrac{z^2}{c^2}=-1$；椭圆抛物面：$\dfrac{x^2}{a^2}+\dfrac{y^2}{b^2}=2pz$；双曲抛物面（又称马鞍面）：$\dfrac{x^2}{a^2}-\dfrac{y^2}{b^2}=2pz$；二次锥面：$\dfrac{x^2}{a^2}+\dfrac{y^2}{b^2}-\dfrac{z^2}{c^2}=0$.

6. 曲线方程

曲线的一般方程：$\begin{cases} F(x,y,z)=0, \\ G(x,y,z)=0. \end{cases}$

曲线的参数方程：$x=x(t),y=y(t),z=z(t)$.

7. 投影曲线方程

投影曲线:空间曲线 Γ 的所有点在平面 Π 上的垂足所构成的曲线经过 Γ 的每一点均有平面 Π 的一条垂线,这些垂线构成一个柱面,称为 Γ 到平面 Π 的投影柱面.

空间曲线 $\Gamma:\begin{cases} F(x,y,z)=0, \\ G(x,y,z)=0 \end{cases}$ 在 xOy 面、zOx 面和 yOz 面上的投影曲线方程分别为

$$\begin{cases} \varphi(x,y)=0, \\ z=0, \end{cases} \begin{cases} \psi(x,z)=0, \\ y=0 \end{cases} 和 \begin{cases} \omega(y,z)=0, \\ x=0. \end{cases}$$

其中 $\varphi(x,y)=0,\psi(x,z)=0,\omega(y,z)=0$ 为方程组中分别消去 z,y 和 x 而得到一个母线分别平行于 z 轴、y 轴和 x 轴的柱面方程.

二、教学基本要求

(1)理解向量及其相关概念.掌握向量的运算(加减法、数乘、数量积、向量积、混合积).了解两个向量夹角的求法和两个向量垂直、平行的条件.

(2)理解空间直角坐标系.熟练掌握两点间距离公式.理解向量在坐标轴上的投影.

(3)熟练掌握向量的模、方向余弦及单位向量的坐标表达式.熟练掌握用坐标表达式进行向量运算.

(4)掌握平面的方程(点法式、截距式、一般方程)和直线的方程(点向式、参数式、一般方程)及其求法.会求平面与平面、平面与直线之间的夹角及点到直线,点到平面的距离.

(5)了解一般曲面方程的概念.了解以坐标轴为旋转轴的旋转曲面及母线平行于坐标轴的柱面方程.了解常见二次曲面(如球面、椭球面、单叶双曲面、双叶双曲面、椭圆抛物面、双曲抛物面等)的方程及其图形.

(6)知道空间曲线的参数方程和一般方程.

1.2　释疑解难

1. 空间解析几何的特点及其在本课程中的作用如何?

答　解析几何是用代数方法研究几何图形的科学.若限于研究平面上的几何图形,则为平面解析几何.若限于研究三维空间的几何图形,则为空间解析几何.

解析几何的实质是借助向量代数这一工具建立点与有序数组之间的关系.把代数方程与曲线、曲面(通过坐标)对应起来,从而能用代数方法研究几何图形.

解析几何的基本问题有两类:

(1)已知点的几何轨迹,如何建立其代数方程?

(2)已知代数方程,如何确定其几何轨迹?

空间解析几何在本课程中能给出多元函数几何解释,使人们能直观理解多元函数微积分的代数语言的意义.

2. 如何确定一个向量?确定向量的坐标有哪些方法?

答　确定一个向量要从两方面去分析思考:其一是确定该向量的两要素——大小(长

度或模)$\|a\|$ 和方向 a°(或求出方向余弦或方向角),即 $a = \|a\| a^\circ$;其二是确定该向量在坐标轴上的投影 a_x, a_y, a_z,也即 $a = (a_x, a_y, a_z)$.

求向量坐标的方法要根据所给的条件来确定,一般有以下几种常用方法:

(1)如果已知向量 a 的起点坐标 $A(x_1, y_1, z_1)$ 及终点坐标 $B(x_2, y_2, z_2)$,则
$$a = (x_2 - x_1, y_2 - y_1, z_2 - z_1);$$

(2)如果已知向量 a 按基本单位向量的分解式为 $a = xi + yj + zk$,则
$$a = (x, y, z);$$

(3)如果已知向量 a 的模 $\|a\|$ 及方向角 α, β, γ,则
$$a = (\|a\| \cos \alpha, \|a\| \cos \beta, \|a\| \cos \gamma);$$

(4)如果向量 a 与 $b = (x, y, z)$ 平行,则 $a = (\lambda x, \lambda y, \lambda z)$,其中 λ 的值要由 a 的模及方向来确定.

(5)根据向量的数量积和向量积的性质来确定.

关于这一方面的例子,读者可参考本章第三节典型例题分析和问题讨论中的例 2.

3. 设单位向量 e 与 yOz 面、zOx 面的夹角依次为 A, B,则 e 与 xOy 面的夹角 C 能确定吗? 单位向量 e 能确定吗?

答 向量 e 的方向角 α, β, γ 与 e 和三个坐标面的夹角 A, B, C 的关系是
$$A = \left| \frac{\pi}{2} - \alpha \right|, \quad B = \left| \frac{\pi}{2} - \beta \right|, \quad C = \left| \frac{\pi}{2} - \gamma \right|,$$
从而 $\cos \alpha = \pm \sin A, \cos \beta = \pm \sin B, \cos \gamma = \pm \sin C$.

由 $\cos^2 \alpha + \cos^2 \beta + \cos^2 \gamma = 1$,即得
$$\sin^2 A + \sin^2 B + \sin^2 C = 1.$$
于是有
$$\sin C = \sqrt{1 - \sin^2 A - \sin^2 B}, \quad C = \arcsin \sqrt{1 - \sin^2 A - \sin^2 B}.$$
因而有
$$e = (\pm \sin A, \pm \sin B, \pm \sin C).$$

总之,已知 A 和 B,可唯一地确定夹角 C,而单位向量 e 可能有八个解.

在求向量 e 时常会漏解,其原因在于对下述问题注意不够,这就是:向量与向量的夹角在 $[0, \pi]$ 中取值,而向量与直线、向量与平面、直线与直线、直线与平面及平面与平面的夹角通常都是在 $[0, \frac{\pi}{2}]$ 中取值.例如方向角 α, β, γ 在 $[0, \pi]$ 中取值,而向量与坐标面的夹角 A, B, C 在 $[0, \frac{\pi}{2}]$ 中取值.

4. 向量的数量积和向量积在几何上有什么应用?

答 两向量的数量积的几何应用有:

(1)求向量 a 的长度或模(即 $\|a\| = \sqrt{a \cdot a}$);

(2)求向量 a 与 b 的夹角 θ(即 $\cos \theta = \dfrac{a \cdot b}{\|a\| \|b\|}$);

(3)判断向量 a 与 b 垂直(即 $a \cdot b = 0$);

(4)求向量 b 在向量 a 上的投影(即 $\mathrm{Prj}_a b = \dfrac{a \cdot b}{\|a\|} = a^\circ \cdot b$). 特别地,向量 a 在直角坐标系中的坐标为 $a_x = \mathrm{Prj}_i a = a \cdot i, a_y = a \cdot j, a_z = a \cdot k$.

两向量的向量积的几何应用有:

(1)判断 a 与 b 共线(即 $a \times b = 0$);

(2)求与 a, b 都垂直的向量(即 $a \times b$);

(3)求 $\triangle ABC$ 的面积(即 $S_{\triangle ABC} = \dfrac{1}{2} \| \overrightarrow{AB} \times \overrightarrow{AC} \|$).

5. 如何运用向量来解几何题?

答 解题时应注意两个知识点的应用:

一是熟练运用向量的线性运算,如 $\overrightarrow{AB} = \lambda \overrightarrow{BP}$ 表示 A, B, P 三点共线;又如取点 M,有 $\overrightarrow{AB} = \overrightarrow{AM} + \overrightarrow{MB} = \overrightarrow{MB} - \overrightarrow{MA}$.

解题时可先作图,然后从图形中分析有关有向线段之间的相互关系,再运用向量运算达到解题目的.

二是熟练运用数量积、向量积和混合积的三条性质,即设 $a = (a_x, a_y, a_z) \neq 0, b = (b_x, b_y, b_z) \neq 0, c = (c_x, c_y, c_z) \neq 0$,则

$$a \perp b \Leftrightarrow a \cdot b = 0 \Leftrightarrow a_x b_x + a_y b_y + a_z b_z = 0;$$

$$a \mathbin{/\mkern-5mu/} b \Leftrightarrow a \times b = 0 \Leftrightarrow \frac{a_x}{b_x} = \frac{a_y}{b_y} = \frac{a_z}{b_z};$$

$$a, b, c \text{ 共面} \Leftrightarrow (a \times b) \cdot c = 0 \Leftrightarrow \begin{vmatrix} a_x & a_y & a_z \\ b_x & b_y & b_z \\ c_x & c_y & c_z \end{vmatrix} = 0.$$

6. 在求通过直线 $\Gamma: \begin{cases} x - 2y - z + 3 = 0 \\ x + y - z - 1 = 0 \end{cases}$ 且与平面 $\Pi: x - 2y - z = 0$ 垂直的平面方程时,如下解法对吗?出现的矛盾现象作何解释?

该所求平面的方程为

$$(x - 2y - z + 3) + \lambda(x + y - z - 1) = 0,$$

即

$$(1 + \lambda)x + (\lambda - 2)y - (1 + \lambda)z + (3 - \lambda) = 0.$$

由于所求平面与平面 Π 垂直,故有

$$(1 + \lambda) - 2(\lambda - 2) + (1 + \lambda) = 0,$$

即 $6 = 0$. 此为矛盾方程,即 λ 无解,故所求平面不存在.

答 不对.所设平面束方程并没有包含过直线 L 的所有平面.因为无论怎样选取 λ,也不会得到 $x + y - z - 1 = 0$ 这个平面,而这个平面恰恰是所求的平面.正确做法如下:

设通过 L 的平面束方程为

$$\lambda(x - 2y - z + 3) + \mu(x + y - z - 1) = 0,$$

整理得

$$(\lambda+\mu)x+(\mu-2\lambda)y-(\lambda+\mu)\gamma+(3\lambda-\mu)=0.$$

由于所求平面与平面 Π 垂直,应有

$$(\lambda+\mu)-2(\mu-2\lambda)+(\lambda+\mu)=0,$$

解得 $\lambda=0$,故所求平面为 $x+y-z-1=0$.

注　当单参数的平面束方程关于 λ 无解时,不能肯定所求平面不存在,因为在单参数的平面束方程中缺少一个平面.此时可用双参数的平面束方程求解,也可直接验证所缺平面是否为所求平面.若不是,则无解.

7. 直线的参数方程有何意义,如何应用?

答　直线的参数方程的物理意义:若质点从点 $M_0(x_0,y_0,z_0)$ 出发,以速度 $v=(l,m,n)$ 作匀速直线运动,则其运动可分解为三个坐标轴上的分运动,其运动规律为 $x=x_0+lt$, $y=y_0+mt,z=z_0+nt$.对整个运动来说,它就是直线的参数方程.

直线的参数方程应用于求直线和平面的交点是非常方便的,可将直线的参数方程代入平面方程,若解得唯一的参数值 t,再将这个参数值代入参数方程即能求得交点坐标.对直线而言,用参数式来处理问题大多数时候很有效.

8. 如何判断两条直线是相交、异面还是重合?

直线 $\Gamma_1:\dfrac{x}{2}=\dfrac{y+2}{3}=\dfrac{z}{4}$ 与直线 $\Gamma_2:x-1=y+2=\dfrac{z-2}{2}$ 是相交、异面还是重合?

答　首先利用三向量 a,b,c 共面的充要条件 $(a\times b)\cdot c=0$,来判断两条直线是否共面.

例如本题中两直线的方向向量分别为 $s_1=(2,3,4),s_2=(1,1,2)$.在 Γ_1 上取点 $P_1(0,-2,0)$,在 Γ_2 上取点 $P_2(1,-2,2)$,得到 $\overrightarrow{P_1P_2}=(1,0,2)$.由于

$$(s_1\times s_2)\cdot\overrightarrow{P_1P_2}=\begin{vmatrix}2&3&4\\1&-2&2\\1&0&2\end{vmatrix}=0,$$

因此 s_1,s_2 及 $\overrightarrow{P_1P_2}$ 三向量共面.又由于 s_1 与 s_2 不平行,所以直线 Γ_1 与 Γ_2 相交.

另外,当两直线 Γ_1 与 Γ_2 平行时,则两直线一定共面.此时要判断两者是否重合,只需在 Γ_1 上取一点 P_1 验证其是否在 Γ_2 上.若 P 在 Γ_2 上,则说明 Γ_1 与 Γ_2 重合;否则两直线平行.

9. 如何求旋转曲面的方程?

答　这个问题比较复杂.以下仅就旋转轴为坐标轴的情形讨论:

(1)母线在旋转轴所在坐标面内.此时,旋转曲面方程可按"同名不变,异名代根"得到,即保留母线方程中与旋转轴同名的坐标,以其余两坐标平方和的平方根替代母线方程中的另一坐标,即得所求的旋转曲面方程.

比如 yOz 面的曲线 $y^2+2z=0$ 绕 z 轴旋转一周所得曲面方程为

$$(\pm\sqrt{x^2+y^2})^2+2z=0, 即\ x^2+y^2+2z=0.$$

（2）母线不在旋转轴所在坐标面内,此时可取与旋转轴同名的坐标为参数;将曲线方程化为参数方程形式,比如旋转轴为 z 轴时,化为

$$\begin{cases} x=f(z), \\ y=g(z), \end{cases}$$

则旋转曲面方程为 $x^2+y^2=f^2(z)+g^2(z)$.

事实上,设 (x,y,z) 是旋转面上任一点,则它必在曲线上某点 (x_0,y_0,z_0) 绕 z 轴旋转产生的圆上.注意到该圆上各点的竖坐标相等,且到 z 轴的距离相等,有

$$z=z_0, \quad x^2+y^2=x_0^2+y_0^2.$$

由于 (x_0,y_0,z_0) 在曲线上,因此, $x_0=f(z_0), y_0=g(z_0)$. 以上各式联立,消去 x_0,y_0,z_0 得旋转曲面方程为 $x^2+y^2=f^2(z)+g^2(z)$.

（3）当母线方程由参数方程

$$\begin{cases} x=\varphi(t), \\ y=\psi(t), \quad t\in I, \\ z=\omega(t), \end{cases}$$

给出时,它绕 z 轴旋转一周所得曲面方程为

$$\begin{cases} x^2+y^2=\varphi^2(t)+\psi^2(t), \\ z=\omega(t), \end{cases} \quad t\in I,$$

消去参数 t,便得旋转曲面的一般方程.

类似地,可以写出旋转轴为 y 轴或 x 轴时的旋转曲面方程.

10. 如何求空间二次曲线的参数方程?

答 在多元函数极值与曲线积分计算等许多问题中,经常涉及求空间二次曲线的参数方程.对此,可先从曲线的方程中消去一个变量,通过配方、比对(即比对圆、椭圆、双曲线的参数方程)等过程给出所得二元二次方程的参数形式,再代回曲线方程,解出第三个变量,即得曲线的参数方程;亦可利用线性代数中关于二次型的正交化法来实现二次曲线的参数化.值得注意的是,不同方法得到的参数方程因参数的意义不同而不同.

例 1 求曲线 $\begin{cases} x^2+y^2=z, \\ 2x+2y+z=2 \end{cases}$ 的参数方程.

解 消去 z,得

$$x^2+y^2+2x+2y=2,$$

配方得

$$(x+1)^2+(y+1)^2=4.$$

这是 xOy 面内的圆.因此可设 $x+1=2\cos t, y+1=2\sin t (0\leqslant t\leqslant 2\pi)$,即 $x=-1+2\cos t, y=-1+2\sin t$,代入 $2x+2y+z=2$,得

$$z=2(1-x-y)=6-4(\cos t+\sin t).$$

于是所求参数方程为

$$\begin{cases} x=-1+2\cos t, \\ y=-1+2\sin t, \quad\quad 0\leqslant t\leqslant 2\pi. \\ z=6-4(\cos t+\sin t), \end{cases}$$

例 2　求 xOy 面内的曲线 $x^2+y^2+(x+y)^2=1$ 的一个参数方程.

解　整理方程,得 $2x^2+2xy+2y^2=1$,配方得

$$\frac{1}{2}(x-y)^2+\frac{3}{2}(x+y)^2=1.$$

令 $x-y=\sqrt{2}\cos t,x+y=\sqrt{\dfrac{2}{3}}\sin t(0\leqslant t\leqslant 2\pi)$,得曲线的参数方程为

$$\begin{cases} x=\dfrac{1}{\sqrt{2}}\cos t+\dfrac{1}{\sqrt{6}}\sin t, \\[3mm] y=-\dfrac{1}{\sqrt{2}}\cos t+\dfrac{1}{\sqrt{6}}\sin t, \end{cases} \quad 0\leqslant t\leqslant 2\pi.$$

11. 如何求空间点或曲线在其他图形上的投影点或投影线?

答　(1)点在直线(平面)上的投影:过点作垂直于直线(平面)的平面(直线),将直线方程参数化,代入平面方程,求出参数即得投影点.

(2)直线 Γ 在平面 Π 上的投影:过直线 Γ 作垂直于平面 Π 的平面 Π_1,Π_1 与 Π 的交线即为所求直线.

(3)空间曲线 $\Gamma:\begin{cases} F(x,y,z)=0, \\ G(x,y,z)=0 \end{cases}$ 在 xOy 面上的投影:先对方程组消去 z,求出相应的投影柱面 $H(x,y)=0$,然后与坐标面方程 $z=0$ 联立即得所求.

Γ 在 yOz 面和 zOx 面上的投影可用类似的方法求得.

12. 两个曲面围成的立体在坐标面上的投影区域一定是这两个曲面的交线在该坐标面上的投影曲线围成的区域吗?

答　不一定.例如,平面 $z=1$ 与球面 $x^2+y^2+(z-2)^2=4$ 围成的位于平面 $z=1$ 上方的立体在 xOy 面上的投影区域为 $x^2+y^2\leqslant 4$,而这两个曲面的交线为

$$\begin{cases} x^2+y^2=3, \\ z=1. \end{cases}$$

该曲线在 xOy 面上的投影曲线围成的区域为 $x^2+y^2\leqslant 3$.

位于平面 $z=1$ 下方的立体在 xOy 面上的投影区域,与这两曲面的交线在该坐标面上的投影曲线围成的区域一致,即为 $x^2+y^2\leqslant 3$.

1.3　典型例题分析和问题讨论

例 1　下列各式对吗? 为什么?

(1) $a\cdot a\cdot a=a^3$;

(2) $(a\cdot b)^2=a^2\cdot b^2$;

(3)若 $a\neq 0$,$a\cdot b=a\cdot c$,则 $b=c$;

(4)若 $a \neq 0, a \times b = a \times c$，则 $b = c$；

(5)$(a+b) \times (a+b) = a \times a + 2a \times b + b \times b = 2a \times b$；

(6)$(a+b) \times (a-b) = a \times a - b \times b = 0$.

解 以上各式都是错误的. 这些都是由于按照实数的运算法则来进行向量运算所产生的. 下面我们具体地来分析以上错误.

(1)式两端都是没有意义的，即没有三个向量的数量积的定义，也没有 a^3 的定义. 我们规定了 $a^2 = a \cdot a$，它实际上表示 $\| a \|^2$.

(2)式是错误套用实数乘法的结合律. 实际上，(2)式左端为

$$(a \cdot b)^2 = [\| a \| \| b \| \cos\langle a,b \rangle]^2 = a^2 b^2 \cos^2\langle a,b \rangle.$$

可见，只有当 $a \parallel b$ 时，(2)式才成立.

(3)(4)两式是错误套用实数的消去律. 由于数量积和向量积都没有逆运算. 因此，向量的这种消去律不成立. 我们只能得到如下结论：

由(3)式有 $a \cdot (b-c) = 0$ 知 $a \perp (b-c)$；

由(4)式有 $a \times (b-c) = 0$ 知 $a \parallel (b-c)$.

(5)(6)两式是错误套用实数的两项和平方公式及平方差公式而得. 向量积虽满足分配律，但不满足交换律，因此这些公式对向量积都是不成立的. 事实上，由于向量与自身的向量积为零向量，故 $(a+b) \times (a+b) = 0$. 对于 $(a+b) \times (a-b)$ 有

$$(a+b) \times (a-b) = a \times a - a \times b + b \times a - b \times b = 2b \times a.$$

例2 设 $a = (1,1,0), b = (1,0,1)$，向量 v 与 a,b 共面，且 $\mathrm{Prj}_a v = \mathrm{Prj}_b v = 3$，求 v.

解 **方法一** 设 $v = (x,y,z)$，由 v,a,b 三向量共面，可得

$$\begin{vmatrix} x & y & z \\ 1 & 1 & 0 \\ 1 & 0 & 1 \end{vmatrix} = 0, \text{即 } x - y - z = 0.$$

根据 $\mathrm{Prj}_a v = 3$，有 $\dfrac{1}{\| a \|} a \cdot v = 3$，即 $x + y = 3\sqrt{2}$；

根据 $\mathrm{Prj}_b v = 3$，有 $\dfrac{1}{\| b \|} b \cdot v = 3$，即 $x + z = 3\sqrt{2}$.

以上三个方程联立，解得 $x = 2\sqrt{2}, y = z = \sqrt{2}$. 于是

$$v = \sqrt{2}(2,1,1).$$

方法二 因 v 与 a,b 共面，故可设 $v = \lambda a + \mu b$.

由于 $\mathrm{Prj}_a v = 3$，有 $\dfrac{1}{\| a \|} a \cdot v = 3$，即 $\dfrac{1}{\| a \|} a \cdot (\lambda a + \mu b) = 3$，而 $\| a \| = \sqrt{2}$，$a \cdot b = (1,$ $1,0) \cdot (1,0,1) = 1$，因此有 $2\lambda + \mu = 3\sqrt{2}$.

类似地，由于 $\mathrm{Prj}_b v = 3$，有 $\lambda + 2\mu = 3\sqrt{2}$.

以上两个方程联立，解得 $\lambda = \mu = \sqrt{2}$，于是

$$v = \sqrt{2}(1,1,0) + \sqrt{2}(1,0,1) = \sqrt{2}(2,1,1).$$

方法三 由 v 在 a,b 上的投影相等且为正，知 v 与 a,b 的夹角相等且为锐角. 又因为

v 与 a，b 共面，若记 $\overrightarrow{OA}=a$，$\overrightarrow{OB}=b$，则 v 的方向即是 $\angle AOB$ 的角平分线方向，而 $\angle AOB$ 的角平分线向量可以表示为

$$v = \lambda(a^\circ + b^\circ) = \frac{\lambda}{\sqrt{2}}(2,1,1).$$

$$\mathrm{Prj}_a v = \frac{1}{\|a\|} v \cdot a = \frac{1}{\sqrt{2}} \cdot \frac{\lambda}{\sqrt{2}} \cdot 3 = \frac{3}{2}\lambda.$$

已知 $\mathrm{Prj}_a v = 3$，故有 $\dfrac{3}{2}\lambda = 3$，即 $\lambda = 2$. 于是

$$v = 2(a^\circ + b^\circ) = \sqrt{2}(2,1,1).$$

方法四 由 v 与 $a^\circ + b^\circ$ 同向，即有

$$v^\circ = (a^\circ + b^\circ)^\circ = \left[\frac{1}{\sqrt{2}}(2,1,1)\right]^\circ = (2,1,1)^\circ = \frac{1}{\sqrt{6}}(2,1,1).$$

$$\mathrm{Prj}_a v = v \cdot a^\circ = \|v\| v^\circ \cdot a^\circ = \frac{\sqrt{3}}{2} \|v\|.$$

已知 $\mathrm{Prj}_a v = 3$，即 $\dfrac{\sqrt{3}}{2} \|v\| = 3$，得 $\|v\| = 2\sqrt{3}$. 于是

$$v = \|v\| v^\circ = \sqrt{2}(2,1,1).$$

例 3 求解下列各题：

(1) 设 $\|a\| = 3$，$\|b\| = 4$，且 $a \perp b$，求 $\|(a+b) \times (a-b)\|$；

(2) 设 $\|a\| = 1$，$\|b\| = 2$，求 $(a \times b)^2 + (a \cdot b)^2$.

解 (1) 因为 $a \times a = 0$，且向量积满足分配律，所以

$$\|(a+b) \times (a-b)\| = \|a \times a - a \times b + b \times a - b \times b\| = \|-a \times b + b \times a\|$$

$$= \|2b \times a\| = 2\|b\| \|a\| \sin\frac{\pi}{2} = 2 \times 3 \times 4 = 24.$$

(2) $(a \times b)^2 + (a \cdot b)^2 = \|a \times b\|^2 + |a \cdot b|^2$

$$= [\|a\| \|b\| \sin\langle a,b\rangle]^2 + [\|a\| \|b\| \cos\langle a,b\rangle]^2$$

$$= \|a\|^2 \|b\|^2 [\sin^2\langle a,b\rangle + \cos^2\langle a,b\rangle]$$

$$= \|a\|^2 \|b\|^2 = 4.$$

例 4 设两条异面直线为 Γ_1 与 Γ_2，其方向向量分别为 s_1 与 s_2，M_1 与 M_2 分别为 Γ_1 与 Γ_2 上的点，求证：Γ_1 与 Γ_2 的最短距离为

$$d = \frac{|(s_1 \times s_2) \cdot \overrightarrow{M_1 M_2}|}{\|s_1 \times s_2\|}.$$

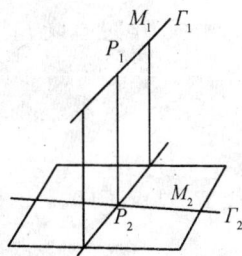

图 1-1

证 方法一 如图 1-1 所示，设 $\overrightarrow{P_1 P_2}$ 为 Γ_1 与 Γ_2 的公垂线的方向向量，则有

$$\overrightarrow{P_1 P_2} \perp s_1, \quad \overrightarrow{P_1 P_2} \perp s_2,$$

从而 $\overrightarrow{P_1 P_2} /\!/ s_1 \times s_2$，所求距离为

$$d = \| \overrightarrow{P_1P_2} \| = \left| \frac{s_1 \times s_2}{\| s_1 \times s_2 \|} \cdot \overrightarrow{P_1P_2} \right|$$

$$= \left| \frac{s_1 \times s_2}{\| s_1 \times s_2 \|} \cdot (\overrightarrow{P_1M_1} + \overrightarrow{M_1M_2} + \overrightarrow{M_2P_2}) \right|.$$

因为 $s_1 \times s_2 \perp \overrightarrow{P_1M_1}$，$s_1 \times s_2 \perp \overrightarrow{P_2M_2}$，所以

$$d = \frac{|(s_1 \times s_2) \cdot \overrightarrow{M_1M_2}|}{\| s_1 \times s_2 \|}.$$

方法二 如图 1-2 所示，由向量运算的几何意义知，$\| s_1 \times s_2 \|$ 是由 s_1, s_2 构成的平行四边形面积，$|(s_1 \times s_2) \cdot \overrightarrow{M_1M_2}|$ 是由 $s_1, s_2, \overrightarrow{M_1M_2}$ 构成的平行六面体的体积，其高就是所求异面直线间的距离，所以

$$d = \frac{|(s_1 \times s_2) \cdot \overrightarrow{M_1M_2}|}{\| s_1 \times s_2 \|}.$$

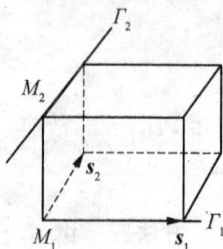

图 1-2

方法三 如图 1-3 所示，过 Γ_2 平行于 Γ_1 的平面的法向量为 $n = s_1 \times s_2$。两异面直线 Γ_1 与 Γ_2 间的距离，也就是点 M_1 到该平面的距离，也就是 $\overrightarrow{M_1M_2}$ 在 n 上的投影，即

$$d = |\mathrm{Prj}_n \overrightarrow{M_1M_2}| = \frac{|(s_1 \times s_2) \cdot \overrightarrow{M_1M_2}|}{\| s_1 \times s_2 \|}.$$

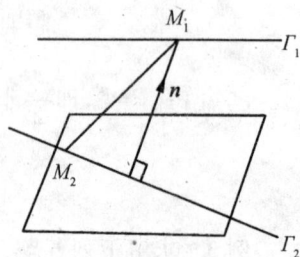

图 1-3

例 5 求直线 $\Gamma_1: \frac{x-9}{4} = \frac{y+2}{-3} = z$ 与直线 $\Gamma_2: \frac{x}{-2} = \frac{y+7}{9} = \frac{z-2}{2}$ 的公垂线 Γ 的方程。

解 方法一 （一般式）过直线 Γ_1 和 Γ 作平面 Π_1，过直线 Γ_2 和 Γ 作平面 Π_2，平面 Π_1 和 Π_2 的交线即为公垂线 Γ。

直线 Γ_1 和 Γ_2 的方向向量分别为 $s_1 = (4, -3, 1)$，$s_2 = (-2, 9, 2)$。由于

$$s_1 \times s_2 = \begin{vmatrix} i & j & k \\ 4 & -3 & 1 \\ -2 & 9 & 2 \end{vmatrix} = -15i - 10j + 30k,$$

故可取公垂线 Γ 的方向向量为 $s = (3, 2, -6)$。

平面 Π_1 过直线 Γ_1 和 Γ，则其法向量为

$$n_1 = s_1 \times s = \begin{vmatrix} i & j & k \\ 4 & -3 & 1 \\ 3 & 2 & -6 \end{vmatrix} = 16i + 27j + 17k$$

直线 Γ_1 过点 $P(9, -2, 0)$，则 Π_1 也过该点，且其点法式方程为

$$16(x-9) + 27(y+2) + 17(z-0) = 0,$$

即 $16x + 27y + 17z - 90 = 0$。

同理，可得过直线 Γ_2 和 Γ 的平面 Π_2 的方程为

$$58x + 6y + 31z - 20 = 0.$$

于是平面 Π_1 与 Π_2 的交线即为所求公垂线 Γ,其一般式方程为

$$\begin{cases} 16x + 27y + 17z - 90 = 0, \\ 58x + 6y + 31z - 20 = 0. \end{cases}$$

方法二 (点向式)沿用方法一中的结果,求出直线 Γ_2 与平面 Π_1 的交点,即直线 Γ 与 Γ_2 的垂足,由

$$\begin{cases} \dfrac{x}{-2} = \dfrac{y+7}{9} = \dfrac{z-2}{2}, \\ 16x + 27y + 17z - 90 = 0. \end{cases}$$

解得交点为 $(-2,2,4)$,得公垂线 Γ 的点向式方程为

$$\frac{x+2}{3} = \frac{y-2}{2} = \frac{z-4}{-6}.$$

方法三 (两点式)设公垂线 Γ 与直线 Γ_1,Γ_2 的交点分别为 $M(x_1,y_1,z_1)$,$N(x_2,y_2,z_2)$,则 M,N 分别满足 Γ_1,Γ_2 的(参数)方程,故

$$\begin{cases} x_1 = 9 + 4t, \quad y_1 = -2 - 3t, \quad z_1 = t, \\ x_2 = -2\lambda, \quad y_2 = -7 + 9\lambda, \quad z_2 = 2 + 2\lambda, \end{cases}$$

从而 $\overrightarrow{MN} = (-2\lambda - 4t - 9, 9\lambda + 3t - 5, 2\lambda - t + 2)$. 又 $\overrightarrow{MN} \perp \Gamma_1$,$\overrightarrow{MN} \perp \Gamma_2$,所以

$$\begin{cases} 4(-2\lambda - 4t - 9) - 3(9\lambda + 3t - 5) + (2\lambda - t + 2) = 0, \\ -2(-2\lambda - 4t - 9) + 9(9\lambda + 3t - 5) + 2(2\lambda - t + 2) = 0, \end{cases}$$

即 $\begin{cases} 33\lambda + 26t + 19 = 0, \\ 89\lambda + 33t - 23 = 0, \end{cases}$ 解得 $t = 2, \lambda = 1$. 从而 M,N 的坐标分别为 $(1,4,-2)$,$(-2,2,4)$,且 $\overrightarrow{MN} = (-3,-2,6)$,得公垂线 Γ 的方程为

$$\frac{x-1}{3} = \frac{y-4}{2} = \frac{z+2}{-6}.$$

注 方法三实际上给出了用直线的参数方程求两异面直线间的距离的方法. 在本例中,可求得两异面直线 Γ_1 和 Γ_2 的距离为 $\| \overrightarrow{MN} \| = \sqrt{(-3)^2 + (-2)^2 + 6^2} = 7$.

例6 确定常数 a,使直线 $\Gamma_1: x - 1 = \dfrac{y+2}{2} = \dfrac{z-1}{a}$ 垂直于平面 $\Pi_1: 3x + 6y + 3z + 25 = 0$,并求此时直线 Γ_1 在平面 $\Pi_2: x - y + z - 2 = 0$ 上的投影直线 Γ_2 的方程.

解 直线 Γ_1 的方向向量为 $\boldsymbol{s}_1 = (1,2,a)$,平面 Π_1 的法向量为 $\boldsymbol{n}_1 = (3,6,3)$. 由已知条件得 $\boldsymbol{s}_1 \parallel \boldsymbol{n}_1$,即 $\dfrac{1}{3} = \dfrac{2}{6} = \dfrac{a}{3}$,故 $a = 1$.

求解投影直线 Γ_2 的方程有以下三种方法.

方法一 先求过直线 Γ_1 且与平面 Π_2 垂直的平面 Π 的方程,平面 Π 与 Π_2 的交线即为所求直线. 记平面 Π_2,Π 的法向量分别为 $\boldsymbol{n}_2,\boldsymbol{n}$,则 $\boldsymbol{n} \perp \boldsymbol{s}_1,\boldsymbol{n} \perp \boldsymbol{n}_2$. 由于

$$\boldsymbol{s}_1 \times \boldsymbol{n}_2 = \begin{vmatrix} \boldsymbol{i} & \boldsymbol{j} & \boldsymbol{k} \\ 1 & 2 & 1 \\ 1 & -1 & 1 \end{vmatrix} = 3\boldsymbol{i} - 3\boldsymbol{k},$$

可取 $\boldsymbol{n} = (1,0,-1)$. 又直线 Γ_1 过点 $P(1,-2,1)$,则 P 也在平面 Π 上,从而得平面 Π 的点

15

法式方程为

$$1 \cdot (x-1) + 0 \cdot (y+2) + (-1) \cdot (z-1) = 0,$$

即 $x - z = 0$. 因此所求投影直线 Γ_2 的方程为

$$\begin{cases} x - z = 0, \\ x - y + z - 2 = 0. \end{cases}$$

方法二 直线 Γ_1 的一般方程为

$$\begin{cases} \dfrac{x-1}{1} = \dfrac{y+2}{2}, \\ \dfrac{y+2}{2} = \dfrac{z-1}{1}, \end{cases} \quad 即 \quad \begin{cases} 2x - y - 4 = 0, \\ y - 2z + 4 = 0. \end{cases}$$

过直线 Γ_1 的平面束方程为 $2x - y - 4 + \lambda(y - 2z + 4) = 0$, 即

$$2x + (\lambda - 1)y - 2\lambda z + (4\lambda - 4) = 0.$$

要使平面束中的平面 Π 与平面 Π_2 垂直, 则 λ 须满足

$$2 \times 1 - (\lambda - 1) - 2\lambda = 0, 即 \lambda = 1.$$

因此所求投影直线 Γ_2 的方程为

$$\begin{cases} x - z = 0, \\ x - y + z - 2 = 0. \end{cases}$$

方法三 显然直线 Γ_1 与平面 Π_2 平行, 因此其投影直线平行于直线 Γ_1. 于是投影直线 Γ_2 的方向向量 s_2 与直线 Γ_1 的方向向量 s_1 平行, 即 $s_2 /\!/ s_1$. 因此只需求直线 Γ_1 上一点在平面 Π_2 上的投影点即可.

又直线过点 $P(1, -2, 1)$, 由该点向平面 Π_2 作垂线, 则其垂线方程为 $x - 1 = \dfrac{y+2}{-1} = z - 1$. 将该直线的参数方程:

$$x = 1 + t, y = -t - 2, z = 1 + t$$

代入平面 Π_2: $x - y + z - 2 = 0$, 得 $t = -\dfrac{2}{3}$. 于是垂线与平面 Π_2 的交点即点 P 在平面 Π_2 上的投影点为 $\left(\dfrac{1}{3}, -\dfrac{4}{3}, \dfrac{1}{3}\right)$. 因此所求投影直线 Γ_2 的方程为

$$x - \dfrac{1}{3} = \dfrac{y + \dfrac{4}{3}}{2} = z - \dfrac{1}{3}.$$

例 7 已知入射光线的路径为 $\Gamma: \dfrac{x-1}{4} = \dfrac{y-1}{3} = z - 2$, 求该光线经平面 $\Pi: x + 2y + 5z + 17 = 0$ 反射后的反射光线方程.

解 先求直线 Γ 与平面 Π 的交点. 为此将直线 Γ 的参数方程: $x = 1 + 4t, y = 1 + 3t, z = 2 + t$ 代入平面 Π 的方程, 得

$$(4t + 1) + 2(3t + 1) + 5(t + 2) + 17 = 0,$$

解得 $t = 2$, 故 Γ 与 Π 的交点为 $P_0(-7, -5, 0)$.

再过直线 Γ 上一点 $P_1(1, 1, 2)$ 作平面 Π 的垂线 Γ_1, 则 Γ_1 的方程为

$$x - 1 = \dfrac{y-1}{2} = \dfrac{z-2}{5}.$$

同理,可求得直线 Γ_1 与平面 Π 的交点为 $P(0,-1,-3)$.

设 P_2 是点 P_1 关于平面 Π 的对称点,则 P 为线段 P_1P_2 的中点,由中点坐标公式,有

$$\begin{cases} \dfrac{1+x_2}{2}=0, \\ \dfrac{1+y_2}{2}=-1, \\ \dfrac{2+z_2}{2}=-3, \end{cases}$$

解得 P_2 的坐标为 $(-1,-3,-8)$.于是反射直线的方向向量为 $\overrightarrow{P_0P_2}=(6,2,-8)=2(3,1,-4)$,则反射线方程为

$$\frac{x+7}{3}=y+5=\frac{z}{-4}.$$

例 8 若一平面垂直于平面 $z=0$,且通过由点 $P(1,1,1)$ 向直线 $\Gamma:\begin{cases} y-z+1=0, \\ z=0, \end{cases}$ 所引的垂线,求此平面的方程.

解 方法一 已知点 $P(1,1,1)$ 及向量 $\boldsymbol{k}=(0,0,1)$ 在所求平面内,如能求出垂线与所给直线 Γ 的交点 Q,则由三向量共面即可求出所求平面方程.

为求出交点 Q,先过点 P 作一平面 Π_1 垂直于所给直线 Γ,易求出 Γ 的方向向量为

$$\boldsymbol{s}=\begin{vmatrix} \boldsymbol{i} & \boldsymbol{j} & \boldsymbol{k} \\ 0 & 1 & -1 \\ 0 & 0 & 1 \end{vmatrix}=\boldsymbol{i}=(1,0,0).$$

(这借助于几何也很容易看出).由点法式,易求平面 Π_1 的方程为

$$(x-1)+0(y-1)+0(z-1)=0,\ \text{即}\ x=1.$$

解联立方程

$$\begin{cases} y-z+1=0, \\ z=0, \\ x=1, \end{cases}$$

可求出直线 Γ 与平面 Π_1 的交点,即点 P 在平面 Π_1 上的投影点为 $Q(1,-1,0)$.

在所求平面内任取一点 $M(x,y,z)$,由三向量 $\overrightarrow{PM},\overrightarrow{PQ}$ 和 $\boldsymbol{k}$ 共面即得所求平面方程为

$$[\overrightarrow{PM},\overrightarrow{PQ},\boldsymbol{k}]=\begin{vmatrix} x-1 & y-1 & z-1 \\ 0 & -2 & -1 \\ 0 & 0 & 1 \end{vmatrix}=-2(x-1)=0.$$

则所求平面方程为 $x=1$.

方法二 因所求平面垂直于平面 $z=0$,即平行于 z 轴,故可设所求平面方程为

$$Ax+By+D=0. \tag{1.1}$$

同方法一可得过点 $P(1,1,1)$ 且垂直于直线 Γ 的平面方程为 $x=1$,且垂线与所给直线 Γ 的交点 Q 为 $(1,-1,0)$.将点 $P(1,1,1)$ 和 $Q(1,-1,0)$ 分别代入方程(1.1)得 $A=-D,B=0$,则所求平面方程为

$$-Dx+D=0, 即\ x=1.$$

方法三 直线 Γ 可写为 $\begin{cases} y=-1, \\ z=0. \end{cases}$ 设所引垂线的垂足为 $Q(t,-1,0)$. 注意到直线 Γ 的方向向量为 $(1,0,0)$, 由 $\overrightarrow{PQ}\perp(1,0,0)$ 得

$$(1-t)+0+0=0,$$

则 $t=1, Q(1,-1,0)$. 于是垂线方程为

$$\frac{x-1}{0}=\frac{y-1}{2}=z-1, 即 \begin{cases} x=1, \\ y-2z+1=0. \end{cases}$$

设所求平面为 $\Pi: x-1+\lambda(y-2z+1)=0$, 法向量为 $\boldsymbol{n}=(1,\lambda,-2\lambda)$. 由 $\boldsymbol{n}\perp(0,0,1)$ 得到 $\lambda=0$. 因此所求平面方程为

$$x=1.$$

注 方法一中求一点在一平面中的投影点与例6的方法三中所使用的技巧是不同的; 方法三既用了直线的参数式方程, 又用了平面束方程.

例9 在平面 $x+y+z-1=0$ 与三个坐标面所围成的四面体内求一点, 使它到四面体的四个面的距离相等.

解 设所求四面体内的点为 (x_0,y_0,z_0), 则该点应在第一卦限, 由条件有

$$\frac{|x_0+y_0+z_0-1|}{\sqrt{1^2+1^2+1^2}}=x_0=y_0=z_0,$$

从而有 $|3x_0-1|=\sqrt{3}x_0$. 又点 (x_0,y_0,z_0) 与坐标原点 O 位于平面 $x+y+z-1=0$ 的同侧, 则将这两个点的坐标代入表达式 $x+y+z-1$ 后所得值应同号, 因此 $3x_0-1<0$, 于是有

$$3x_0-1=-\sqrt{3}x_0,$$

解得 $x_0=\dfrac{3-\sqrt{3}}{6}$, 因此 $y_0=\dfrac{3-\sqrt{3}}{6}, z_0=\dfrac{3-\sqrt{3}}{6}$. 故所求点为 $\left(\dfrac{3-\sqrt{3}}{6}, \dfrac{3-\sqrt{3}}{6}, \dfrac{3-\sqrt{3}}{6}\right)$.

例10 求圆周 $\begin{cases} x^2+y^2+z^2-12x+4y-6z+24=0, \\ 2x+2y+z+1=0 \end{cases}$ 的圆心及半径.

解 由于 $x^2+y^2+z^2-12x+4y-6z+24=0$ 可以化为 $(x-6)^2+(y+2)^2+(z-3)^2=25$, 它表示球心为 $M(6,-2,3)$, 半径为 5 的球面.

由于过点 M 且与平面 $\Pi: 2x+2y+z+1=0$ 垂直的空间直线 Γ 为

$$\begin{cases} x=6+2t, \\ y=-2+2t, \\ z=3+t, \end{cases}$$

将它代入平面 Π 的方程, 得 $t=-\dfrac{4}{3}$. 于是直线 Γ 与平面 Π 的交点即所给圆周的圆心为 $\left(\dfrac{10}{3}, -\dfrac{14}{3}, \dfrac{5}{3}\right)$.

设所给圆周的半径为 r，则 $r^2 = 25 - d^2$，其中 d 是点 M 到平面 Π 的距离，即

$$d = \frac{|2 \times 6 + 2 \times (-2) + 1 \times 3 + 1|}{\sqrt{2^2 + 2^2 + 1}} = 4,$$

所以 $r = \sqrt{25 - 4^2} = 3$.

例 11 求以 $\begin{cases} x + y - z - 2 = 0, \\ x - y + z = 0 \end{cases}$ 为准线，平行于直线 $x = y = z$ 的柱面方程.

解 方法一 设 $M_0(x_0, y_0, z_0)$ 是准线上任一点，则过该点且平行于母线的直线方程 $x - x_0 = y - y_0 = z - z_0$ 应在所求柱面上，其参数方程为

$$\begin{cases} x = x_0 + t, \\ y = y_0 + t, \\ z = z_0 + t. \end{cases}$$

将上述参数方程代入准线方程，消去 t 后得柱面方程为

$$y - z - 1 = 0.$$

方法二 由于准线是直线，故所求的柱面是平面，而过准线的平面束方程为

$$x + y - z - 2 + \lambda(x - y + z) = 0.$$

所求平面的法向量 $\boldsymbol{n} = (1 + \lambda, 1 - \lambda, -1 + \lambda)$ 应与母线的方向向量 $\boldsymbol{s} = (1, 1, 1)$ 垂直，即

$$\boldsymbol{n} \cdot \boldsymbol{s} = (1 + \lambda, 1 - \lambda, -1 + \lambda) \cdot (1, 1, 1) = 0,$$

解得 $\lambda = -1$. 代入平面束方程，得柱面方程为

$$y - z - 1 = 0.$$

例 12 求顶点在 $(0, 1, 0)$，母线与 z 轴正向夹角保持 $\frac{\pi}{6}$ 的锥面方程.

解 设 $P(x, y, z)$ 为所求锥面上的任一点，锥面顶点 $(0, 1, 0)$ 用 A 表示，则 $\langle \overrightarrow{AP}, \boldsymbol{k} \rangle$ 为 $\frac{\pi}{6}$ 或 $\frac{5\pi}{6}$，于是有 $\cos\langle \overrightarrow{AP}, \boldsymbol{k} \rangle = \pm\frac{\sqrt{3}}{2}$. 又

$$\cos\langle \overrightarrow{AP}, \boldsymbol{k} \rangle = \frac{\overrightarrow{AP} \cdot \boldsymbol{k}}{\|\overrightarrow{AP}\| \|\boldsymbol{k}\|} = \frac{(x, y - 1, z) \cdot (0, 0, 1)}{\sqrt{x^2 + (y-1)^2 + z^2}}$$

$$= \frac{z}{\sqrt{x^2 + (y-1)^2 + z^2}}.$$

所以 $\frac{z^2}{x^2 + (y-1)^2 + z^2} = \frac{3}{4}$. 故所求的锥面方程为

$$z^2 = 3x^2 + 3(y - 1)^2.$$

例 13 指出下列方程所表示的曲面中，哪些是旋转曲面，以及这些旋转曲面是怎样形成的.

(1) $x^2 - y^2 + z^2 = 1$；(2) $x^2 + y + z = 1$；(3) $x^2 + y^2 - z^2 + 2z = 1$.

解 (1) 方程中 x^2, z^2 的系数相同，因而该曲面为一旋转曲面，其旋转轴为 y 轴. 由

xOy 面上的双曲线 $x^2-y^2=1$ 或 yOz 面上的双曲线 $z^2-y^2=1$(母线)绕 y 轴旋转一周而成,其母线方程为

$$\begin{cases} x^2-y^2=1, \\ z=0 \end{cases} \quad \text{或} \quad \begin{cases} z^2-y^2=1, \\ x=0. \end{cases}$$

由于(1)中的旋转曲面是二次曲面,也可用垂直于旋转轴即垂直于 y 轴的平面 $y=h$ 去截曲面,其截痕为一圆周:

$$\begin{cases} x^2+z^2=1+h^2, \\ y=h. \end{cases}$$

用这种方法也可识别所给的二次曲面是否为旋转曲面,旋转轴是否为 y 轴.

(2)方程中平方项只有一项,该曲面不是旋转曲面.

(3)方程中 x^2,y^2 的系数相同,该曲面为旋转曲面.它由 yOz 面上的直线 $z\pm y=1$,或由 xOz 面上的直线 $z\pm x=1$(母线)绕 z 轴旋转一周而成,其母线方程为

$$\begin{cases} y^2=1-2z+z^2=(1-z)^2, \\ x=0 \end{cases} \quad \text{或} \quad \begin{cases} x^2=(1-z)^2, \\ y=0, \end{cases}$$

即

$$\begin{cases} z\pm y=1, \\ x=0 \end{cases} \quad \text{或} \quad \begin{cases} z\pm \pi=1, \\ y=0. \end{cases}$$

例 14 求直线 $\Gamma: \dfrac{x-3}{2}=\dfrac{y-1}{3}=z+1$ 绕定直线 $\begin{cases} x=2, \\ y=3 \end{cases}$ 旋转一周所形成的旋转曲面的方程.

解 设点 $P_0(x_0,y_0,z_0)$ 是直线 Γ 上的任一点.由于定直线平行于 z 轴,所以当 P_0 转到 $P(x,y,z)$ 时应有

$$\begin{cases} z=z_0, \\ (x-2)^2+(y-3)^2=(x_0-2)^2+(y_0-3)^2. \end{cases} \tag{1.2}$$

由于 (x_0,y_0,z_0) 在直线 Γ 上,故有

$$\begin{cases} \dfrac{x_0-3}{2}=z_0+1, \\ \dfrac{y_0-1}{3}=z_0+1, \end{cases} \quad \text{即} \quad \begin{cases} x_0=2z_0+5, \\ y_0=3z_0+4. \end{cases} \tag{1.3}$$

将(1.3)代入(1.2),消去 z_0,得

$$x^2+y^2-13z^2-4x-6y-18z+3=0.$$

例 15 求解下列各题:

(1)求曲面 $x^2+y^2+z^2-xy=1$ 在 yOz 面上的投影的边界曲线的方程;

(2)求曲线 $\begin{cases} x^2+y^2=R^2, \\ z=0 \end{cases}$ 在平面 $x+y+z=1$ 上的投影曲线的方程.

解 (1)将 x 看作未知量解曲面方程,得

$$x = \frac{1}{2}(y - \sqrt{4 - 3y^2 - 4z^2}) \text{ 或 } x = \frac{1}{2}(y + \sqrt{4 - 3y^2 - 4z^2}).$$

由以上两式消去 x,得 yOz 面上的投影柱面方程为

$$3y^2 + 4z^2 = 4.$$

因此,所给曲面在 yOz 面上的投影的边界曲线的方程为

$$\begin{cases} 3y^2 + 4z^2 = 4, \\ x = 0. \end{cases}$$

(2)先求曲线对 $x+y+z=1$ 的投影柱面,此柱面以投影曲线为准线,母线垂直于平面 $x+y+z=1$.

设此柱面 Σ 上任一点为 $P(x,y,z)$,过点 P 的母线与准线交于点 $Q(x_0,y_0,0)$,则柱面的母线 Σ 方程可表示为

$$x - x_0 = y - y_0 = z, \quad \text{或} \begin{cases} x = x_0 + t, \\ y = y_0 + t, \\ z = t. \end{cases}$$

由于 $x_0^2 + y_0^2 = R^2$,故

$$\begin{cases} (x-t)^2 + (y-t)^2 = R^2, \\ z = t. \end{cases}$$

消去 t 得柱面 Σ 的方程为 $(x-z)^2 + (y-z)^2 = R^2$,故所求投影曲线的方程为

$$\begin{cases} (x-z)^2 + (y-z)^2 = R^2, \\ x + y + z = 1. \end{cases}$$

例 16 求锥面 $z = \sqrt{x^2 + y^2}$ 与柱面 $z^2 = 2x$ 所围立体在三个坐标面上的投影,并将这两个曲面的交线用其关于各坐标面的投影柱面方程所表示.

解 为求此立体在平面 xOy 面上的投影,先由所给的曲面方程消去 z,得到其关于 xOy 面的投影柱面方程为

$$x^2 + y^2 = 2x, \text{即} (x-1)^2 + y^2 = 1.$$

于是该立体在 xOy 面上的投影(区域)为

$$\begin{cases} (x-1)^2 + y^2 \leqslant 1, \\ z = 0. \end{cases}$$

同理,消去 x 可得立体在 yOz 面上的投影为

$$\begin{cases} (\frac{z}{2} - 1)^2 + y^2 \leqslant 1 (z \geqslant 0), \\ x = 0. \end{cases}$$

立体在 zOx 面上的投影,由坐标面上的直线 $z = x$ 与抛物线 $z^2 = 2x$ 所围成,故其投影为

$$\begin{cases} x \leqslant z \leqslant \sqrt{2x}, \\ y = 0. \end{cases}$$

由上述可知,锥面 $z = \sqrt{x^2 + y^2}$ 和柱面 $z^2 = 2x$ 的交线关于 xOy 面,yOz 面和 zOx 面

的投影柱面方程分别为

$$(x-1)^2+y^2=1, y^2+(\frac{z}{2}-1)^2=1(z\geqslant 0) \text{ 和 } \begin{cases} z=x, \\ z=\sqrt{2x}, \end{cases}$$

因此,该锥面和柱面的交线方程可用投影柱面方程表示为下面的不同形式:

$$\begin{cases} (x-1)^2+y^2=1, \\ y^2+(\frac{z}{2}-1)^2=1(z\geqslant 0), \end{cases} \begin{cases} (x-1)^2+y^2=1, \\ z=x, \\ z=\sqrt{2x}, \end{cases} \text{ 或 } \begin{cases} y^2+(\frac{z}{2}-1)^2=1(z\geqslant 0), \\ z=x, \\ z=\sqrt{2x}. \end{cases}$$

1.4 课内练习

1. 求解下列各题:

(1)已知 $\|a\|=2, \|b\|=1, \|c\|=\sqrt{2}$,且 $a\perp b, a\perp c, b$ 与 c 的夹角为 $\frac{\pi}{4}$,求 $\|a+2b-3c\|$;

(2) 已知 $\|a\|=3, \|b\|=4, \|c\|=5$,且 $a+b+c=0$,求 $b\cdot c$;

(3)已知 $a\neq 0, \|b\|=2, \langle a,b\rangle=\frac{\pi}{3}$,求 $\lim_{x\to 0}\frac{\|a+xb\|-\|a\|}{x}$.

2. 求解下列各题:

(1)已知向量 $\overrightarrow{OA}$ 与三个坐标轴正向的夹角相等,其方向余弦为正,且 $\|\overrightarrow{OA}\|=3$,点 B 是点 M 的 $(2,3,2)$ 关于点 $N(1,3,1)$ 的对称点,求以 $\overrightarrow{OA},\overrightarrow{OB}$ 为两邻边的平行四边形面积.

(2)已知 $\triangle ABC$ 的两边 $\overrightarrow{AB}=3a-4b, \overrightarrow{AC}=a+5b$,其中 a,b 是相互垂直的单位向量.求 AB 边上的高 CD 的长.

3. 求下列各平面方程:

(1)过直线 $\Gamma:\frac{x-2}{5}=\frac{y+1}{2}=\frac{z-2}{4}$ 且垂直于平面 $\Pi:x+4y-3z+7=0$ 的平面方程;

(2)通过点 $A(3,0,0)$ 和 $B(0,0,-1)$ 且与 xOy 面的夹角为 $\frac{\pi}{3}$ 的平面方程.

4. 求下列各直线方程:

(1)过点 $P(1,2,0)$,平行于平面 $\Pi:4x+3y-2z+1=0$,且与 z 轴相交的直线方程;

(2)过点 $P(1,2,1)$,垂直于直线 $\Gamma_1:\frac{x-7}{3}=\frac{y}{2}=z+1$,且与直线 $\Gamma_2:\frac{x}{2}=y=\frac{z}{-1}$ 相交的直线方程.

5. 判断直线 $\Gamma_1:\frac{x}{2}=\frac{y+3}{3}=\frac{z}{4}$ 与 $\Gamma_2:x-1=y+2=\frac{z-2}{2}$ 是否在同一平面内.若是,则求两直线的交点;若不是,试求它们的最短距离.

6. 设有两直线 $\Gamma_1:x-1=\frac{y+1}{2}=\frac{z}{-1}$ 与 $\Gamma_2:\frac{x+1}{2}=\frac{y-3}{-1}=\frac{z-4}{-2}$.

(1)证明:Γ_1 和 Γ_2 是异面直线;

(2)求平面 Π,使 Γ_1 和 Γ_2 与 Π 的距离相等;

(3)求与 Γ_1 和 Γ_2 都垂直相交的直线 Γ.

7. 求直线 Γ: $\begin{cases} 2x+y+z-4=0, \\ y-z-2=0 \end{cases}$ 关于平面 Π:$x+y+z+1=0$ 对称的直线方程.

8. 求直线 Γ:$x-1=y=\dfrac{z-1}{-1}$ 在 xOy 面和平面 Π:$x-y+2z-1=0$ 上的投影直线,并分别求这两条投影直线绕 y 轴旋转一周所成曲面的方程.

9. 求解下列各题:

(1)旋转椭球面 $x^2+y^2+4z^2=4$ 与平面 $y+z=1$ 的交线在 yOz 面上的投影曲线;

(2)曲线 $\begin{cases} y^2+z^2-2x=0, \\ z=3 \end{cases}$ 在 xOy 面上的投影曲线方程,并指出原曲线是什么曲线.

10. 设球面 $\sum$ 过点 $P(2,-4,3)$,并含圆 $\begin{cases} x^2+y^2=5, \\ z=0, \end{cases}$ 求球面 $\sum$ 的方程.

11. 试证明由方程 $e^{2x-z}=f(y-z)$ 所确定的曲面是一柱面.

1.5 课内练习解答与提示

1.(1)$\sqrt{14}$;(2)-16;(3)1.

2.(1)$3\sqrt{6}$;(2)$\dfrac{19}{5}$.

3.(1)$22x-19y-18z-27=0$.

(2)$x+\sqrt{26}y-3z-3=0$ 或 $x-\sqrt{26}y-3z-3=0$.

4.(1)一般式方程:$\begin{cases} 2x-y=0, \\ 4x+3y-2z-10=0, \end{cases}$ 对称式方程:$x-1=\dfrac{y-2}{2}=\dfrac{z}{5}$.

(2)$\dfrac{x-1}{3}=\dfrac{y-2}{-2}=\dfrac{z-1}{-5}$.

5. 共面,交点 $(0,-3,0)$.

6.(1)略;(2)$x\mid z=2$;

(3)一般式方程:$\begin{cases} x-y-z=2, \\ x+4y-z=7, \end{cases}$ 对称式方程:$x-2=\dfrac{y-1}{0}=z+1$.

7. $\dfrac{x-5}{-5}=y+2=z+4$.

8. xOy 面上的投影直线为 $\begin{cases} x-y-1=0, \\ z=0, \end{cases}$ 该投影直线绕 y 轴旋转一周而成的曲面的方程为 $x^2+z^2=(y+1)^2$;

平面 Π 上的投影直线为 $\begin{cases} x-3y-2z+1=0, \\ x-y+2z-1=0. \end{cases}$ 该投影直线绕 y 轴旋转一周而成的曲面的方程为 $4x^2-17y^2+4z^2+2y-1=0$.

9. (1) $\begin{cases} y+z=1, \\ x=0 \end{cases}$ $(-\dfrac{2}{5} \leqslant z \leqslant 1)$，即 yOz 面上直线 $y+z=1$ 的一段.

(2) $\begin{cases} y^2=2x-9, \\ z=0 \end{cases}$ 原曲线是位于平面 $z=3$ 上的抛物线.

10. $x^2+y^2+(z-4)^2=21$.

11. 略. 提示：设过曲面任一点 (x_0, y_0, z_0) 的直线方程为 $\begin{cases} x=x_0+t, \\ y=y_0+2t, \\ z=z_0+2t, \end{cases}$ 并将其代入曲

面方程，验证方程为恒等式即可.

2 多元函数微分学

2.1 内容要点与教学基本要求

一、内容要点

(一)基本概念及其相互关系

1. 极限

二元函数的极限:设(x_0,y_0)为二元函数$z=f(x,y)$的定义域D的聚点.若对于任意给定的正数ε,总存在正数δ,使得满足$0<\sqrt{(x-x_0)^2+(y-y_0)^2}<\delta$的一切$(x,y)$,都有$|f(x,y)-A|<\varepsilon$成立,则称常数$A$为函数$f(x,y)$当$(x,y)\rightarrow(x_0,y_0)$时的极限,记作$\lim\limits_{\substack{x\to x_0\\y\to y_0}}f(x,y)=A$.

n元函数的极限:一般地,设$X_0\in \mathbf{R}^n$为n元函数$u=f(X)(X\in \mathbf{R}^n)$的定义域$\Omega$的聚点.若对于任意给定的正数$\varepsilon$,总存在正数$\delta$,使得满足$0<\|\overrightarrow{XX_0}\|<\delta$的一切点$X$,都有$|f(X)-A|<\varepsilon$成立,则称常数$A$为函数$f(X)$当$X\rightarrow X_0$时的极限,记作$\lim\limits_{X\to X_0}f(X)=A$.

2. 二元函数的连续性

若函数$\lim\limits_{\substack{x\to x_0\\y\to y_0}}f(x,y)=f(x_0,y_0)$,则称函数$f(x,y)$在点$(x_0,y_0)$处连续;如果函数$f(x,y)$在区域$D$内的每一点连续,则称函数$f(x,y)$在$D$内连续,或称$f(x,y)$是$D$内的连续函数.

注 函数$f(x,y)$在点(x_0,y_0)处连续必须满足下列条件:

(1) $f(x,y)$在点(x_0,y_0)有定义;

(2) $\lim\limits_{\substack{x\to x_0\\y\to y_0}}f(x,y)$存在;

(3) $\lim\limits_{\substack{x\to x_0\\y\to y_0}}f(x,y)$存在,且极限值等于函数值$f(x_0,y_0)$.

3. 偏导数

设函数$z=f(x,y)$在点(x_0,y_0)的某一邻域内有定义,当y固定在y_0,而x在x_0处有增量Δx时,相应的函数有增量$f(x_0+\Delta x,y_0)-f(x_0,y_0)$,如果

$$\lim_{\Delta x\to 0}\frac{f(x_0+\Delta x,y_0)-f(x_0,y_0)}{\Delta x}$$

存在,则称此极限为函数 $z=f(x,y)$ 在点 (x_0,y_0) 处对 x 的偏导数,记作 $\dfrac{\partial z}{\partial x}\Big|_{(x_0,y_0)}$, $\dfrac{\partial f}{\partial x}\Big|_{(x_0,y_0)}$, $z'_x|_{(x_0,y_0)}$ 或 $f'_x(x_0,y_0)$. 同理可定义

$$f'_y(x_0,y_0)=\lim_{\Delta y\to 0}\frac{f(x_0,y_0+\Delta y)-f(x_0,y_0)}{\Delta y}.$$

如果函数 $z=f(x,y)$ 在区域 D 内每一点 (x,y) 处对 x 的偏导数都存在,那么这个偏导数就是 (x,y) 的函数,它就称为函数 $z=f(x,y)$ 对自变量 x 的偏导数,记作 $\dfrac{\partial z}{\partial x}$, $\dfrac{\partial f}{\partial x}$, z'_x, $f'_x(x,y)$. 类似地,可以定义函数 $z=f(x,y)$ 对自变量 y 的偏导数,记作 $\dfrac{\partial z}{\partial y}$, $\dfrac{\partial f}{\partial y}$, z'_y, $f'_y(x,y)$.

若二元函数 $z=f(x,y)$ 的偏导数 $f'_x(x,y)$, $f'_y(x,y)$ 仍然可偏导,则它们的偏导数称为函数 $f(x,y)$ 二阶偏导数,记作

$$\frac{\partial^2 z}{\partial x^2}=\frac{\partial}{\partial x}\left(\frac{\partial z}{\partial x}\right)=f''_{xx}(x,y),\quad \frac{\partial^2 z}{\partial x\partial y}=\frac{\partial}{\partial y}\left(\frac{\partial z}{\partial x}\right)=f''_{xy}(x,y),$$

$$\frac{\partial^2 z}{\partial y\partial x}=\frac{\partial}{\partial x}\left(\frac{\partial z}{\partial y}\right)=f''_{yx}(x,y),\quad \frac{\partial^2 z}{\partial y^2}=\frac{\partial}{\partial y}\left(\frac{\partial z}{\partial y}\right)=f''_{yy}(x,y),$$

其中第二、三个偏导数称为混合偏导数. 如果函数 $z=f(x,y)$ 在点 (x_0,y_0) 的邻域内的两个二阶混合偏导数 $f''_{xy}(x,y)$ 与 $f''_{yx}(x,y)$ 连续,则 $f''_{xy}(x,y)=f''_{yx}(x,y)$. 一般地, $z=f(x,y)$ 的 $m-1$ 阶偏导数的偏导数称为 $f(x,y)$ 的 m 阶偏导数.

4. 全微分

设函数 $z=f(x,y)$ 在点 (x_0,y_0) 处的全增量

$$\Delta z=f(x_0+\Delta x,y_0+\Delta y)-f(x_0,y_0),$$

可表示为

$$\Delta z=f'_x(x_0,y_0)\Delta x+f'_y(x_0,y_0)\Delta y+o(\rho),$$

其中 $\rho=\sqrt{(\Delta x)^2+(\Delta y)^2}$, 则称函数 $z=f(x,y)$ 在点 (x_0,y_0) 可微分,而 $f'_x(x_0,y_0)\Delta x+f'_y(x_0,y_0)\Delta y$ 称为函数 z 在点 (x_0,y_0) 的全微分,记作 $\mathrm{d}z|_{(x_0,y_0)}$, 即

$$\mathrm{d}z|_{(x_0,y_0)}=f'_x(x_0,y_0)\Delta x+f'_y(x_0,y_0)\Delta y.$$

若将自变量的增量 Δx, Δy 分别记作自变量的微分 $\mathrm{d}x$, $\mathrm{d}y$, 则函数 $z=f(x,y)$ 的全微分就可以写为

$$\mathrm{d}z=f'_x(x_0,y_0)\mathrm{d}x+f'_y(x_0,y_0)\mathrm{d}y.$$

若 $z=f(x,y)$ 在区域 D 内每一点 (x,y) 可微时,则称 $f(x,y)$ 在区域 D 内可微,记作 $\mathrm{d}z$, 即

$$\mathrm{d}z=\frac{\partial z}{\partial x}\mathrm{d}x+\frac{\partial z}{\partial y}\mathrm{d}y=\left(\frac{\partial}{\partial x}\mathrm{d}x+\frac{\partial}{\partial y}\mathrm{d}y\right)z.$$

一般地, $z=f(x,y)$ 的 $k-1$ 阶全微分的全微分称为 $f(x,y)$ 的 k 阶全微分,有

$$\mathrm{d}^2 z=\frac{\partial^2 z}{\partial x^2}\mathrm{d}x^2+2\frac{\partial^2 z}{\partial x\partial y}\mathrm{d}x\mathrm{d}y+\frac{\partial^2 z}{\partial y^2}\mathrm{d}y^2=\left(\frac{\partial}{\partial x}\mathrm{d}x+\frac{\partial}{\partial y}\mathrm{d}y\right)^2 z,$$

$$\cdots,$$

$$d^k z = (\frac{\partial}{\partial x}dx + \frac{\partial}{\partial y}dy)^k z = \sum_{i=0}^{k} C_k^i \frac{\partial^k z}{\partial x^i \partial y^{k-i}}dx^i dy^{k-i}.$$

5. 方向导数与梯度

方向导数:设函数 $z = f(x,y)$ 在点 (x_0, y_0) 的某一邻域内有定义.自点 (x_0, y_0) 引射线 l,设 $(x_0 + \Delta x, y_0 + \Delta y)$ 为 l 上点 (x_0, y_0) 的邻域内的另一点,如果极限

$$\lim_{\rho \to 0} \frac{f(x_0 + \Delta x, y_0 + \Delta y) - f(x_0, y_0)}{\rho}$$

存在,则称此极限为函数 $z = f(x,y)$ 在点 (x_0, y_0) 沿 l 方向的方向导数,记作 $\frac{\partial f}{\partial l}\Big|_{(x_0, y_0)}$,即

$$\frac{\partial f}{\partial l}\Big|_{(x_0, y_0)} = \lim_{\rho \to 0} \frac{f(x_0 + \Delta x, y_0 + \Delta y) - f(x_0, y_0)}{\rho},$$

其中 $\rho = \sqrt{(\Delta x)^2 + (\Delta y)^2}$.

注 这里 ρ 总是正的,因此方向导数是一种单向极限;而在偏导数定义中 Δx 与 Δy 的值可正可负,所以是一种双向极限.

梯度:设函数 $u = f(x,y,z)$ 在区域 Ω 内具有一阶连续偏导数,点 $(x,y,z) \in \Omega$,则向量 $\frac{\partial f}{\partial x}\boldsymbol{i} + \frac{\partial f}{\partial y}\boldsymbol{j} + \frac{\partial f}{\partial z}\boldsymbol{k}$ 称为函数 $u = f(x,y,z)$ 在点 (x,y,z) 的梯度,记作 $\mathbf{grad}f(x,y,z)$,即

$$\mathbf{grad}f(x,y,z) = \frac{\partial f}{\partial x}\boldsymbol{i} + \frac{\partial f}{\partial y}\boldsymbol{j} + \frac{\partial f}{\partial z}\boldsymbol{k}.$$

6. 概念间的相互关系

对于二元函数来说,其基本概念间相互关系可表示为

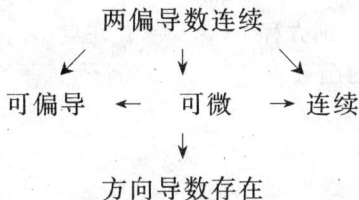

两偏导数连续

$\swarrow$ $\downarrow$ $\searrow$

可偏导 $\leftarrow$ 可微 $\rightarrow$ 连续

$\downarrow$

方向导数存在

(二)多元函数的求导法则

1. 偏导数的计算

$f_x'(x,y)$ 是将二元函数 $f(x,y)$ 中的变量 y 固定,而将 $f(x,y)$ 看作是 x 的函数,故求其偏导数的方法与求一元函数方法类似,只是视 y 为常量.同理可考虑 $f_y'(x,y)$.

高阶偏导数的求法与一元函数的高阶导数求法类似,即逐次求导.

2. 复合函数微分法

情形 1 如果函数 $u = \varphi(x,y)$, $v = \psi(x,y)$ 在点 (x,y) 处有偏导数,函数 $z = f(u,v)$ 在对应点 (u,v) 具有连续偏导数,则复合函数 $z = f(\varphi(x,y), \psi(x,y))$ 在点 (x,y) 亦有偏导数,且

$$\frac{\partial z}{\partial x} = \frac{\partial z}{\partial u}\frac{\partial u}{\partial x} + \frac{\partial z}{\partial v}\frac{\partial v}{\partial x}, \frac{\partial z}{\partial y} = \frac{\partial z}{\partial u}\frac{\partial u}{\partial y} + \frac{\partial z}{\partial v}\frac{\partial v}{\partial y}.$$

情形 2　如果函数 $u=\varphi(t)$ 及 $v=\psi(t)$ 在点 t 可导,函数 $z=f(u,v)$ 在对应点 (u,v) 具有连续偏导数,则复合函数 $z=f[\varphi(t),\psi(t)]$ 在点 t 可导,且 $\dfrac{\mathrm{d}z}{\mathrm{d}t}=\dfrac{\partial z}{\partial u}\dfrac{\mathrm{d}u}{\mathrm{d}t}+\dfrac{\partial z}{\partial v}\dfrac{\mathrm{d}v}{\mathrm{d}t}$.

情形 3　如果函数 $u=\varphi(x,y),v=\psi(x,y)$ 在点 (x,y) 处有偏导数,函数 $z=f(x,u,v)$ 在对应点 (x,u,v) 具有连续偏导数,则复合函数 $z=f(x,\varphi(x,y),\psi(x,y))$ 在点 (x,y) 亦有偏导数,且

$$\frac{\partial z}{\partial x}=\frac{\partial f}{\partial x}+\frac{\partial z}{\partial u}\frac{\partial u}{\partial x}+\frac{\partial z}{\partial v}\frac{\partial v}{\partial x},\ \frac{\partial z}{\partial y}=\frac{\partial z}{\partial u}\frac{\partial u}{\partial y}+\frac{\partial z}{\partial v}\frac{\partial v}{\partial y}.$$

注　公式中 $\dfrac{\partial f}{\partial x}$ 与 $\dfrac{\partial z}{\partial x}$ 的意义不同: $\dfrac{\partial f}{\partial x}$ 表示在 $z=f(x,u,v)$ 中,把 u,v 看作常量而对 x 求偏导数; $\dfrac{\partial z}{\partial x}$ 表示在复合函数 $z=f(x,\varphi(x,y),\psi(x,y))$ 中,对 x 求偏导数.复合函数的链式法则还可以推广到其他各种复合形式,要熟练和正确运用复合函数的链式法则,关键在于正确画出复合关系图.

3. 一阶全微分形式的不变性

设函数 $z=f(u,v)$ 具有连续偏导数,则不论 u 与 v 是自变量还是自变量的函数(中间变量),函数 $z=f(u,v)$ 的全微分总保持同一形式,即

$$\mathrm{d}z=\frac{\partial z}{\partial u}\mathrm{d}u+\frac{\partial z}{\partial v}\mathrm{d}v.$$

对于结构复杂的复合函数,利用全微分形式不变性求其一阶偏导数一般比直接求偏导数更方便.

4. 隐函数的求导法则

一元隐函数情形:设函数 $F(x,y)$ 在点 (x_0,y_0) 的某个邻域内具有连续的偏导数,且 $F(x_0,y_0)=0$, $F'_y(x_0,y_0)\neq0$,则方程 $F(x,y)=0$ 在点 (x_0,y_0) 的某一邻域内恒能唯一确定一个单值且具有连续导数的函数 $y=f(x)$,它满足 $y_0=f(x_0)$,并有

$$\frac{\mathrm{d}y}{\mathrm{d}x}=-\frac{F'_x}{F'_y}.$$

一个方程确定的多元隐函数情形:设函数 $F(x,y,z)$ 在点 (x_0,y_0,z_0) 的某一邻域内具有连续的偏导数,且 $F(x_0,y_0,z_0)=0$, $F'_z(x_0,y_0,z_0)\neq0$,则方程 $F(x,y,z)=0$ 在点 (x_0,y_0,z_0) 的某一邻域内恒能唯一确定一个单值连续且具有连续偏导数的函数 $z=f(x,y)$,它满足 $z_0=f(x_0,y_0)$,并有

$$\frac{\partial z}{\partial x}=-\frac{F'_x}{F'_z},\ \frac{\partial z}{\partial y}=-\frac{F'_y}{F'_z}.$$

方程组确定的多元隐函数情形:设函数 $F(x,y,u,v),G(x,y,u,v)$ 在点 (x_0,y_0,u_0,v_0) 的某一邻域内具有连续的偏导数,且

$$F(x_0,y_0,u_0,v_0)=0,\ J(x_0,y_0)=\frac{\partial(F,G)}{\partial(x,y)}\bigg|_{(x_0,y_0)}=\begin{vmatrix}\dfrac{\partial F}{\partial x}&\dfrac{\partial F}{\partial y}\\[2mm]\dfrac{\partial G}{\partial x}&\dfrac{\partial G}{\partial y}\end{vmatrix}_{(x_0,y_0)}\neq0,$$

则方程组 $\begin{cases}F(x,y,u,v)=0,\\ G(x,y,u,v)=0\end{cases}$ 在点 (x_0,y_0,u_0,v_0) 的某一邻域内恒能唯一确定两个单值连续且

具有连续偏导数的函数 $u = u(x, y), v = v(x, y)$，它满足 $u_0 = u(x_0, y_0), v_0 = v(x_0, y_0)$，并有

$$\frac{\partial u}{\partial x} = -\frac{\partial(F, G)/\partial(x, v)}{\partial(F, G)/\partial(u, v)}, \quad \frac{\partial u}{\partial y} = -\frac{\partial(F, G)/\partial(y, v)}{\partial(F, G)/\partial(u, v)},$$

$$\frac{\partial v}{\partial x} = -\frac{\partial(F, G)/\partial(u, x)}{\partial(F, G)/\partial(u, v)}, \quad \frac{\partial v}{\partial y} = -\frac{\partial(F, G)/\partial(u, y)}{\partial(F, G)/\partial(u, v)}.$$

5. 方向导数的求法

若函数 $z = f(x, y)$ 在点 $P(x, y)$ 是可微分的，则函数在该点沿任一方向 l 的方向导数都存在，且

$$\frac{\partial f}{\partial l} = \frac{\partial f}{\partial x}\cos\varphi + \frac{\partial f}{\partial y}\sin\varphi,$$

其中 φ 为 x 轴到方向 l 的转角.

对于三元函数 $u = f(x, y, z)$，其方向导数为 $\dfrac{\partial u}{\partial l} = \dfrac{\partial u}{\partial x}\cos\alpha + \dfrac{\partial u}{\partial y}\cos\beta + \dfrac{\partial u}{\partial z}\cos\gamma$，其中 $(\cos\alpha, \cos\beta, \cos\gamma)$ 为 l 的方向角.

函数在某点的梯度是这样一个向量，它的方向与取得最大方向导数的方向一致，而它的模为方向导数的最大值，即

$$\max\left\{\frac{\partial f}{\partial l}\right\} = \|\operatorname{\mathbf{grad}} f(x, y, z)\| = \sqrt{\left(\frac{\partial f}{\partial x}\right)^2 + \left(\frac{\partial f}{\partial y}\right)^2 + \left(\frac{\partial f}{\partial z}\right)^2}.$$

(三)* 二元函数的泰勒公式

设二元函数 $z = f(P) = f(x, y) \in C^{n+1}(U(P_0)), P_0(x_0, y_0), \mathbf{\Delta P} = (\Delta x, \Delta y) = (\mathrm{d}x, \mathrm{d}y), P_0 + \mathbf{\Delta P} = (x_0 + \Delta x, y_0 + \Delta y) \in U(P_0)$，则有下列 n 阶泰勒公式

$$f(P_0 + \mathbf{\Delta P}) = f(P_0) + \sum_{k=1}^{n}\frac{\mathrm{d}^k f(P_0)}{k!} + R_n = f(P_0) + \sum_{k=1}^{n}\frac{\left(\dfrac{\partial}{\partial x}\Delta x + \dfrac{\partial}{\partial y}\Delta y\right)^k f(P_0)}{k!} + R_n$$

$$= f(P_0) + \sum_{k=1}^{n}\frac{\displaystyle\sum_{i=0}^{k}C_k^i\frac{\partial^k f(P_0)}{\partial x^i \partial y^{k-i}}\Delta x^i \Delta y^{k-i}}{k!} + R_n,$$

其中 $R_n = \dfrac{\left(\dfrac{\partial}{\partial x}\Delta x + \dfrac{\partial}{\partial y}\Delta y\right)^{n+1} f(P_0 + \theta\mathbf{\Delta P})}{(n+1)!}, 0 < \theta < 1$，称为拉格朗日型余项.

二、教学基本要求

(1)理解邻域、区域的概念.理解多元函数的概念.了解二元函数的图形.

(2)掌握二元函数的极限、连续性等概念，掌握有界闭域上连续函数的性质.

(3)理解偏导数、全微分等概念.熟练掌握初等函数的偏导数和全微分的计算.了解全微分存在的必要条件和充分条件.了解一阶全微分形式的不变性.

(4)掌握方向导数与梯度的概念，并掌握它们的计算方法.

(5)理解高阶导数的概念，掌握二阶偏导数的计算.

(6)掌握复合函数的求导法.会求隐函数(包括由方程组确定的隐函数)的偏导数.

(7)了解二元函数的二阶泰勒公式.

2.2   释疑解难

1. 多元函数微分学的研究内容及其与一元函数微分学之间的关系.

答   多元函数微分学是利用多元函数的极限这一研究工具研究多元函数的连续性与可导性,从几何上看,就是几何形体的连绵不断性与光滑性.它与一元函数微分学的根本区别在于研究对象发生了改变,由一元函数变成了二元以上的多元函数.因此,学习多元函数微分学时一定要与一元函数微分学的内容相比较着来思考,注意对应概念与方法上的异同.

2. 二元函数沿无穷多条平面曲线趋向于某点时,极限均存在且相等,能否断定函数在此点的极限值存在?

答   不能.二元函数的极限与一元函数的极限一样,都是讨论在自变量的某个变化趋势下函数值与某个常量之间的关系.但二元函数的自变量更多,所以极限概念更复杂,要求也更高.在一元函数情形,对 $\lim\limits_{x \to x_0} f(x)$ 只要求 x 在 x_0 的左、右极限存在且相等;在二元函数情形,对 $\lim\limits_{\substack{x \to x_0 \\ y \to y_0}} f(x,y)$ 则要求点 $P(x,y)$ 以任何方式趋于 $P_0(x_0,y_0)$ 时, $f(x,y)$ 都有同一极限.任何方式包含任意路径,任意方向,因而更严格也更复杂.不过,这也为判断极限不存在提供了便利.如果某种特定趋近方式下 $f(x,y)$ 的极限不存在,或者两种不同趋近方式下 $f(x,y)$ 有不同的极限,则可判断二元函数的极限不存在.例如 $\lim\limits_{\substack{x \to 0 \\ y \to 0}} \dfrac{x^2 y}{x^4 + y^2}$ 沿 x 轴, y 轴以及直线 $y = kx$ 趋近于点 $(0,0)$ 时,极限都为 0,但并不能由此判断此极限存在.事实上,沿曲线 $y = x^2$ 趋于点 $(0,0)$ 时, $f(x,y) = \dfrac{x^2 y}{x^4 + y^2}$ 的极限值为 $\dfrac{1}{2}$,故此极限不存在.

3. 二次极限与二重极限有何不同? 两者之间有什么关系?

答   在求二元函数 $f(x,y)$ 极限的过程中,自变量 (x,y) 趋于 (x_0,y_0) 的方式是很重要的.若 (x,y) 以任意方式趋于 (x_0,y_0),则极限 $\lim\limits_{\substack{x \to x_0 \\ y \to y_0}} f(x,y)$ 称为二重极限,式中只有一个极限记号.若 (x,y) 按折线 $(x,y) \to (x_0,y) \to (x_0,y_0)$ 或 $(x,y) \to (x,y_0) \to (x_0,y_0)$ 方式趋于 (x_0,y_0),则极限 $\lim\limits_{y \to y_0} \lim\limits_{x \to x_0} f(x,y)$ 或 $\lim\limits_{x \to x_0} \lim\limits_{y \to y_0} f(x,y)$ 称为二次极限,式中有两个极限记号,表示两次极限过程,两者是两个不同的概念,初学者易将二重极限作为二次极限来计算.事实上,只有当两个二次极限和二重极限均存在时,三个极限才能相等.若两个二次极限都存在,在不相等的情形下,二重极限必不存在,即使在相等的情形下,也并不能确保二重极限存在.例如函数 $f(x,y) = \dfrac{x^2 y}{x^4 + y^2}$ 在 $(0,0)$ 点处的两个二次极限都存在且均为 0,但 $f(x,y)$ 在 $(0,0)$ 处的二重极限不存在.同样,二重极限存在也不能保证二次极限存在.例如函数 $f(x,y) = x \sin \dfrac{1}{y} + y \sin \dfrac{1}{x}$ 在点 $(0,0)$ 处的二重极限存在且为 0,但它的两个二次极限均不存在.这是因为 $f(x,y)$ 的定义域为 $\{(x,y)\mid x\neq 0,y\neq 0\}$. 在求二重极限时,$P(x,y)$ 是在定义域内趋于点 $(0,0)$,但在求二次极限时,其路径为 $(x,y)\to(x,0)\to(0,0)$ 或 $(x,y)\to(0,y)\to(0,0)$,其中点 $(x,0)$ 或 $(0,y)$ 不是定义域内的点.

4. 求二重极限 $\lim\limits_{\substack{x\to x_0\\y\to y_0}}f(x,y)$ 有哪些常用方法?

答 常用方法有以下几种:

(1)利用连续的定义及初等函数的连续性,如果 (x_0,y_0) 是 $f(x,y)$ 的连续点,则

$$\lim\limits_{\substack{x\to x_0\\y\to y_0}}f(x,y)=f(x_0,y_0).$$

例如,因为 $\dfrac{\ln(x+\mathrm{e}^y)}{\sqrt{x^2+y^2}}$ 是初等函数,$(1,0)$ 是其定义域内的点,所以

$$\lim\limits_{\substack{x\to 1\\y\to 0}}\frac{\ln(x+\mathrm{e}^y)}{\sqrt{x^2+y^2}}=\frac{\ln(x+\mathrm{e}^y)}{\sqrt{x^2+y^2}}\bigg|_{(1,0)}=\ln 2.$$

(2)利用变量代换转化为一元函数的极限问题.例如,令 $r=\sqrt{x^2+y^2}$,则

$$\lim\limits_{\substack{x\to 0\\y\to 0}}\frac{\sqrt{x^2+y^2}-\sin\sqrt{x^2+y^2}}{(x^2+y^2)^{\frac{3}{2}}}=\lim\limits_{r\to 0}\frac{r-\sin r}{r^3}\overset{\left(\frac{0}{0}\right)}{=}\lim\limits_{r\to 0}\frac{1-\cos r}{3r^2}=\lim\limits_{r\to 0}\frac{\frac{1}{2}r^2}{3r^2}=\frac{1}{6}.$$

(3)利用极限的性质(如夹逼准则、四则运算法则等).例如,因为

$$0\leqslant\left|\frac{x^2y^{\frac{3}{2}}}{x^4+y^2}\right|\leqslant\left|\frac{x^2y^{\frac{3}{2}}}{2x^2y}\right|=\frac{1}{2}\left|y^{\frac{1}{2}}\right|\to 0(x\to 0,y\to 0),$$

所以 $\lim\limits_{\substack{x\to 0\\y\to 0}}\dfrac{x^2y^{\frac{3}{2}}}{x^4+y^2}=0.$

(4)利用极限的定义验证.例如,因为 $\left|(x+y)\sin\dfrac{1}{x}\sin\dfrac{1}{y}\right|\leqslant|x|+|y|<2\sqrt{x^2+y^2}$,

所以 $\forall\varepsilon>0$,取 $\delta=\dfrac{\varepsilon}{2}$,则当 $0<\sqrt{x^2+y^2}<\delta$ 时,有 $\left|(x+y)\sin\dfrac{1}{x}\sin\dfrac{1}{y}-0\right|<\varepsilon.$ 从而由定义知 $\lim\limits_{\substack{x\to 0\\y\to 0}}(x+y)\sin\dfrac{1}{x}\sin\dfrac{1}{y}=0.$

(5)消去分子分母中极限为零的因子.例如,

$$\lim\limits_{\substack{x\to 0\\y\to 0}}\frac{xy}{\sqrt{xy+1}-1}=\lim\limits_{\substack{x\to 0\\y\to 0}}\frac{xy(\sqrt{xy+1}+1)}{(\sqrt{xy+1}-1)(\sqrt{xy+1}+1)}=\lim\limits_{\substack{x\to 0\\y\to 0}}(\sqrt{xy+1}+1)=2.$$

5. 如何讨论函数 $f(x,y)$ 在定义域上的连续性?

答 先求出 $f(x,y)$ 的定义域,然后再讨论其连续性.

(1)若 $f(x,y)$ 的定义域是一个区域,$f(x,y)$ 是初等函数,则 $f(x,y)$ 在定义域上一定连续.

(2)若 $f(x,y)$ 的定义域是几个区域,则要分别讨论 $f(x,y)$ 在各个区域的连续性,仅当在各个区域上都连续时,$f(x,y)$ 才在定义域上连续.

(3)若 $f(x,y)$ 是分段函数，要讨论各段上与分界点上 $f(x,y)$ 的连续性，仅当在各段上与分界点上都连续时，$f(x,y)$ 才在定义域上连续.

(4)若 $f(x,y)$ 的定义域含有离散点，则 $f(x,y)$ 在离散点上必不连续.

6. 求函数 $f(x,y)$ 的一阶偏导数要注意哪些问题？

答　求函数 $f(x,y)$ 的一阶偏导数，要注意以下几个问题：

(1)多元函数有多少个自变量，就有多少个偏导数.例如，二元函数有两个偏导数.

(2)偏导数记号 $\dfrac{\partial f}{\partial x}$ 是一个整体记号，不是分子、分母的商，与 $\dfrac{\mathrm{d}f}{\mathrm{d}x}$ 不同.

(3)弄清对哪个变量求偏导，将其余变量视作常量，然后利用一元函数求导法则与导数公式即可求出偏导数.

(4)求 $f(x,y)$ 在点 (x_0,y_0) 处的偏导数（例如 $f_x'(x_0,y_0)$）时，可以先代入 y_0，使其变为 x 的一元函数，再对 x 求导.

(5)对分段函数在分界点处的偏导数，和偏导函数求解较困难的多元函数在某点处的偏导数，以及对偏导函数不连续的点处的偏导数，一定要用定义来求.

7. 二元函数的连续性、偏导数的存在性（即可偏导性）、可微性、偏导数的连续性之间的关系如何？ 它与一元函数的有关情形有何不同？

答　(1)对一元函数来说，可导必连续，但连续不一定可导.但对二元函数，这一重要关系不再保持，连续性与可导性之间没有必然的联系.例如函数 $f(x,y)=\sqrt{x^2+y^2}$ 在 $(0,0)$ 处连续，但不可偏导.函数 $f(x,y)=\begin{cases} \dfrac{xy}{x^2+y^2}, & x^2+y^2\neq 0, \\ 0, & x^2+y^2=0 \end{cases}$ 在 $(0,0)$ 处两个偏导数均为 0，即可偏导，但 $f(x,y)$ 在 $(0,0)$ 处却不连续.为什么二元函数的偏导数存在而函数不连续呢？这是因为 $f_x'(x_0,y_0)$ 存在，只能保证一元函数 $z=f(x,y_0)$ 在点 $x=x_0$ 处连续；同样，$f_y'(x_0,y_0)$ 存在，只能保证一元函数 $z=f(x_0,y)$ 在 $y=y_0$ 处连续，也只能保证点 (x,y) 沿平行于坐标轴的直线 $x=x_0$ 和 $y=y_0$ 趋于点 (x_0,y_0) 时函数 $f(x,y)$ 的极限值为 $f(x_0,y_0)$，但不能保证 (x,y) 以任意方式趋于 (x_0,y_0) 时，$f(x,y)$ 的极限为 $f(x_0,y_0)$，故可偏导不能保证连续性.

(2)对一元函数来说，可微与可导等价，但对二元函数，可微与可偏导不等价.若 $f(x,y)$ 在 (x_0,y_0) 可微，则一定可偏导；但反之不一定成立.若 $f_x'(x,y)$，$f_y'(x,y)$ 在 (x_0,y_0) 处连续，则 $f(x,y)$ 在 (x_0,y_0) 必可微，但反之也不一定成立.

例如函数 $f(x,y)=\sqrt{|xy|}$ 在 $(0,0)$ 处可导，但不可微；又函数
$$f(x,y)=\begin{cases} (x^2+y^2)\sin\dfrac{1}{\sqrt{x^2+y^2}}, & x^2+y^2\neq 0, \\ 0, & x^2+y^2=0 \end{cases}$$
在 $(0,0)$ 处可偏导且可微，但 $f_x'(x,y)$ 与 $f_y'(x,y)$ 在 $(0,0)$ 处不连续.

(3)对二元函数来说，可微必连续，但反之不一定成立.这与一元函数的情况是一样

的. 例如函数 $f(x,y)=\begin{cases}\dfrac{xy}{\sqrt{x^2+y^2}}, & x^2+y^2\neq 0,\\ 0, & x^2+y^2=0\end{cases}$ 在 $(0,0)$ 处连续,但不可微.

综上所述,二元函数的连续性、可偏导性、可微、偏导数连续性之间的关系可用图 2-1 表示如下:其中,箭头"——→"表示可以推出,"——→"表示不可以推出. 因此,要检验一个函数是否可微,先考察它是否连续. 若不连续,则不可微;若连续,再考察偏导数是否存在. 若偏导数不存在,则必不可微;若偏导数存在,再考察它是否

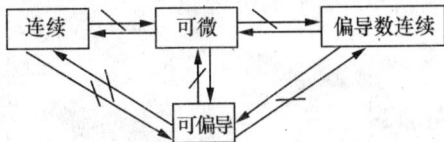

图 2-1

连续. 若连续则可微;若不连续,则检验极限 $\lim\limits_{\rho\to 0}\dfrac{\Delta z-f'_x(x,y)\Delta x-f'_y(x,y)\Delta y}{\rho}$ 是否为零. 若为零,则可微;否则,不可微.

8. 用复合函数求导法则求偏导数时应注意哪些问题?

答 多元复合函数的求偏导,关键是分析函数的复合关系,即弄清楚有几层复合,几个中间变量,中间变量又是几元函数,为了更直观地表示复合关系,可先画出复合关系图,再根据此图写出相应的求偏导的链式法则.

例如,$u=f(x,y,z),z=\varphi(y,t),t=\psi(x,y)$ 的复合关系图如2-2 所示,再由此图可得

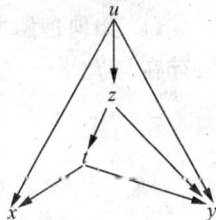

图 2-2

$$\frac{\partial u}{\partial x}=\frac{\partial f}{\partial x}+\frac{\partial f}{\partial z}\frac{\partial z}{\partial t}\frac{\partial t}{\partial x}=\frac{\partial f}{\partial x}+\frac{\partial f}{\partial z}\varphi'_t\psi'_x,$$

$$\frac{\partial u}{\partial y}=\frac{\partial f}{\partial y}+\frac{\partial f}{\partial z}\left(\frac{\partial z}{\partial y}+\frac{\partial z}{\partial t}\frac{\partial t}{\partial y}\right)=\frac{\partial f}{\partial y}+\frac{\partial f}{\partial z}(\varphi'_y+\varphi'_t\psi'_y).$$

9. 什么是一阶全微分形式的不变性? 它在多元函数微分学中有什么作用?

答 若 $z=f(u,v)$ 具有连续偏导数,则全微分 $\mathrm{d}z=\dfrac{\partial z}{\partial u}\mathrm{d}u+\dfrac{\partial z}{\partial v}\mathrm{d}v$. 又若 $u=\varphi(x,y)$, $v=\psi(x,y)$,则 $z=f[\varphi(x,y),\psi(x,y)]$ 的全微分 $\mathrm{d}z=\dfrac{\partial z}{\partial x}\mathrm{d}x+\dfrac{\partial z}{\partial y}\mathrm{d}y$,其中 $\dfrac{\partial z}{\partial x}=\dfrac{\partial z}{\partial u}\dfrac{\partial u}{\partial x}+\dfrac{\partial z}{\partial v}\dfrac{\partial v}{\partial x}$, $\dfrac{\partial z}{\partial y}=\dfrac{\partial z}{\partial u}\dfrac{\partial u}{\partial x}+\dfrac{\partial z}{\partial v}\dfrac{\partial v}{\partial y}$,代入全微分公式也可得 $\mathrm{d}z=\dfrac{\partial z}{\partial u}\mathrm{d}u+\dfrac{\partial z}{\partial v}\mathrm{d}v$. 由此可见,不论 z 是自变量 u,v 的函数,还是中间变量 u,v 的函数,它的一阶全微分形式是不变的. 二元函数全微分的这一性质称为一阶全微分形式的不变性. 此性质对二元以上函数也成立.

在求全微分的运算过程中,利用一阶全微分的形式不变性,不论变量之间的关系如何复杂,都可不必对其进行辨认与区分,而统一作为自变量来处理,这样可以给解题带来便利,且不易产生错误.

注 高阶全微分不具有形式的不变性.

10. 隐函数求导有哪些方法？

答 隐函数求导有以下几种方法：

(1)直接法，即把隐函数方程(组)看做恒等式，两边对自变量求导，然后解出所求导数或偏导数，例如，方程组 $\begin{cases} x^2+y^2+z^2=3x, \\ 2x-3y+5z=4 \end{cases}$ 确定 y 与 z 是 x 的函数，方程组两端对 x 求导，得

$$\begin{cases} 2x+2y\dfrac{\mathrm{d}y}{\mathrm{d}x}+2z\dfrac{\mathrm{d}z}{\mathrm{d}x}=3, \\ 2-3\dfrac{\mathrm{d}y}{\mathrm{d}x}+5\dfrac{\mathrm{d}z}{\mathrm{d}x}=0, \end{cases} \quad \text{解得} \quad \begin{cases} \dfrac{\mathrm{d}y}{\mathrm{d}x}=-\dfrac{10x-4z-15}{2(5y+3z)}, \\ \dfrac{\mathrm{d}z}{\mathrm{d}x}=-\dfrac{4y+6x-9}{2(5y+3z)}. \end{cases}$$

(2)公式法，即将方程中非零项移到一边，例如 $F(x,y,z)=0$，再利用公式求得

$$\frac{\partial z}{\partial x}=-\frac{F'_x}{F'_z}, \frac{\partial z}{\partial y}=-\frac{F'_y}{F'_z}.$$

(3)全微分法，即利用一阶全微分的形式不变性，在隐函数方程两边求全微分，整理得

$$\mathrm{d}z=P(x,y,z)\mathrm{d}x+Q(x,y,z)\mathrm{d}y,$$

从而得

$$\frac{\partial z}{\partial x}=P(x,y,z), \frac{\partial z}{\partial y}=Q(x,y,z).$$

11. 如何理解方向导数？二元函数 $f(x,y)$ 在点 $P_0(x_0,y_0)$ 处沿任一方向 l 的方向导数存在与 $f(x,y)$ 在点 (x_0,y_0) 可微、偏导数存在之间的关系？

答 首先，要明确方向导数记号 $\dfrac{\partial f}{\partial l}$ 中的 l 不是变量，$\dfrac{\partial f}{\partial l}$ 只是形式导数，表示函数 $f(x,y)$ 在 $P_0(x_0,y_0)$ 处沿方向 l 的变化率. 当 $l=i$ 时，$f(x,y)$ 在 P_0 处的方向导数为

$$\frac{\partial f}{\partial l}=\lim_{|\Delta x|\to 0}\frac{f(x_0+|\Delta x|,y_0)-f(x_0,y_0)}{|\Delta x|}=\lim_{\Delta x\to 0^+}\frac{f(x_0+\Delta x,y_0)-f(x_0,y_0)}{\Delta x},$$

而

$$\frac{\partial f}{\partial x}=\lim_{\Delta x\to 0}\frac{f(x_0+\Delta x,y_0)-f(x_0,y_0)}{\Delta x}.$$

由此可见，前者是单侧极限，后者是双侧极限，两者并非完全相同. 如果 $\dfrac{\partial f}{\partial x}$ 存在，则 $f(x,y)$ 沿 x 轴正向的方向导数也存在，且两者相等；反之，若 $f(x,y)$ 沿 x 轴正向的方向导数存在时，$\dfrac{\partial f}{\partial x}$ 不一定存在. 例如，$f(x,y)=\sqrt{x^2+y^2}$ 在 $(0,0)$ 处沿 x 轴正向的方向导数为 $\dfrac{\partial f}{\partial l}=1$，但 $\dfrac{\partial f}{\partial x}$ 不存在.

二元函数 $f(x,y)$ 在 $P_0(x_0,y_0)$ 处可微是 $f(x,y)$ 在 $P_0(x_0,y_0)$ 处沿任一方向 l 的方向导数存在的充分条件，而非必要条件. 例如 $f(x,y)=\begin{cases} 1, 0<y<x^2, -\infty<x<+\infty, \\ 0, \text{其他} \end{cases}$ 在点 $(0,0)$ 处不连续，从而不可微，但由于从原点出发的任何射线上都存在包含原点的充分小的一段使得 $f(x,y)=0$，故在原点处沿任何方向的方向导数都存在，且 $\dfrac{\partial f}{\partial l}\Big|_{(0,0)}=0.$

即使 $f(x,y)$ 在点 $P_0(x_0,y_0)$ 处沿任何方向 l 的方向导数存在，$f(x,y)$ 在点 $P_0(x_0,$ $y_0)$ 处偏导数也不一定存在. 例如，$f(x,y)=\sqrt{x^2+y^2}$ 在原点 $(0,0)$ 处的两个偏导数均不存在，但在该点处沿任何方向的方向导数均存在，且方向导数都等于 1，即

$$\frac{\partial f}{\partial l}=\lim_{\substack{x\to 0\\ y\to 0}}\frac{\sqrt{x^2+y^2}-0}{\sqrt{x^2+y^2}}=1.$$

2.3　典型例题分析和问题讨论

例 1　求下列极限：

(1) $\lim\limits_{\substack{x\to 0\\ y\to 0}}\dfrac{\sin(x^2 y)-\arcsin(x^2 y)}{x^6 y^3}$；

(2) $\lim\limits_{\substack{x\to 0\\ y\to 0}}\dfrac{\sin(x^2 y)}{x^2+y^2}$；

(3) $\lim\limits_{\substack{x\to 0\\ y\to 0}}\dfrac{1-\cos(x^2+y^2)}{(x^2+y^2)(e^{|x|+|y|}-1)}$；

(4) $\lim\limits_{\substack{x\to \infty\\ y\to a}}\left(1+\dfrac{1}{xy}\right)^{\frac{x^2}{x+y}}$ $(a\neq 0)$；

(5) $\lim\limits_{\substack{x\to 0\\ y\to 0}}\dfrac{x^3 y+xy^4+x^2 y}{x+y}$；

(6) $\lim\limits_{\substack{x\to \infty\\ y\to \infty}}\dfrac{\sqrt{|x|}}{3x+2y}$.

解　(1) 令 $x^2 y=t$，则

$$\lim_{\substack{x\to 0\\ y\to 0}}\frac{\sin(x^2 y)-\arcsin(x^2 y)}{x^6 y^3}=\lim_{t\to 0}\frac{\sin t-\arcsin t}{t^3}$$

$$\xlongequal{\left(\frac{0}{0}\right)}\lim_{t\to 0}\frac{\cos t-\dfrac{1}{\sqrt{1-t^2}}}{3t^2}\xlongequal{\left(\frac{0}{0}\right)}\lim_{t\to 0}\frac{-\sin t+\dfrac{1}{2}(1-t^2)^{-\frac{3}{2}}\cdot(-2t)}{6t}$$

$$=-\frac{1}{6}-\frac{1}{6}=-\frac{1}{3}.$$

(2) 因为 $\lim\limits_{\substack{x\to 0\\ y\to 0}}\dfrac{\sin(x^2 y)}{x^2+y^2}=\lim\limits_{\substack{x\to 0\\ y\to 0}}\dfrac{\sin(x^2 y)}{x^2 y}\cdot\dfrac{x^2 y}{x^2+y^2}$，而

$$\lim_{\substack{x\to 0\\ y\to 0}}\frac{\sin(x^2 y)}{x^2 y}\xlongequal{\text{令 }t=x^2 y}\lim_{t\to 0}\frac{\sin t}{t}=1,$$

由 $0\leqslant\left|\dfrac{x^2 y}{x^2+y^2}\right|\leqslant\left|\dfrac{x^2 y}{2xy}\right|=\dfrac{|x|}{2}\to 0$，得 $\lim\limits_{\substack{x\to 0\\ y\to 0}}\dfrac{x^2 y}{x^2+y^2}=0$，所以 $\lim\limits_{\substack{x\to 0\\ y\to 0}}\dfrac{\sin(x^2 y)}{x^2+y^2}=1\times 0=0.$

(3) 当 $(x,y)\to(0,0)$ 时，有 $1-\cos(x^2+y^2)\sim\dfrac{(x^2+y^2)^2}{2}$，$e^{|x|+|y|}-1\sim|x|+|y|$，故

$$\lim_{\substack{x\to 0\\ y\to 0}}\frac{1-\cos(x^2+y^2)}{(x^2+y^2)(e^{|x|+|y|}-1)}=\lim_{\substack{x\to 0\\ y\to 0}}\frac{\dfrac{(x^2+y^2)^2}{2}}{(x^2+y^2)(|x|+|y|)}=\lim_{\substack{x\to 0\\ y\to 0}}\frac{x^2+y^2}{2(|x|+|y|)}=0.$$

(4) 因为 $\left(1+\dfrac{1}{xy}\right)^{\frac{x^2}{x+y}}=\left[\left(1+\dfrac{1}{xy}\right)^{xy}\right]^{\frac{x}{y(x+y)}}$，而 $\lim\limits_{\substack{x\to \infty\\ y\to a}}\dfrac{x}{y(x+y)}=\lim\limits_{\substack{x\to \infty\\ y\to a}}\dfrac{1}{y\left(1+\dfrac{y}{x}\right)}=\dfrac{1}{a}$，

$\lim\limits_{\substack{x\to \infty\\ y\to a}}\left(1+\dfrac{1}{xy}\right)^{xy}\xlongequal{\text{令 }xy=t}\lim\limits_{t\to \infty}\left(1+\dfrac{1}{t}\right)^t=e$，所以 $\lim\limits_{\substack{x\to \infty\\ y\to a}}\left(1+\dfrac{1}{xy}\right)^{\frac{x^2}{x+y}}=e^{\frac{1}{a}}.$

(5)因为

$$\lim_{\substack{x\to 0 \\ y=x^3-x}} \frac{x^3y+xy^4+x^2y}{x+y} = \lim_{x\to 0} \frac{x^3(x^3-x)+x(x^3-x)^4+x^2(x^3-x)}{x+x^3-x}$$

$$= \lim_{x\to 0} \frac{-x^3-x^4+0(x^4)}{x^3} = -1,$$

又因为 $\lim\limits_{\substack{x\to 0 \\ y=x}} \dfrac{x^3y+xy^4+x^2y}{x+y} = \lim\limits_{x\to 0} \dfrac{x^4+x^5+x^3}{2x} = 0$, 所以 $\lim\limits_{\substack{x\to 0 \\ y=x}} \dfrac{x^3y+xy^4+x^2y}{x+y}$ 不存在.

(6)因为当 (x,y) 沿 $x=y$ 的路径趋于无穷远点时,

$$\left| \frac{\sqrt{|x|}}{3x+2y} \right| = \left| \frac{\sqrt{|x|}}{5x} \right| = \frac{1}{5\sqrt{|x|}},$$

而 $\lim\limits_{x\to\infty} \dfrac{1}{5\sqrt{|x|}} = 0$, 所以 $\lim\limits_{\substack{y=x \\ x\to\infty}} \dfrac{\sqrt{|x|}}{3x+2y} = 0$.

又因为 $\lim\limits_{\substack{x\to\infty \\ y=-\frac{3}{2}x+\frac{\sqrt{|x|}}{2}}} \dfrac{\sqrt{|x|}}{3x+2y} = \lim\limits_{x\to\infty} \dfrac{\sqrt{|x|}}{\sqrt{|x|}} = 1$, 所以 $\lim\limits_{\substack{x\to\infty \\ y\to\infty}} \dfrac{\sqrt{|x|}}{3x+2y}$ 不存在.

注 (1)二元函数求极限值,通常经过换元或其他方法(如把一些变量看成常数)把问题转化成一个一元函数问题,再利用一元函数求极限的方法,如四则运算、等价无穷小替换、夹逼定理、洛必达法则、两个重要极限以及初等函数的连续性等来求极限.

(2)确定极限不存在时,只要找两种不同趋近方式,获得两个不相等的极限值即可. 通常取直线 $y=kx$,若极限值与 k 有关,则原函数的极限值不存在;若此时极限值存在且与 k 无关,也不能断定原函数在此点的极限值存在,可再找含参数 k 的其他路径(如二次曲线等)试试.

(3)在一元函数求极限中有一个非常有效的方法——洛必达法则,在求二元函数的极限中不能使用.

例 2 设 $z=f(x,y)=\mathrm{e}^{xy}\sin(\pi y)+(x-1)\arctan\sqrt{\dfrac{x}{y}}$,试求 $f'_x(1,1)$ 及 $f'_y(1,1)$.

解 方法一 $f'_x(x,y)=y\mathrm{e}^{xy}\sin(\pi y)+\arctan\sqrt{\dfrac{x}{y}}+(x-1)\cdot\dfrac{1}{1+\left(\sqrt{\dfrac{x}{y}}\right)^2}\cdot\dfrac{1}{2\sqrt{\dfrac{x}{y}}}\cdot\dfrac{1}{y}$,

$f'_y(x,y)=x\mathrm{e}^{xy}\sin(\pi y)+\pi\mathrm{e}^{xy}\cos(\pi y)+(x-1)\cdot\dfrac{1}{1+\left(\sqrt{\dfrac{x}{y}}\right)^2}\cdot\dfrac{1}{2\sqrt{\dfrac{x}{y}}}\cdot\left(-\dfrac{x}{y^2}\right)$,

于是有 $f'_x(1,1)=\arctan 1=\dfrac{\pi}{4}$,$f'_y(1,1)=\pi\mathrm{e}\cdot\cos\pi=-\pi\mathrm{e}$.

方法二 因为 $f(x,1)=(x-1)\arctan\sqrt{x}$,所以

$$f'_x(x,1)=\arctan\sqrt{x}+(x-1)\cdot\frac{1}{1+x}\cdot\frac{1}{2\sqrt{x}},$$

故 $f'_x(1,1)=\arctan 1=\dfrac{\pi}{4}$.

又因为 $f(1,y)=\mathrm{e}^{y}\sin(\pi y)$,所以
$$f_{y}'(1,y)=\mathrm{e}^{y}\sin(\pi y)+\pi\mathrm{e}^{y}\cos(\pi y),$$
故 $f_{y}'(1,1)=\pi\cdot\mathrm{e}\cdot\cos\pi=-\pi\mathrm{e}$.

注 求多元函数的偏导数并不需要新的方法.如求 $f_{x}'(x,y)$,只需将 y 看作常量,利用一元函数的求导法则对 x 求导即可.但具体求导时要弄清是对哪个变量求导,特别是变量较多时,一定要弄清楚函数是何种类型.

例3 设 $u=x^{y^{z}}$,求 $\dfrac{\partial u}{\partial x},\dfrac{\partial u}{\partial y},\dfrac{\partial u}{\partial z}$.

解 $\dfrac{\partial u}{\partial x}=y^{z}\cdot x^{y^{z}-1}$,

$\dfrac{\partial u}{\partial y}=\dfrac{\partial}{\partial y}(\mathrm{e}^{y^{z}\ln x})=\mathrm{e}^{y^{z}\ln x}\cdot zy^{z-1}\cdot\ln x=zy^{z-1}\cdot x^{y^{z}}\ln x$,

$\dfrac{\partial u}{\partial z}=\dfrac{\partial}{\partial z}(\mathrm{e}^{y^{z}\cdot\ln x})=\mathrm{e}^{y^{z}\cdot\ln x}\cdot y^{z}\cdot\ln y\cdot\ln x=y^{z}\cdot x^{y^{z}}\cdot\ln x\cdot\ln y$.

例4 设 $z=\begin{cases}\dfrac{x^{2}y^{2}}{(x^{2}+y^{2})^{\frac{3}{2}}}, & x^{2}+y^{2}\neq0,\\ 0, & x^{2}+y^{2}=0.\end{cases}$

(1)求函数 z 的全微分;

(2)问在 $(0,0)$ 处函数是否连续? 是否可导? 是否可微? 一阶偏导数是否连续?

分析 (1)为了加深印象,首先请读者观察下列解法是否正确?

当 $(x,y)\neq(0,0)$ 时,$z_{x}'=\dfrac{2xy^{4}-x^{3}y^{2}}{(x^{2}+y^{2})^{\frac{5}{2}}}$,由对称性可知 $z_{y}'=\dfrac{2yx^{4}-y^{3}x^{2}}{(y^{2}+x^{2})^{\frac{5}{2}}}$,所以 z 的全微分为

$$\mathrm{d}z=z_{x}'\mathrm{d}x+z_{y}'\mathrm{d}y=\frac{(2xy^{4}-x^{3}y^{2})\mathrm{d}x+(2yx^{4}-y^{3}x^{2})\mathrm{d}y}{(x^{2}+y^{2})^{\frac{5}{2}}}.$$

当 $(x,y)=(0,0)$ 时,$z_{x}'(0,0)=\lim\limits_{\Delta x\to0}\dfrac{z(0+\Delta x,0)-z(0,0)}{\Delta x}=0$,同理有 $z_{y}'(0,0)=0$.

所以在 $(0,0)$ 处有 $\mathrm{d}z=z_{x}'\mathrm{d}x+z_{y}'\mathrm{d}y=0$.

上述解法不完全正确.当 $(x,y)\neq(0,0)$ 时,解法是正确的,但当 $(x,y)=(0,0)$ 时,解法是错误的.这是因为当 $(x,y)\neq(0,0)$ 时,z_{x}' 与 z_{y}' 连续(因为两者都是有定义的初等函数),所以 z 可微,且 $\mathrm{d}z=z_{x}'\mathrm{d}x+z_{y}'\mathrm{d}y$;而当 $(x,y)=(0,0)$ 时,z_{x}' 与 z_{y}' 在 $(0,0)$ 点处的连续性没有证明,而可偏导是不能推出可微的.

正确的解法是:

当 $(x,y)=(0,0)$ 时,由 $z_{x}'(0,0)=\lim\limits_{\Delta x\to0}\dfrac{z(0+\Delta x,0)-z(0,0)}{\Delta x}=0,z_{y}'(0,0)=0$ 有

$$\lim_{\rho\to0}\frac{\Delta z-[z_{x}'(0,0)\Delta x+z_{y}'(0,0)\Delta y]}{\rho}$$

$$= \lim_{\substack{\Delta x \to 0 \\ \Delta y \to 0}} \frac{[z(0 + \Delta x, 0 + \Delta y) - z(0,0)] - (0 \cdot \Delta x + 0 \cdot \Delta y)}{\sqrt{\Delta x^2 + \Delta y^2}}$$

$$= \lim_{\substack{\Delta x \to 0 \\ \Delta y \to 0}} \frac{\Delta x^2 \cdot \Delta y^2}{(\Delta x^2 + \Delta y^2)^2}.$$

而 $\lim\limits_{\substack{\Delta x \to 0 \\ \Delta y = k\Delta x}} \dfrac{\Delta x^2 \cdot \Delta y^2}{(\Delta x^2 + \Delta y^2)^2} = \lim\limits_{\Delta x \to 0} \dfrac{\Delta x^2 \cdot (k\Delta x)^2}{(1+k^2)^2 \cdot (\Delta x)^4} = \dfrac{k^2}{(1+k^2)^2}$，

所以极限 $\lim\limits_{\rho \to 0} \dfrac{\Delta z - [z_x'(0,0)\Delta x + z_y'(0,0)\Delta y]}{\rho}$ 不存在，故 z 在 $(0,0)$ 处不可微.

（2）$\lim\limits_{\substack{x \to 0 \\ y \to 0}} z(x,y) = \lim\limits_{\substack{x \to 0 \\ y \to 0}} \dfrac{x^2 y^2}{(x^2+y^2)^{\frac{3}{2}}} \xlongequal[y = r\sin\theta]{\Leftrightarrow\ x = r\cos\theta} \lim\limits_{r \to 0} \dfrac{r^4 (\cos^2\theta \sin^2\theta)}{r^3} = \lim\limits_{r \to 0} (r\cos^2\theta \sin^2\theta) = 0$，

这是因为 $r \to 0$，$|\cos^2\theta \sin^2\theta| \leqslant 1$，所以 $\lim\limits_{\substack{x \to 0 \\ y \to 0}} z(x,y) = 0 = z(0,0)$，故 z 在 $(0,0)$ 处连续.

又由（1）可知，z 在 $(0,0)$ 处可偏导但不可微. 下面证明 z_x'，z_y' 在 $(0,0)$ 处不连续.

因为 $\lim\limits_{\substack{x \to 0 \\ y \to 0}} z_x'(x,y) = \lim\limits_{\substack{x \to 0 \\ y \to 0}} \dfrac{2xy^4 - x^3y^2}{(x^2+y^2)^{\frac{5}{2}}} = \lim\limits_{\substack{x \to 0 \\ y = kx}} \dfrac{(2k^4 - k^2)x^5}{(1+k^2)^{\frac{5}{2}}x^5} = \dfrac{2k^4 - k^2}{(1+k^2)^{\frac{5}{2}}}$，所以 $z_x'(x,y)$ 在 $(0,$

$0)$ 处的极限不存在，故 $z_x'(x,y)$ 在 $(0,0)$ 处不连续，由对称性，可知 $z_y'(x,y)$ 在 $(0,0)$ 点不连续.

注 （1）与一元函数求导数一样，二元分段函数在分段点的偏导数必须用定义求.

（2）求分段函数在分段点 (x_0, y_0) 的全微分，应牢记下述步骤：

①用定义求偏导数 $z_x'(x_0, y_0) = \lim\limits_{\Delta x \to 0} \dfrac{z(x_0 + \Delta x, y_0) - z(x_0, y_0)}{\Delta x}$，$z_y'(x_0, y_0) = $

$\lim\limits_{\Delta y \to 0} \dfrac{z(x_0, y_0 + \Delta y) - z(x_0, y_0)}{\Delta y}$，若偏导数不存在，则函数在 (x_0, y_0) 不可微. 若偏导数都存

在，则进行下述步骤②.

②计算 $\lim\limits_{\rho \to 0} \dfrac{\Delta z - (z_x' \cdot \Delta x + z_y' \cdot \Delta y)}{\rho}$，其中 $\rho = \sqrt{\Delta x^2 + \Delta y^2}$，$\rho \to 0$ 等价于 $\Delta x \to 0$ 且 Δy

$\to 0$，$\Delta z = z(x_0 + \Delta x, y_0 + \Delta y) - z(x_0, y_0)$，$z_x' = z_x'(x_0, y_0)$，$z_y' = z_y'(x_0, y_0)$，若此极限为 0，

则函数在点 (x_0, y_0) 可微，否则不可微.

例 5 求下列复合函数的偏导数或导数：

（1）设 $z = \sin(2u + 3v)$，$u = xy$，$v = x^2 + y^2$，求 $\dfrac{\partial z}{\partial x}$，$\dfrac{\partial z}{\partial y}$.

（2）设 $u = \dfrac{e^{ax}(y - z)}{a^2 + 1}$，$y = a\sin x$，$z = \cos x$，求 $\dfrac{du}{dx}$.

解 （1）**方法一** 因为 $z = \sin(2u + 3v) = \sin(2xy + 3x^2 + 3y^2)$，所以

$$\frac{\partial z}{\partial x} = \cos(2xy + 3x^2 + 3y^2) \cdot (2xy + 3x^2 + 3y^2)_x'$$

$$= (2y + 6x)\cos(2xy + 3x^2 + 3y^2),$$

由对称性知 $\dfrac{\partial z}{\partial y} = (2x + 6y)\cos(2xy + 3x^2 + 3y^2)$.

方法二
$$\frac{\partial z}{\partial y} = \frac{\partial z}{\partial u}\frac{\partial u}{\partial x} + \frac{\partial z}{\partial v}\frac{\partial v}{\partial x}$$
$$= 2\cos(2u+3v) \cdot y + 3\cos(2u+3v) \cdot 2x$$
$$= (2y+6x)\cos(2u+3v)$$
$$= (2y+6x)\cos(2xy+3x^2+3y^2).$$

同理可得 $\dfrac{\partial z}{\partial y} = (2x+6y)\cos(2xy+3x^2+3y^2).$

方法三 利用一阶全微分形式的不变性,有
$$dz = \cos(2u+3v)d(2u+3v)$$
$$= \cos(2xy+3x^2+3y^2)(2xdy+2ydx+6xdx+6ydy)$$
$$= \cos(2xy+3x^2+2y^2)[(2y+6x)dx+(2x+6y)dy],$$

所以
$$\frac{\partial z}{\partial x} = (2y+6x)\cos(2xy+3x^2+3y^2),$$
$$\frac{\partial z}{\partial y} = (2x+6y)\cos(2xy+3x^2+3y^2).$$

(2)**方法一**　因为 $u=\dfrac{1}{a^2+1}[e^{ax}(y-z)]=\dfrac{1}{a^2+1}[e^{ax}(a\sin x-\cos x)]$,所以

$$\frac{du}{dx} = \frac{1}{a^2+1}[ae^{ax}(a\sin x-\cos x)+e^{ax}(a\cos x+\sin x)]=e^{ax}\sin x.$$

方法二　令 $u=f(x,y,z)=\dfrac{1}{a^2+1}[e^{ax}(y-z)]$,则

$$\frac{du}{dx}=\frac{\partial f}{\partial x}+\frac{\partial f}{\partial y}\frac{dy}{dx}+\frac{\partial f}{\partial z}\frac{dz}{dx}=\frac{a}{a^2+1}e^{ax}(y-z)+\frac{e^{ax}}{a^2+1}\cdot a\cos x-\frac{e^{ax}}{a^2+1}\cdot(-\sin x)$$

$$\xrightarrow[z=\cos x]{\text{令 } y=a\sin x}e^{ax}\sin x.$$

方法三 利用全微分形式的不变性,有

$$du = \frac{1}{a^2+1}[(y-z)e^{ax}d(ax)+e^{ax}(dy-dz)]$$
$$= \frac{1}{a^2+1}[(a^2\sin x-a\cos x)e^{ax}dx+e^{ax}a\cos xdx+e^{ax}\sin xdx]$$
$$= \frac{1}{a^2+1}(a^2+1)e^{ax}\sin xdx=e^{ax}\sin xdx,$$

故 $\dfrac{du}{dx}=e^{ax}\sin x.$

注　(1)对具体函数 $z=f(x,y)$ 求偏导数时,可以按照一元函数求导方法直接求偏导,也可以引入适当的中间变量求偏导,而利用一阶全微分形式的不变性求偏导数,不但在很多情况下变得简洁方便,更重要的是在这个过程中不必区分自变量和中间变量,因而不易出错.

(2)用链式法则求解时,一定要弄清函数的复合关系,且最后要把中间变量还原为自变量的函数.

(3)如果复合关系比较复杂时,要用图示法表示出函数的复合关系.

(4)要弄清函数对某个自变量的偏导数的结构,即项数及每一项的构成,这里项数与中间变量的个数相等,而每一项为函数对中间变量的偏导数与该中间变量对其指定自变量的偏导数的乘积.

例 6 设 f 具有连续的二阶偏导数,求下列函数的二阶偏导数:

(1)$z=f(xy^2,x^2y)$; (2)$z=f(2x-y,y\sin x)$.

解 (1)令 $u=xy^2$,$v=x^2y$,则 $z=f(u,v)$,如图 2-3 所示.

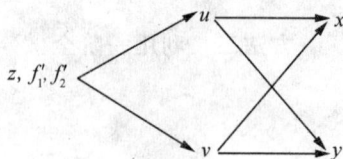

图 2-3

$$\frac{\partial z}{\partial x}=\frac{\partial f}{\partial u}\frac{\partial u}{\partial x}+\frac{\partial f}{\partial v}\frac{\partial v}{\partial x}=f_1'\cdot y^2+f_2'\cdot 2xy,$$

$$\frac{\partial z}{\partial y}=\frac{\partial f}{\partial u}\frac{\partial u}{\partial y}+\frac{\partial f}{\partial v}\frac{\partial v}{\partial y}=f_1'\cdot 2xy+f_2'\cdot x^2,$$

$$\frac{\partial^2 z}{\partial x^2}=y^2(f_{11}''\cdot y^2+f_{12}''\cdot 2xy)+2yf_2'+2xy\cdot(f_{21}''\cdot y^2+f_{22}''\cdot 2xy)$$

$$=y^4f_{11}''+4xy^3f_{12}''+4x^2y^2f_{22}''+2yf_2'(这里\ f_{21}''=f_{12}''),$$

$$\frac{\partial^2 z}{\partial x\partial y}=2y\cdot f_1'+y^2\cdot(f_{11}''\cdot 2xy+f_{12}''\cdot x^2)+2x\cdot f_2'+2xy\cdot(f_{21}''\cdot 2xy+f_{22}''\cdot x^2)$$

$$=2yf_1'+2xf_2'+2xy^3f_{11}''+5x^2y^2f_{12}''+2x^3yf_{22}'',$$

由对称性知 $\dfrac{\partial^2 z}{\partial y^2}=x^4f_{22}''+4yx^3f_{21}''+4y^2x^2f_{11}''+2xf_1'$.

(2)令 $u=2x-y$,$v=y\sin x$,则 $z=f(u,v)$,如图2-4所示.

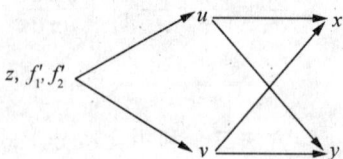

图 2-4

$$\frac{\partial z}{\partial x}=\frac{\partial f}{\partial u}\frac{\partial u}{\partial x}+\frac{\partial f}{\partial v}\frac{\partial v}{\partial x}=f_1'\cdot 2+f_2'\cdot y\cos x,$$

$$\frac{\partial z}{\partial y}=\frac{\partial f}{\partial u}\frac{\partial u}{\partial y}+\frac{\partial f}{\partial v}\frac{\partial v}{\partial y}=f_1'\cdot(-1)+f_2'\cdot \sin x,$$

$$\frac{\partial^2 z}{\partial x^2}=2\cdot(f_{11}''\cdot 2+f_{12}''\cdot y\cos x)-y\sin x\cdot f_2'+$$

$$y\cos x\cdot(f_{21}''\cdot 2+f_{22}''\cdot y\cos x)$$

$$=4f_{11}''+4y\cos x\cdot f_{12}''+y^2\cos^2 x\cdot f_{22}''-y\sin x\cdot f_2',$$

$$\frac{\partial^2 z}{\partial x\partial y}=2\cdot(f_{11}''\cdot(-1)+f_{12}''\sin x)+\cos x\cdot f_2'+y\cos x(f_{21}''\cdot(-1)+f_{22}''\sin x)$$

$$=-2f_{11}''+(2\sin x-y\cos x)f_{12}''+\frac{1}{2}y\sin 2x\cdot f_{22}''+\cos x\cdot f_2',$$

$$\frac{\partial^2 z}{\partial y^2}=-(f_{11}''\cdot(-1)+f_{12}''\sin x)+\sin x(f_{21}''\cdot(-1)+f_{22}''\sin x)$$

$$=f_{11}''-2\sin x-f_{12}''+f_{11}''\sin x.$$

注 (1)求抽象函数的偏导数时,特别是求高阶偏导数时,一定要设中间变量.

(2)f_1' 和 f_2' 仍然是以 u、v 为中间变量,x、y 为自变量的复合函数,且复合结构与 f 的复合结构一致,故对它们求偏导数时须重复使用复合函数求导法.

(3)f_{12}'' 与 f_{21}'' 的合并问题,视题设条件而定.

(4)注意引用这些公式的条件! 外层函数可微(偏导数连续)内层函数可偏导.

例 7 已知 $u = u(\sqrt{x^2 + y^2})$ 具有二阶连续偏导数，且满足

$$\frac{\partial^2 u}{\partial x^2} + \frac{\partial^2 u}{\partial y^2} = x^2 + y^2,$$

求 u.

解 令 $r = \sqrt{x^2 + y^2}$，则 $u = u(r)$，于是有

$$\frac{\partial u}{\partial x} = u'(r) \frac{\partial r}{\partial x} = u'(r) \frac{x}{\sqrt{x^2 + y^2}} = u'(r) \frac{x}{r}, \quad \frac{\partial u}{\partial y} = u'(r) \frac{y}{r},$$

$$\frac{\partial^2 u}{\partial x^2} = u''(r) \frac{x^2}{r^2} + u'(r) \frac{r - x\frac{x}{r}}{r^2} = u''(r) \frac{x^2}{r^2} + \frac{y^2}{r^3} u'(r).$$

由对称性有 $\dfrac{\partial^2 u}{\partial y^2} = u''(r) \dfrac{y^2}{r^2} + \dfrac{x^2}{r^3} u'(r)$，

将最后两式代入题设方程得

$$u''(r) + \frac{1}{r} u'(r) = r^2.$$

令 $u'(r) = p(r)$，则 $p'(r) + \dfrac{1}{r} p(r) = r^2$，解此一阶线性微分方程得

$$p(r) = e^{-\int \frac{1}{r} dr} \left[\int r^2 e^{\int \frac{1}{r} dr} dr + C_1 \right] = \frac{1}{4} r^3 + C_1 \frac{1}{r}.$$

故
$$u = \int p(r) dr = \frac{1}{16} r^4 + C_1 \ln r + C_2$$

$$= \frac{1}{16} (x^2 + y^2)^2 + C_1 \ln \sqrt{x^2 + y^2} + C_2,$$

其中 C_1, C_2 为任意常数.

例 8 设函数 $z = z(x, y)$ 由方程 $z = e^{2x-3z} + 2y$ 确定，求 $3\dfrac{\partial z}{\partial x} + \dfrac{\partial z}{\partial y}$ 的值.

解 方法一 在 $z = e^{2x-3z} + 2y$ 的两边分别对 x, y 求偏导数，得

$$\frac{\partial z}{\partial x} = e^{2x-3z} \left(2 - 3 \frac{\partial z}{\partial x} \right), \quad \frac{\partial z}{\partial y} = e^{2x-3z} \left(-3 \frac{\partial z}{\partial y} \right) + 2,$$

即有

$$\frac{\partial z}{\partial x} = \frac{2e^{2x-3z}}{1 + 3e^{2x-3z}}, \quad \frac{\partial z}{\partial y} = \frac{2}{1 + 3e^{2x-3z}},$$

所以

$$3\frac{\partial z}{\partial x} + \frac{\partial z}{\partial y} = 3 \cdot \frac{2e^{2x-3z}}{1 + 3e^{2x-3z}} + \frac{2}{1 + 3e^{2x-3z}} = 2.$$

方法二 令 $F(x, y, z) = e^{2x-3z} + 2y - z$，则

$$\frac{\partial F}{\partial x} = e^{2x-3z} \cdot 2, \quad \frac{\partial F}{\partial y} = 2, \quad \frac{\partial F}{\partial z} = e^{2x-3z} \cdot (-3) - 1,$$

于是有

$$\frac{\partial z}{\partial x} = -\frac{\dfrac{\partial F}{\partial x}}{\dfrac{\partial F}{\partial z}} = -\frac{2e^{2x-3z}}{-3e^{2x-3z}-1} = \frac{2e^{2x-3z}}{3e^{2x-3z}+1},$$

$$\frac{\partial z}{\partial y} = -\frac{\dfrac{\partial F}{\partial y}}{\dfrac{\partial F}{\partial z}} = -\frac{2}{-3e^{2x-3z}-1} = \frac{2}{3e^{2x-3z}+1},$$

故 $3\dfrac{\partial z}{\partial x} + \dfrac{\partial z}{\partial y} = \dfrac{6e^{2x-3z}}{3e^{2x-3z}+1} + \dfrac{2}{3e^{2x-3z}+1} = 2.$

方法三 利用全微分的形式不变性,有

$$dz = e^{2x-3z}(2dx - 3dz) + 2dy = 2e^{2x-3z}dx + 2dy - 3e^{2x-3z}dz,$$
$$(1 + 3e^{2x-3z})dz = 2e^{2x-3z}dx + 2dy,$$

所以

$$dz = \frac{2e^{2x-3z}}{1+3e^{2x-3z}}dx + \frac{2}{1+3e^{2x-3z}}dy,$$

从而

$$\frac{\partial z}{\partial x} = \frac{2e^{2x-3z}}{1+3e^{2x-3z}}, \quad \frac{\partial z}{\partial y} = \frac{2}{1+3e^{2x-3z}},$$

故

$$3\frac{\partial z}{\partial x} + \frac{\partial z}{\partial y} = 2.$$

例 9 设 $\begin{cases} x = -u^2 + v + z, \\ y = u + vz, \end{cases}$ 求 $\dfrac{\partial u}{\partial x}, \dfrac{\partial v}{\partial x}, \dfrac{\partial u}{\partial z}.$

解 方法一 因为方程组中有 5 个变量,2 个方程,所以有 $5-2=3$ 个独立自变量. 选取 x, y, z 为独立自变量,则 $u = u(x, y, z), v = v(x, y, z)$.

对 x 求导(视 y, z 为常数),得

$$\begin{cases} 1 = -2u\dfrac{\partial u}{\partial x} + \dfrac{\partial v}{\partial x} \\ 0 = \dfrac{\partial u}{\partial x} + z\dfrac{\partial v}{\partial x} \end{cases} \Rightarrow \begin{cases} \dfrac{\partial u}{\partial x} = \dfrac{-z}{2uz+1}, \\ \dfrac{\partial v}{\partial x} = \dfrac{1}{2uz+1}. \end{cases}$$

对 z 求导(视 x, y 为常数),得

$$\begin{cases} 0 = -2u\dfrac{\partial u}{\partial z} + \dfrac{\partial v}{\partial z} + 1, \\ 0 = \dfrac{\partial u}{\partial z} + z\dfrac{\partial v}{\partial z} + v \end{cases} \Rightarrow \frac{\partial u}{\partial z} = \frac{z-v}{2uz+1}.$$

方法二 所给方程组中含有 5 个变量 x, y, z, u, v,对所求偏导数需视 u, v 为因变量, x, z 为自变量,而 y 究竟是因变量,还是自变量呢? 在这种所求偏导数是一阶,而又有一变量的属性不太明确的情况下,用全微分形式的不变性来处理往往更加简便. 下面利用这一性质给出如下的解法:

在等式两边求全微分,得

$$\begin{cases} dx = -2udu + dv + dz, \\ dy = du + zdv + vdz \end{cases} \Rightarrow \begin{cases} 2udu - dv = dz - dx, \\ du + zdv = dy - vdz \end{cases}$$

$$\Rightarrow \begin{cases} \mathrm{d}u = \dfrac{-z\mathrm{d}x + (z-v)\mathrm{d}z + \mathrm{d}y}{2uz+1}, \\[3mm] \mathrm{d}v = \dfrac{2u\mathrm{d}y + \mathrm{d}x - (1+2uv)\mathrm{d}z}{2uz+1}, \end{cases}$$

所以 $\dfrac{\partial u}{\partial x} = -\dfrac{z}{2uz+1}, \dfrac{\partial v}{\partial x} = \dfrac{1}{2uz+1}, \dfrac{\partial u}{\partial z} = \dfrac{z-v}{2uz+1}.$

例 10　设 $\mathrm{e}^z = xyz$，求 $\dfrac{\partial^2 z}{\partial x^2}, \dfrac{\partial^2 z}{\partial x \partial y}.$

解　方法一　方程两边对 x 求导，并把 z 视为 x 的函数，y 视为常数，得

$$\mathrm{e}^z \frac{\partial z}{\partial x} = yz + xy \frac{\partial z}{\partial x} \tag{2.1}$$

解得

$$\frac{\partial z}{\partial x} = \frac{yz}{\mathrm{e}^z - xy} = \frac{yz}{xyz - xy} = \frac{z}{xz - x}. \tag{2.2}$$

由对称性知

$$\frac{\partial z}{\partial y} = \frac{z}{yz - y}. \tag{2.3}$$

在(2.1)式的两边再对 x 求导得

$$\mathrm{e}^z \left(\frac{\partial z}{\partial x}\right)^2 + \mathrm{e}^z \frac{\partial^2 z}{\partial x^2} = y \frac{\partial z}{\partial x} + y \frac{\partial z}{\partial x} + xy \frac{\partial^2 z}{\partial x^2},$$

于是

$$\frac{\partial^2 z}{\partial x^2} = \frac{2y \dfrac{\partial z}{\partial x} - \mathrm{e}^z \left(\dfrac{\partial z}{\partial x}\right)^2}{\mathrm{e}^z - xy} = \frac{2 \dfrac{\partial z}{\partial x} - xz \left(\dfrac{\partial z}{\partial x}\right)^2}{xz - x}.$$

将(2.2)式代入上式，有

$$\frac{\partial^2 z}{\partial x^2} = \frac{\dfrac{2z}{xz-x} - xz \left(\dfrac{z}{xz-x}\right)^2}{xz - x} = \frac{2z^2 - 2z - z^3}{x^2 (z-1)^3}.$$

在(2.1)式的两边再对 y 求导，得

$$\mathrm{e}^z \frac{\partial z}{\partial y} \frac{\partial z}{\partial x} + \mathrm{e}^z \frac{\partial^2 z}{\partial x \partial y} = z + y \frac{\partial z}{\partial y} + x \frac{\partial z}{\partial x} + xy \frac{\partial^2 z}{\partial x \partial y},$$

于是

$$\frac{\partial^2 z}{\partial x \partial y} = \frac{z + y \dfrac{\partial z}{\partial y} + x \dfrac{\partial z}{\partial x} - xyz \dfrac{\partial z}{\partial x} \dfrac{\partial z}{\partial y}}{xyz - xy}.$$

将(2.2)式和(2.3)式同时代入上式有

$$\frac{\partial^2 z}{\partial x \partial y} = \frac{z + y \dfrac{z}{yz-y} + x \dfrac{z}{xz-x} - xyz \dfrac{z}{xz-x} \cdot \dfrac{z}{yz-y}}{xyz - xy} = -\frac{z}{xy(z-1)^3}.$$

方法二　令 $F(x,y,z) = \mathrm{e}^z - xyz$，则

$$F'_x = -yz, F'_y = -xz, F'_z = \mathrm{e}^z - xy = xy(z-1),$$

所以

$$\frac{\partial z}{\partial x} = -\frac{F'_x}{F'_z} = -\frac{-yz}{xy(z-1)} = \frac{z}{x(z-1)},$$

$$\frac{\partial z}{\partial y} = -\frac{F'_y}{F'_z} = -\frac{xz}{xy(z-1)} = \frac{z}{y(z-1)}.$$

于是

$$\frac{\partial^2 z}{\partial x^2} = \left[\frac{z}{x(z-1)}\right]'_x = \frac{\frac{\partial z}{\partial x}x(z-1) - z\left[1 \cdot (z-1) + x\frac{\partial z}{\partial x}\right]}{x^2(z-1)^2}$$

$$= \frac{-x\frac{\partial z}{\partial x} - z(z-1)}{x^2(z-1)^2}.$$

将 $\frac{\partial z}{\partial x} = \frac{z}{x(z-1)}$ 代入上式并整理得

$$\frac{\partial^2 z}{\partial x^2} = \frac{2z^2 - z^3 - 2z}{x^2(z-1)^3}.$$

类似可得

$$\frac{\partial^2 z}{\partial x\partial y} = \left[\frac{z}{x(z-1)}\right]'_y = \frac{\frac{\partial z}{\partial y}x(z-1) - zx\frac{\partial z}{\partial y}}{x^2(z-1)^2} = \frac{-\frac{\partial z}{\partial y}}{x(z-1)^2} = \frac{-z}{xy(z-1)^3}.$$

注 (1)隐函数求高阶偏导数时,一般采用方法一,因为这样在求导过程中可避免出现除法求导,从而简化运算.

(2)求二阶偏导数之前要尽量用隐函数方程化简一阶偏导数.

例 11 设函数 $u = f(x,y,z)$, $x = r\sin\theta\cos\varphi$, $y = r\sin\theta\sin\varphi$, $z = r\cos\theta$, 证明:

(1)如果 $x\dfrac{\partial u}{\partial x} + y\dfrac{\partial u}{\partial y} + z\dfrac{\partial u}{\partial z} = 0$, 则 u 仅是 θ 和 φ 的函数;

(2)如果 $\dfrac{\dfrac{\partial u}{\partial x}}{x} = \dfrac{\dfrac{\partial u}{\partial y}}{y} = \dfrac{\dfrac{\partial u}{\partial z}}{z}$, 则 u 仅是 r 的函数.

证明 (1)因为

$$\frac{\partial u}{\partial r} = \frac{\partial u}{\partial x}\frac{\partial x}{\partial r} + \frac{\partial u}{\partial y}\frac{\partial y}{\partial r} + \frac{\partial u}{\partial z}\frac{\partial z}{\partial r}$$

$$= \sin\theta\cos\varphi\frac{\partial u}{\partial x} + \sin\theta\sin\varphi\frac{\partial u}{\partial y} + \cos\theta\frac{\partial u}{\partial z}$$

$$= \frac{1}{r}\left(x\frac{\partial u}{\partial x} + y\frac{\partial u}{\partial y} + z\frac{\partial u}{\partial z}\right) = 0,$$

这表明函数 u 与 r 无关,所以 u 仅是 θ 和 φ 的函数.

(2)因为

$$\frac{\partial u}{\partial\theta} = \frac{\partial u}{\partial x}\frac{\partial x}{\partial\theta} + \frac{\partial u}{\partial y}\frac{\partial y}{\partial\theta} + \frac{\partial u}{\partial z}\frac{\partial z}{\partial\theta} = r\cos\theta\cos\varphi\frac{\partial u}{\partial x} + r\cos\theta\sin\varphi\frac{\partial u}{\partial y} - r\sin\theta\frac{\partial u}{\partial z}$$

$$= \frac{r^2 \sin\theta\cos\theta\cos^2\varphi \frac{\partial u}{\partial x}}{x} + \frac{r^2 \cos\theta\sin\theta\sin^2\varphi \frac{\partial u}{\partial y}}{y} - \frac{r^2 \sin\theta\cos\theta \frac{\partial u}{\partial z}}{z}$$

$$= r^2 \left[\frac{\sin\theta\cos\theta(\cos^2\varphi + \sin^2\varphi) \frac{\partial u}{\partial z}}{z} - \frac{\sin\theta\cos\theta \frac{\partial u}{\partial z}}{z} \right] = 0,$$

$$\frac{\partial u}{\partial \varphi} = \frac{\partial u}{\partial x}\frac{\partial x}{\partial \varphi} + \frac{\partial u}{\partial y}\frac{\partial y}{\partial \varphi} + \frac{\partial u}{\partial z}\frac{\partial z}{\partial \varphi} = -r\sin\theta\sin\varphi \frac{\partial u}{\partial x} + r\sin\theta\cos\varphi \frac{\partial u}{\partial y}$$

$$= \frac{-r^2 \sin^2\theta\sin\varphi\cos\varphi \frac{\partial u}{\partial x}}{x} + \frac{r^2 \sin^2\theta\sin\varphi\cos\varphi \frac{\partial u}{\partial y}}{y} = 0,$$

这表明函数 u 与 θ, φ 无关,所以 u 仅是 r 的函数.

例 12　设 n 是曲面 $2x^2 + 3y^2 + z^2 = 6$ 在点 $P(1,1,1)$ 处的指向外侧的法向量,求函数 $u = \dfrac{\sqrt{3x^2 + 4y^2}}{z}$ 在此处沿方向 n 的方向导数.

解　令 $F(x,y,z) = 2x^2 + 3y^2 + z^2 - 6$,则

$$F_x'\big|_P = 4x\big|_P = 4, \quad F_y'\big|_P = 6y\big|_P = 6, \quad F_z'\big|_P = 2z\big|_P = 2.$$

于是

$$n = (F_x', F_y', F_z') = (4, 6, 2), \quad \|n\| = \sqrt{4^2 + 6^2 + 2^2} = 2\sqrt{14}.$$

所以 n 的方向余弦为

$$\cos\alpha = \frac{2}{\sqrt{14}}, \quad \cos\beta = \frac{3}{\sqrt{14}}, \quad \cos\gamma = \frac{1}{\sqrt{14}},$$

而

$$\frac{\partial u}{\partial x}\bigg|_P = \frac{3x}{z\sqrt{3x^2 + 4y^2}}\bigg|_P = \frac{3}{\sqrt{7}},$$

$$\frac{\partial u}{\partial y}\bigg|_P = \frac{4y}{z\sqrt{3x^2 + 4y^2}}\bigg|_P = \frac{4}{\sqrt{7}},$$

$$\frac{\partial u}{\partial z}\bigg|_P = -\frac{\sqrt{3x^2 + 4y^2}}{z^2}\bigg|_P = -\sqrt{7},$$

从而所求方向导数为

$$\frac{\partial u}{\partial l}\bigg|_P = \left(\frac{\partial u}{\partial x}\cos\alpha + \frac{\partial u}{\partial y}\cos\beta + \frac{\partial u}{\partial z}\cos\gamma \right)\bigg|_P = \frac{11\sqrt{2}}{14}.$$

例 13　设 $f(x,y)$ 在点 P_0 处可微, $e_{l_1} = \left(\dfrac{\sqrt{2}}{2}, \dfrac{\sqrt{2}}{2}\right)$, $e_{l_2} = \left(-\dfrac{\sqrt{2}}{2}, \dfrac{\sqrt{2}}{2}\right)$, $\dfrac{\partial f}{\partial l_1}\bigg|_{P_0} = 1$, $\dfrac{\partial f}{\partial l_2}\bigg|_{P_0} = 0$,试确定 l,使得 $\dfrac{\partial f}{\partial l}\bigg|_{P_0} = \dfrac{7}{5\sqrt{2}}$.

解 设 $e_l = (\cos\alpha, \sin\alpha)$,则由题设得

$$
\begin{cases}
\left.\dfrac{\partial f}{\partial l_1}\right|_{P_0} = \left.\dfrac{\partial f}{\partial x}\right|_{P_0} \cdot \dfrac{\sqrt{2}}{2} + \left.\dfrac{\partial f}{\partial y}\right|_{P_0} \cdot \dfrac{\sqrt{2}}{2} = 1, \\[2mm]
\left.\dfrac{\partial f}{\partial l_2}\right|_{P_0} = \left.\dfrac{\partial f}{\partial x}\right|_{P_0} \cdot \left(-\dfrac{\sqrt{2}}{2}\right) + \left.\dfrac{\partial f}{\partial y}\right|_{P_0} \cdot \dfrac{\sqrt{2}}{2} = 0,
\end{cases}
$$

解得

$$
\left.\frac{\partial f}{\partial x}\right|_{P_0} = \left.\frac{\partial f}{\partial y}\right|_{P_0} = \frac{\sqrt{2}}{2},
$$

于是

$$
\left.\frac{\partial f}{\partial l}\right|_{P_0} = \left.\frac{\partial f}{\partial x}\right|_{P_0}\cos\alpha + \left.\frac{\partial f}{\partial y}\right|_{P_0}\sin\alpha = \frac{\sqrt{2}}{2}(\cos\alpha + \sin\alpha) = \frac{7}{5\sqrt{2}},
$$

即 $\cos\alpha + \sin\alpha = \dfrac{7}{5}$,从而 $1 + 2\sin\alpha\cos\alpha = \dfrac{49}{25}$,即 $\cos\alpha\sin\alpha = \dfrac{12}{25}$.

构造方程 $x^2 - \dfrac{7}{5}x + \dfrac{12}{25} = 0$,其根为 $x_1 = \dfrac{3}{5}$,$x_2 = \dfrac{4}{5}$,即 $\cos\alpha = \dfrac{3}{5}$,$\sin\alpha = \dfrac{4}{5}$ 或 $\cos\alpha = \dfrac{4}{5}$,$\sin\alpha = \dfrac{3}{5}$,故所求方向为 $e_l = \left(\dfrac{3}{5}, \dfrac{4}{5}\right)$ 或 $e_l = \left(\dfrac{4}{5}, \dfrac{3}{5}\right)$.

例 14 设函数 $z = 1 - \left(\dfrac{x^2}{a^2} + \dfrac{y^2}{b^2}\right)$,求函数在点 $M\left(\dfrac{a}{\sqrt{2}}, \dfrac{b}{\sqrt{2}}\right)$ 处沿曲线 $\dfrac{x^2}{a^2} + \dfrac{y^2}{b^2} = 1$ 在该点的内法线方向的方向导数.

解 由 $\dfrac{x^2}{a^2} + \dfrac{y^2}{b^2} = 1$ 求导,得

$$
\frac{2x}{a^2} + \frac{2yy'}{b^2} = 0,\ y' = -\frac{b^2 x}{a^2 y},
$$

所以在点 M 处曲线的切线斜率为

$$
\tan\theta = \left.y'\right|_{\left(\frac{a}{\sqrt{2}}, \frac{b}{\sqrt{2}}\right)} = -\frac{b}{a}
$$

内法线方向的方向余弦为

$$
\cos\alpha = \cos(\pi + \beta) = \cos\left(\pi + \theta - \frac{\pi}{2}\right) = \cos\left(\frac{\pi}{2} + \theta\right) = -\sin\theta = -\frac{b}{\sqrt{a^2 + b^2}},
$$

$$
\sin\alpha = \sin\left(\pi + \theta - \frac{\pi}{2}\right) = \sin\left(\frac{\pi}{2} + \theta\right) = \cos\theta = -\frac{a}{\sqrt{a^2 + b^2}}.
$$

又

$$
\left.\frac{\partial z}{\partial x}\right|_M = -\left.\frac{2x}{a^2}\right|_M = -\frac{\sqrt{2}}{a},\ \left.\frac{\partial z}{\partial y}\right|_M = -\left.\frac{2y}{b^2}\right|_M = -\frac{\sqrt{2}}{b},
$$

从而

$$
\left.\frac{\partial u}{\partial l}\right|_M = \left.\frac{\partial u}{\partial x}\right|_M\cos\alpha + \left.\frac{\partial u}{\partial y}\right|_M\sin\alpha = \frac{1}{ab}\sqrt{2(a^2 + b^2)}.
$$

2.4 课内练习

1. 设 $f\left(x+y,\dfrac{y}{x}\right)=x^2-y^2$,求 $f(x,y)$ 的表达式.

2. 求 $z=\arcsin(2x)+\dfrac{\sqrt{4x-y^2}}{\ln(1-x^2-y^2)}$ 的定义域,并画出定义域的图形.

3. 求下列极限:

(1) $\lim\limits_{\substack{x\to1\\y\to0}}\dfrac{\ln(x+e^y)}{\sqrt{x^2+y^2}}$;
$\qquad$ (2) $\lim\limits_{\substack{x\to\infty\\y\to\infty}}\dfrac{x+y}{x^2-xy+y^2}$;

(3) $\lim\limits_{\substack{x\to0\\y\to2}}\dfrac{\sin(xy)}{x}$;
$\qquad$ (4) $\lim\limits_{\substack{x\to0\\y\to0}}\dfrac{xy}{\sqrt{2-e^{xy}}-1}$;

(5) $\lim\limits_{\substack{x\to0\\y\to0}}\dfrac{xy}{x+y}$;
$\qquad$ (6) $\lim\limits_{\substack{x\to\infty\\y\to\infty}}\dfrac{\cos xy}{x^2+y^2}$.

4. 求下列函数的偏导数:

(1) $z=\ln\tan\dfrac{y}{x}$;
$\qquad$ (2) $z=\sqrt{\ln(x^2+y^2)}$;

(3) $z=\arcsin\dfrac{x}{\sqrt{x^2+y^2}}$;
$\qquad$ (4) $u=\arctan(x-y)^z$.

5. 设 $f(x,y)=x+(y-1)\arcsin\sqrt{\dfrac{x}{y}}$,求 $f_x'(x,1)$.

6. 曲线 $\begin{cases}z=\dfrac{x^2+y^2}{4},\\ y=2\end{cases}$,在点 $(2,2,2)$ 处的切线对于 x 轴的倾角是多少?

7. 求下列函数的全微分:

(1) $z=e^{\frac{x}{y}}$;
$\qquad$ (2) $z=xy+\dfrac{x}{y}$;

(3) $u=\left(\dfrac{y}{x}\right)^z$;
$\qquad$ (4) $u=\ln(x^2+y^2+z^2)$.

8. 设 $f(x,y)=\begin{cases}\dfrac{xy}{\sqrt{x^2+y^2}},&x^2+y^2\neq0,\\ 0,&x^2+y^2=0,\end{cases}$ 问 $f(x,y)$ 在 $(0,0)$ 处偏导数是否存在? 是否可微?

9. 计算 $\sqrt{(1.02)^3+(1.97)^3}$ 的近似值.

10. 求下列函数的偏导数:

(1) $z=u^2\ln v$,其中 $u=\dfrac{x}{y}$,$v=3x-2y$;
$\qquad$ (2) $u=e^{x^2+y^2+z^2}$,其中 $z=x^2\sin y$.

11. 设 $u=f(xy,x^2+y^2)$ 且 f 可微,求 $\dfrac{\partial u}{\partial x}$,$\dfrac{\partial u}{\partial y}$.

12. 若 $z=f(ax+by)$ 且 f 可微,求证:$b\dfrac{\partial z}{\partial x}-a\dfrac{\partial z}{\partial y}=0$.

13. 已知 $x+2y+z-2\sqrt{xyz}=0$,求 $\dfrac{\partial z}{\partial x},\dfrac{\partial z}{\partial y}$.

14. 设 $2\sin(x+2y-3z)=x+2y-3z$,证明:$\dfrac{\partial z}{\partial x}+\dfrac{\partial z}{\partial y}=1$.

15. 设 $\begin{cases} x=u+v, \\ y=u^2+v^2, \end{cases}$ 求 $\dfrac{\partial u}{\partial x},\dfrac{\partial u}{\partial y},\dfrac{\partial v}{\partial x},\dfrac{\partial v}{\partial y}$.

16. 设 $\begin{cases} z=x^2+y^2, \\ x^2+2y^2+3z^2=20, \end{cases}$ 求 $\dfrac{\mathrm{d}y}{\mathrm{d}x},\dfrac{\mathrm{d}z}{\mathrm{d}x}$.

17. 求下列函数的二阶偏导数:

(1)$z=y^x$;   (2)$z=\ln\sqrt{x^2+y^2}$.

18. 已知 $z=f(x^2y,\ln(xy))$,f 具有二阶连续偏导数. 求 $\dfrac{\partial z}{\partial x},\dfrac{\partial^2 z}{\partial x\partial y}$.

19. 设 $z^3-3xyz=a^3$,求 $\dfrac{\partial^2 z}{\partial x\partial y}$.

20. 求函数 $u=\ln(x+\sqrt{y^2+z^2})$ 在点 $A(1,0,1)$ 处沿点 A 指向点 $B(3,-2,2)$ 方向的方向导数.

2.5 课内练习解答与提示

1. $\dfrac{x^2(1-y)}{1+y}$ $(y\neq-1)$.

2. $D_f=\left\{(x,y)\,\Big|-\dfrac{1}{2}\leqslant x\leqslant\dfrac{1}{2},y^2\leqslant 4x,0<x^2+y^2<1\right\}$

3. (1)$\ln 2$;   (2)0;   (3)2;
   (4)-2;   (5)不存在;   (6)0.

4. (1)$\dfrac{\partial z}{\partial x}=-\dfrac{2y}{x^2}\csc\dfrac{2y}{x}$,$\dfrac{\partial z}{\partial y}=\dfrac{2}{x}\csc\dfrac{2y}{x}$;

(2)$\dfrac{\partial z}{\partial x}=\dfrac{x}{(x^2+y^2)\sqrt{\ln(x^2+y^2)}}$,$\dfrac{\partial z}{\partial y}=\dfrac{y}{(x^2+y^2)\sqrt{\ln(x^2+y^2)}}$;

(3)$\dfrac{\partial z}{\partial x}=\dfrac{|y|}{x^2+y^2}$,$\dfrac{\partial z}{\partial y}=\begin{cases}-\dfrac{x}{x^2+y^2}, & y>0, \\[2mm] \dfrac{x}{x^2+y^2}, & y<0.\end{cases}$

(4)$\dfrac{\partial u}{\partial x}=\dfrac{z(x-y)^{z-1}}{1+(x-y)^{2z}}$,$\dfrac{\partial u}{\partial y}=-\dfrac{z(x-y)^{z-1}}{1+(x-y)^{2z}}$,$\dfrac{\partial u}{\partial z}=\dfrac{(x-y)^z\ln(x-y)}{1+(x-y)^{2z}}$.

5. 1.

6. $\dfrac{\pi}{4}$.

7. (1)$\mathrm{d}z=\dfrac{1}{y}\mathrm{e}^{\frac{x}{y}}\mathrm{d}x-\dfrac{x}{y^2}\mathrm{e}^{\frac{x}{y}}\mathrm{d}y$;

(2) $dz = \left(y + \dfrac{1}{y}\right)dx + \left(x - \dfrac{x}{y^2}\right)dy$;

(3) $du = -\dfrac{yz}{x^2}\left(\dfrac{y}{x}\right)^{z-1}dx + \dfrac{z}{x}\left(\dfrac{y}{x}\right)^{z-1}dy + \left(\dfrac{y}{x}\right)^z \ln\dfrac{y}{x}dz$;

(4) $du = \dfrac{2xdx + 2ydy + 2zdz}{x^2 + y^2 + z^2}$.

8. $f(x,y)$ 在 $(0,0)$ 处可偏导,且 $f'_x(0,0) = 0$,$f'_y(0,0) = 0$,但 $f(x,y)$ 在 $(0,0)$ 处不可微.

9. 2.95.

10. (1) $\dfrac{\partial z}{\partial x} = \dfrac{2x}{y^2}\ln(3x - 2y) + \dfrac{2x^2}{(3x - 2y)y^2}$,$\dfrac{\partial z}{\partial y} = -\dfrac{2x^2}{y^3}\ln(3x - 2y) - \dfrac{2x^2}{(3x - 2y)y^2}$;

(2) $\dfrac{\partial u}{\partial x} = e^{x^2 + y^2 + z^2}(2x + 4x^3\sin^2 y)$,$\dfrac{\partial u}{\partial y} = e^{x^2 + y^2 + z^2}(2y + x^4\sin 2y)$.

11. $\dfrac{\partial u}{\partial x} = yf'_1 + 2xf'_2$,$\dfrac{\partial u}{\partial y} = xf'_1 + 2yf'_2$.

12. 略.

13. $\dfrac{\partial z}{\partial x} = \dfrac{yz - \sqrt{xyz}}{\sqrt{xyz} - xy}$,$\dfrac{\partial z}{\partial y} = \dfrac{xz - 2\sqrt{xyz}}{\sqrt{xyz} - xy}$.

14. 略.

15. $\dfrac{\partial u}{\partial x} = \dfrac{v}{v - u}$,$\dfrac{\partial u}{\partial y} = \dfrac{1}{2(u - v)}$;$\dfrac{\partial v}{\partial x} = \dfrac{u}{u - v}$,$\dfrac{\partial v}{\partial y} = \dfrac{1}{2(v - u)}$.

16. $\dfrac{dy}{dx} = -\dfrac{x(6z + 1)}{2y(3z + 1)}$,$\dfrac{dz}{dx} = \dfrac{x}{3z + 1}$.

17. (1) $\dfrac{\partial^2 z}{\partial x^2} = y^2\ln^2 y$,$\dfrac{\partial^2 z}{\partial y^2} = x(x - 1)y^{x-2}$,$\dfrac{\partial^2 z}{\partial x \partial y} = y^{x-1}(x\ln y + 1)$;

(2) $\dfrac{\partial^2 z}{\partial x^2} = \dfrac{y^2 - x^2}{(x^2 + y^2)^2}$,$\dfrac{\partial^2 z}{\partial y^2} = \dfrac{x^2 - y^2}{(x^2 + y^2)^2}$,$\dfrac{\partial^2 z}{\partial x \partial y} = -\dfrac{2xy}{(x^2 + y^2)^2}$.

18. $\dfrac{\partial z}{\partial x} = 2xyf'_1 + \dfrac{1}{x}f'_2$,$\dfrac{\partial^2 z}{\partial x \partial y} = 2xf'_1 + 2x^3yf''_{11} + 3xf''_{12} + \dfrac{1}{xy}f''_{22}$.

19. $\dfrac{z}{z^2 - xy}$.

20. $\dfrac{1}{2}$.

3 多元函数微分学的应用

3.1 内容要点与教学基本要求

一、内容要点

（一）几何应用

1. 空间曲线的切线与法平面方程

参数方程情形：设空间曲线 Γ 的参数方程为

$$\begin{cases} x = \varphi(t), \\ y = \psi(t), \\ z = \omega(t), \end{cases}$$

其中 $\varphi(t), \psi(t), \omega(t)$ 都可导，且 $\varphi'(t_0), \psi'(t_0), \omega'(t_0)$ 不全为零，则在对应于 $t = t_0$ 的曲线 Γ 上的点 $P_0(x_0, y_0, z_0)$ 处的切向量为

$$\boldsymbol{\tau} = (\varphi'(t_0), \psi'(t_0), \omega'(t_0)).$$

曲线 Γ 在点 P_0 处的切线方程为

$$\frac{x - x_0}{\varphi'(t_0)} = \frac{y - y_0}{\psi'(t_0)} = \frac{z - z_0}{\omega'(t_0)}.$$

相应地，曲线 Γ 在 P_0 处的法平面方程为

$$\varphi'(t_0)(x - x_0) + \psi'(t_0)(y - y_0) + \omega'(t_0)(z - z_0) = 0.$$

一般方程情形：设空间曲线 Γ 的参数方程为 $\begin{cases} F(x, y, z) = 0, \\ G(x, y, z) = 0, \end{cases}$ 则曲线 Γ 在点 $P_0(x_0,$ $y_0, z_0)$ 处的切向量为

$$\boldsymbol{\tau} = \left(\left| \begin{matrix} F'_y & F'_z \\ G'_y & G'_z \end{matrix} \right|_{P_0}, \left| \begin{matrix} F'_z & F'_x \\ G'_z & G'_x \end{matrix} \right|_{P_0}, \left| \begin{matrix} F'_x & F'_y \\ G'_x & G'_y \end{matrix} \right|_{P_0} \right).$$

曲线 Γ 在点 P_0 处的切线方程为

$$\frac{x - x_0}{\left| \begin{matrix} F'_y & F'_z \\ G'_y & G'_z \end{matrix} \right|_{P_0}} = \frac{y - y_0}{\left| \begin{matrix} F'_z & F'_x \\ G'_z & G'_x \end{matrix} \right|_{P_0}} = \frac{z - z_0}{\left| \begin{matrix} F'_x & F'_y \\ G'_x & G'_y \end{matrix} \right|_{P_0}}.$$

相应地，曲线 Γ 在 P_0 处的法平面方程为

$$\left| \begin{matrix} F'_y & F'_z \\ G'_y & G'_z \end{matrix} \right|_{P_0} (x - x_0) + \left| \begin{matrix} F'_z & F'_x \\ G'_z & G'_x \end{matrix} \right|_{P_0} (y - y_0) + \left| \begin{matrix} F'_x & F'_y \\ G'_x & G'_y \end{matrix} \right|_{P_0} (z - z_0) = 0.$$

2. 空间曲面的切平面与法线方程

隐式方程情形:设曲面方程为 $F(x,y,z)=0$,则曲面在点 $P_0(x_0,y_0,z_0)$ 处的法向量为

$$\boldsymbol{n}=(F'_x(x_0,y_0,z_0),F'_y(x_0,y_0,z_0),F'_z(x_0,y_0,z_0)).$$

曲面在点 P_0 处的切平面方程为

$$F'_x(x_0,y_0,z_0)(x-x_0)+F_y'{}'(x_0,y_0,z_0)(y-y_0)+F'_z(x_0,y_0,z_0)(z-z_0)=0.$$

相应地,曲线 Γ 在 P_0 处的法线方程为

$$\frac{x-x_0}{F'_x(x_0,y_0,z_0)}=\frac{y-y_0}{F'_y(x_0,y_0,z_0)}=\frac{z-z_0}{F'_z(x_0,y_0,z_0)}.$$

显式方程情形:设曲面方程为 $z=f(x,y)$,则曲面在点 $P_0(x_0,y_0,z_0)$ 处的法向量为

$$\boldsymbol{n}=(f'_x(x_0,y_0),f'_y(x_0,y_0),-1).$$

曲面在点 P 处的切平面方程为

$$z-z_0=f'_x(x_0,y_0)(x-x_0)+f_y'{}'(x_0,y_0)(y-y_0).$$

相应地,曲线在 P_0 处的法线方程为

$$\frac{x-x_0}{f'_x(x_0,y_0)}=\frac{y-y_0}{f'_y(x_0,y_0)}=\frac{z-z_0}{-1}.$$

(二)极值问题

1. 多元函数的无约束极值

极值定义:设 n 元函数 $u=f(X)$ 在 $U(X_0)\subset\mathbf{R}^n$ 内有定义,若 $\forall X\in\hat{U}(X_0)$,有 $f(X)<f(X_0)$(或 $f(X)>f(X_0)$),则称 $u=f(X)$ 在点 X_0 取得极大值 $f(X_0)$(或极小值 $f(X_0)$),点 X_0 称为函数的极大值点(或极小值点).函数的极大值和极小值统称为函数的极值,函数的极大值点和极小值点统称为函数的极值点.

极值存在的必要条件:设函数 $z=f(x,y)$ 在点 (x_0,y_0) 处可导且有极值,则点 (x_0,y_0) 必为驻点,即 $f'_x(x_0,y_0)=0,f'_y(x_0,y_0)=0$.

极值存在的充分条件:设函数 $z=f(x,y)$ 在点 (x_0,y_0) 的某邻域内有二阶连续偏导数,又 $f'_x(x_0,y_0)=0,f'_y(x_0,y_0)=0$,$f''_{xy}(x_0,y_0)-A$,$f''_{xy}(x_0,y_0)=B$,$f''_{yy}(x_0,y_0)-C$,$H=\begin{vmatrix}A & B\\ B & C\end{vmatrix}=AC-B^2$,有

(1)若 $H>0$,则 $z=f(x,y)$ 在点 (x_0,y_0) 具有极值,且当 $A<0$ 时有极大值,当 $A>0$ 时有极小值;

(2)若 $H<0$,则 $z=f(x,y)$ 在点 (x_0,y_0) 没有极值;

(3)若 $H=0$,则不能确定 $z=f(x,y)$ 在点 (x_0,y_0) 是否有极值.

2. 多元函数的有约束极值

有约束极值定义:设区域 $\Omega\subset\mathbf{R}^n$,$W=\{X\,|\,\varphi_1(X)=0,\cdots,\varphi_m(X)=0,X\in\Omega,m\leqslant n\}$.

若 $X_0\in W$,且 $\forall X\in\hat{U}(X_0)\bigcap W$,有 $f(X)<f(X_0)$(或 $f(X)>f(X_0)$),则称 $f(X_0)$ 为

函数 $f(X)$ 在约束条件 $\varphi_1(X)=0,\cdots,\varphi_m(X)=0$ 下的极大值(或极小值). 有约束条件下的极大值和极小值统称为函数的有约束极值,通常也称为条件极值.

求有约束极值的方法有两种:一种是将有约束极值化为无约束极值来解;另一种是用拉格朗日乘数法来解,即为求 $z=f(x,y)$ 在约束条件 $\varphi(x,y)=0$ 下的极值,作拉格朗日辅助函数 $F(x,y,\lambda)=f(x,y)+\lambda\varphi(x,y)$,令

$$\begin{cases} F'_x(x,y,\lambda)=f'_x(x,y)+\lambda\varphi'_x(x,y)=0, \\ F'_y(x,y,\lambda)=f'_y(x,y)+\lambda\varphi'_y(x,y)=0, \\ F'_\lambda(x,y,\lambda)=\varphi'(x,y)=0. \end{cases}$$

求出驻点 (x_0,y_0),则 (x_0,y_0) 就是函数 $z=f(x,y)$ 在约束条件 $\varphi(x,y)=0$ 下可能的极值点.

这种求二元函数有约束极值的方法可推广到自变量多于两个,约束条件多于一个的情形.

3. 多元函数的最值

若函数 $u=f(X)$ 在有界闭区域 Ω 上连续,则 $u=f(X)$ 在 Ω 上必能取得最大值和最小值,求法与一元函数类似,即先求出 Ω 内的驻点和不可导点对应的函数值;再求出边界上函数的最大值和最小值,比较上述各函数值,其中最大的就是函数在 Ω 上的最大值,最小的就是函数在 Ω 上的最小值.

在实际问题中,如果知道可微的目标函数 $u=f(X)$ 的最值一定在 Ω 的内部取得,而函数在 Ω 内只有一个驻点,则该驻点处的函数值就是实际问题的最值.

4. 全微分在近似计算中的应用

线性化函数:
$$L(x,y)=f(x_0,y_0)+f'_x(x_0,y_0)(x-x_0)+f'_y(x_0,y_0)(y-y_0)$$
称为函数 $z=f(x,y)$ 在点 (x_0,y_0) 处的线性化函数,$L(x,y)=0$ 的图形为通过点 (x_0,y_0) 的一个平面,即曲面 $z=f(x,y)$ 在点 (x_0,y_0) 处的切平面.

线性近似:$f(x,y)\approx L(x,y)$ 称为函数 $z=f(x,y)$ 在点 (x_0,y_0) 处的标准线性近似.

二、教学基本要求

(1)了解曲线的切线与法平面及曲面的切平面与法线,并掌握其方程的求法.

(2)理解多元函数极值的概念,会求函数的极值.了解条件极值的概念,会用拉格朗日乘数法求条件极值.会求解一些较简单的最大值和最小值的应用问题.

(3)了解多元函数的线性化函数的概念,会利用多元函数的全微分求近似值.

3.2 释疑解难

1. 能否用空间曲线的切向量和曲面的法向量来求平面曲线的切向量和法向量?

答 可以. 只需将平面曲线 $L:\varphi(x,y)=C$ 视为空间曲线 $\Gamma:\begin{cases}\varphi(x,y)=C,\\z=0\end{cases}$ 的特殊情况, 由 Γ 的切向量 $\boldsymbol{\tau}_1=(-\varphi'_y,\varphi'_x,0)$ 可以得 xOy 面上的 L 的切向量为 $\boldsymbol{\tau}=(-\varphi'_y,\varphi'_x)$; 若视 $\varphi(x,y)=C$ 为母线平行于 z 轴的一空间柱面, 则对任意的 z_0, 在点 $M(x_0,y_0,z_0)$ 处的法向量为 $\boldsymbol{n}_1=(\varphi'_x(x_0,y_0),\varphi'_y(x_0,y_0),0)$, 故在 xOy 面上的 L 的法向量为 $\boldsymbol{n}=(\varphi'_x(x_0,y_0),\varphi'_y(x_0,y_0))$. 例如, 平面曲线 $L:\varphi(x,y)=x^3+y^3-2xy=0$ 在 $M_0(1,1)$ 处, $\varphi'_x(1,1)=(3x^2-2y)|_{(1,1)}=1$, $\varphi'_y(1,1)=(3y^2-2x)|_{(1,1)}=1$, 故曲线 L 在 M_0 处的切向量为 $\boldsymbol{\tau}=(-1,1)$, 法向量为 $\boldsymbol{n}=(1,1)$.

2. 函数的驻点一定是极值点吗?

答 不一定. 对于二元函数 $z=f(x,y)$, 使得 $(f'_x,f'_y)=\boldsymbol{0}$ 的点称为函数的驻点, 由极值存在的必要条件可知, 若 $M_0(x_0,y_0)$ 是函数的极值点, 且函数在点 M_0 处可偏导, 则 M_0 必为函数的驻点; 但反过来驻点不一定是极值点, 如函数 $z=xy$, 点 $(0,0)$ 为该函数的驻点, 但不是极值点.

3. 函数的极值点都是在驻点处取得吗?

答 不一定. 函数的极值点除在驻点处取得外, 还可以在其偏导数不存在的点处取得. 如函数 $z=-\sqrt{x^2+y^2}$, 在点 $(0,0)$ 处的两个偏导数均不存在, 但根据函数对应的几何图形易知, 点 $(0,0)$ 是函数 $z=-\sqrt{x^2+y^2}$ 的极大值点.

4. 函数的最值与极值有何区别?

答 函数在其定义域上的所有函数值中最大的值, 称为函数的最大值, 函数在其定义域上的所有函数值中最小的值, 称为函数的最小值, 最大值和最小值统称为函数的最值. 因此最值是在整个定义域上取得, 是一个整体的概念, 而极值则是一个局部的概念.

5. 若 $f(x_0,y)$ 及 $f(x,y_0)$ 在 (x_0,y_0) 点处均取得极值, 则函数 $f(x,y)$ 在点 (x_0,y_0) 处是否也取得极值?

答 不一定. 这是因为函数 $f(x_0,y)$ 与 $f(x,y_0)$ 在点 (x_0,y_0) 处取得极值只能保证函数 $f(x,y)$ 在点 (x_0,y_0) 处沿直线 $x=x_0$ 和直线 $y=y_0$ 两个方向上的点满足极值的条件, 而函数 $f(x,y)$ 在点 (x_0,y_0) 处取得极值是在点 (x_0,y_0) 的邻域内所有的点必须都满足极值的条件. 如函数 $f(x,y)=x^2-y^2$, 当 $x=0$ 时, $f(0,y)=-y^2$ 在 $(0,0)$ 处取得极大值; 当 $y=0$ 时, $f(x,0)=x^2$ 在 $(0,0)$ 处取得极小值; 但 $f(x,y)=x^2-y^2$ 在 $(0,0)$ 处不取得极值.

6. 怎样理解二元函数全微分的几何意义?

答 设函数 $z=f(x,y)$ 在点 $M(x_0,y_0)$ 处可微,则它所表示的曲面 $\sum$ 在点 (x_0,y_0,z_0) (这里 $z_0=f(x_0,y_0)$)处的切平面存在,且为

$$z-z_0=f'_x(x_0,y_0)(x-x_0)+f'_y(x_0,y_0)(y-y_0),$$

上式左边表示曲面 $z=f(x,y)$ 在 (x_0,y_0,z_0) 处的切平面上点的竖坐标的增量,右边则为函数 $z=f(x,y)$ 在点 $M(x_0,y_0)$ 处的全微分,即函数 $z=f(x,y)$ 在点 $M(x_0,y_0)$ 处的全微分表示曲面 $z=f(x,y)$ 在点 (x_0,y_0,z_0) 处的切平面上的点的竖坐标的增量.

3.3 典型例题分析和问题讨论

例 1 求曲线 $\begin{cases} x^2+y^2+z^2=3, \\ x+y+z=1 \end{cases}$ 在点 $(1,-1,1)$ 处的切线方程和法平面方程.

解 **方法一** 令 $f(x,y,z)=x^2+y^2+z^2-3,G(x,y,z)=x+y+z-1$,则

$$\frac{\partial(F,G)}{\partial(y,z)}\bigg|_{(1,-1,1)}=\begin{vmatrix} 2y & 2z \\ 1 & 1 \end{vmatrix}\bigg|_{(1,-1,1)}=2(y-z)\big|_{(1,-1,1)}=-4,$$

$$\frac{\partial(F,G)}{\partial(z,x)}\bigg|_{(1,-1,1)}=\begin{vmatrix} 2z & 2x \\ 1 & 1 \end{vmatrix}\bigg|_{(1,-1,1)}=2(z-x)\big|_{(1,-1,1)}=0,$$

$$\frac{\partial(F,G)}{\partial(x,y)}\bigg|_{(1,-1,1)}=\begin{vmatrix} 2x & 2y \\ 1 & 1 \end{vmatrix}\bigg|_{(1,-1,1)}=2(x-y)\big|_{(1,-1,1)}=4,$$

故过点 $(1,-1,1)$ 的切线方程为

$$\frac{x-1}{-4}=\frac{y+1}{0}=\frac{z-1}{4},$$

法平面方程为

$$-4(x-1)+0(y+1)+4(z-1)=0$$

即

$$x-z=0.$$

方法二 方程两边对 x 求导数,把 y,z 看作 x 的函数,有

$$\begin{cases} 2x+2y\dfrac{\mathrm{d}y}{\mathrm{d}x}+2z\dfrac{\mathrm{d}z}{\mathrm{d}x}=0, \\ 1+\dfrac{\mathrm{d}y}{\mathrm{d}x}+\dfrac{\mathrm{d}z}{\mathrm{d}x}=0. \end{cases}$$

解得

$$\frac{\mathrm{d}y}{\mathrm{d}x}=\frac{z-x}{y-z}, \quad \frac{\mathrm{d}z}{\mathrm{d}x}=\frac{x-y}{y-z},$$

故

$$\frac{\mathrm{d}y}{\mathrm{d}x}\bigg|_{(1,-1,1)}=\frac{z-x}{y-z}\bigg|_{(1,-1,1)}=0, \quad \frac{\mathrm{d}z}{\mathrm{d}x}\bigg|_{(1,-1,1)}=\frac{x-y}{y-z}\bigg|_{(1,-1,1)}=-1.$$

从而所求切线的方向向量为 $s=(1,0,-1)$,故过点 $(1,-1,1)$ 的切线方程为

$$\frac{x-1}{1}=\frac{y+1}{0}=\frac{z-1}{-1},$$

法平面方程为

$$1 \cdot (x-1) + 0 \cdot (y+1) + (-1) \cdot (z-1) = 0,$$

即

$$x - z = 0.$$

方法三 由于所给曲线是两曲面的交线,因此它的切向量必与两曲面的法向量垂直.令

$$F(x,y,z) = x^2 + y^2 + z^2 - 3, G(x,y,z) = x + y + z - 1,$$

则两曲面在 $M(1,-1,1)$ 处的法向量分别为

$$\boldsymbol{n}_1 = (F'_x, F'_y, F'_z)|_M = (2x, 2y, 2z)|_M = (2, -2, 2),$$
$$\boldsymbol{n}_2 = (G'_x, G'_y, G'_z)|_M = (1, 1, 1)|_M = (1, 1, 1).$$

于是,曲线在点 M 处的切向量为

$$\boldsymbol{\tau} = \boldsymbol{n}_1 \times \boldsymbol{n}_2 = \begin{vmatrix} \boldsymbol{i} & \boldsymbol{j} & \boldsymbol{k} \\ 2 & -2 & 2 \\ 1 & 1 & 1 \end{vmatrix} = -4\boldsymbol{i} + 4\boldsymbol{k}.$$

故所求切线方程为

$$\frac{x-1}{-4} = \frac{y+1}{0} = \frac{z-1}{4},$$

法平面方程为

$$-4(x-1) + 0(y+1) + 4(z-1) = 0,$$

即

$$x - z = 0.$$

注 由于方法一容易记错,因此在求由两张曲面的交线上某点的切线或法平面方程时,我们一般采用方法二或方法三.

例 2 求过直线 $\Gamma: \begin{cases} 3x - 2y - z = 5, \\ x + y + z = 0, \end{cases}$ 且与曲面 $\sum: 2x^2 - 2y^2 + 2z = \dfrac{5}{8}$ 相切的切平面方程.

解 方法一 令 $F(x,y,z) = 2x^2 - 2y^2 + 2z - \dfrac{5}{8}$,则

$$F'_x = 4x, F'_y = -4y, F'_z = 2.$$

过直线 Γ 的平面束方程为

$$3x - 2y - z - 5 + \lambda(x + y + z) = 0,$$

即 $(3+\lambda)x + (\lambda-2)y + (\lambda-1)z - 5 = 0$,其法向量为 $\boldsymbol{n} = (3+\lambda, \lambda-2, \lambda-1)$.

设曲面 $\sum$ 与切平面的切点为 (x_0, y_0, z_0),则

$$\begin{cases} \dfrac{3+\lambda}{4x_0} = \dfrac{\lambda-2}{-4y_0} = \dfrac{\lambda-1}{2} = t, & (3.1) \\[2mm] (3+\lambda)x_0 + (\lambda-2)y_0 + (\lambda-1)z_0 - 5 = 0, & (3.2) \\[2mm] 2x_0^2 - 2y_0^2 + 2z_0 = \dfrac{5}{8}. & (3.3) \end{cases}$$

由(3.1)(3.2)两式联立解得

$$x_0 = \frac{2+t}{2t}, y_0 = -\frac{2t-1}{4t}, z_0 = -\frac{15}{8t^2}.$$

把这些式子代入(3.3)式,整理得

$$t^2 - 4t + 3 = 0,$$

解得 $t_1 = 1, t_2 = 3$. 因而 $\lambda_1 = 3, \lambda_2 = 7$.

故由所设平面束方程,当 $\lambda_1 = 3$ 时,所求切平面方程为

$$3x - 2y - z - 5 + 3(x + y + z) = 0, 即 6x + y + 2z = 5;$$

当 $\lambda_2 = 7$ 时,所求切平面方程为

$$3x - 2y - z - 5 + 7(x + y + z) = 0, 即 10x + 5y + 6z = 5.$$

方法二 在直线 Γ 上取一点 $(1, -1, 0)$,并求得该直线的方向向量为 $(1, 4, -5)$,则直线 Γ 的点向式方程为

$$\frac{x-1}{1} = \frac{y+1}{4} = \frac{z-0}{-5}.$$

设 $M(x_0, y_0, z_0)$ 为曲面 $\sum: 2x^2 - 2y^2 + 2z = \frac{5}{8}$ 上的一点,则该曲面在点 M 处的法向量为 $\boldsymbol{n} = (4x_0, -4y_0, 2)$. 于是曲面 $\sum$ 在点 M 处的切平面方程为

$$4x_0(x - x_0) - 4y_0(y - y_0) + 2(z - z_0) = 0.$$

因直线 $\frac{x-1}{1} = \frac{y+1}{4} = \frac{z-0}{-5}$ 在所要求的切平面内,故直线的方向向量与切平面的法向量垂直,且直线上的点 $(1, -1, 0)$ 满足切平面方程,故有

$$4x_0 - 16y_0 - 10 = 0, \tag{3.4}$$

$$4x_0 + 4y_0 + 4y_0^2 - 4x_0^2 - 2z_0 = 0. \tag{3.5}$$

又点 M 满足方程,即

$$2x_0^2 - 2y_0^2 + 2z_0^2 = \frac{5}{8}. \tag{3.6}$$

联立方程(3.4)(3.5)(3.6)解得 M 的坐标为 $\left(\frac{5}{6}, -\frac{5}{12}, -\frac{15}{72}\right)$ 或 $\left(\frac{3}{2}, -\frac{1}{4}, -\frac{15}{8}\right)$.

故所求切平面方程为

$$10x + 5y + 6z = 5 或 6x + y + 2z = 5.$$

例3 证明:曲面 $\sqrt{x} + \sqrt{y} + \sqrt{z} = \sqrt{a}\,(a > 0)$ 的切平面在三个坐标轴上的截距之和为常量.

证 令 $F(x, y, z) = \sqrt{x} + \sqrt{y} + \sqrt{z} - \sqrt{a}$,则

$$F_x' = \frac{1}{2\sqrt{x}}, F_y' = \frac{1}{2\sqrt{y}}, F_z' = \frac{1}{2\sqrt{z}}.$$

于是曲面过点 $M(x_0, y_0, z_0)$ 的切平面方程为

$$\frac{1}{2\sqrt{x_0}}(x - x_0) + \frac{1}{2\sqrt{y_0}}(y - y_0) + \frac{1}{2\sqrt{z_0}}(z - z_0) = 0,$$

即

$$\frac{x}{\sqrt{x_0}}+\frac{y}{\sqrt{y_0}}+\frac{z}{\sqrt{z_0}}=\sqrt{x_0}+\sqrt{y_0}+\sqrt{z_0}=\sqrt{a},$$

也即

$$\frac{x}{\sqrt{ax_0}}+\frac{y}{\sqrt{ay_0}}+\frac{z}{\sqrt{az_0}}=1.$$

从而切平面在 x,y,z 轴上的截距分别为 $\sqrt{ax_0},\sqrt{ay_0},\sqrt{az_0}$. 于是有

$$\sqrt{ax_0}+\sqrt{ay_0}+\sqrt{az_0}=\sqrt{a}(\sqrt{x_0}+\sqrt{y_0}+\sqrt{z_0})=a.$$

例 4 证明:曲面 $\sum:z=xf\left(\dfrac{y}{x}\right)$ 上任一点 $M(x_0,y_0,z_0)(x_0\neq0)$ 处的切平面都通过原点,其中 f 可微.

证 令 $F(x,y,z)=xf\left(\dfrac{y}{x}\right)-z$,则

$$F'_x=f\left(\frac{y}{x}\right)-\frac{y}{x}f'\left(\frac{y}{x}\right),\quad F'_y=f'\left(\frac{y}{x}\right),\quad F'_z=-1.$$

故曲面 $\sum$ 在点 M 处的法向量为

$$\boldsymbol{n}=(F'_x,F'_y,F'_z)\bigg|_{M_0}=\left(f\left(\frac{y}{x}\right)-\frac{y_0}{x_0}f'\left(\frac{y_0}{x_0}\right),f'\left(\frac{y_0}{x_0}\right),-1\right),$$

曲面 $\sum$ 在点 M 处的切平面方程为

$$\left[f\left(\frac{y_0}{x_0}\right)-\frac{y_0}{x_0}f'\left(\frac{y_0}{x_0}\right)\right](x-x_0)+f'\left(\frac{y_0}{x_0}\right)(y-y_0)-(z-z_0)=0.$$

注意到 $z_0=x_0f\left(\dfrac{y_0}{x_0}\right)$,于是切平面方程可写为

$$\left[f\left(\frac{y_0}{x_0}\right)-\frac{y_0}{x_0}f'\left(\frac{y_0}{x_0}\right)\right]x+f'\left(\frac{y_0}{x_0}\right)y-z=0,$$

故切平面通过原点.

例 5 求函数 $z=\mathrm{e}^{x-y}(x^2-2y^2)$ 的极值.

解 由 $\begin{cases}\dfrac{\partial z}{\partial x}=\mathrm{e}^{x-y}(x^2-2y^2+2x)=0,\\[2mm]\dfrac{\partial z}{\partial y}=-\mathrm{e}^{x-y}(x^2-2y^2+4y)=0,\end{cases}$ 解得驻点为 $P_1(0,0),P_2(-4,-2)$.

$$A=\frac{\partial^2z}{\partial x^2}=\mathrm{e}^{x-y}(x^2+4x-2y^2+2),\quad B=\frac{\partial^2z}{\partial x\partial y}=-\mathrm{e}^{x-y}(x^2+2x-2y^2+4y),$$

$$C=\frac{\partial^2z}{\partial y^2}=\mathrm{e}^{x-y}(x^2-2y^2+8y-4).$$

在 $P_1(0,0)$ 处,$A=2>0,B=0,C=-4,AC-B^2=-8<0$,故函数在 $P_1(0,0)$ 无极值.

在 $P_2(-4,-2)$ 处,$A=-6\mathrm{e}^{-2}<0,B=8\mathrm{e}^{-2},C=-12\mathrm{e}^{-2},AC-B^2=8\mathrm{e}^{-4}>0$. 故函

数在 $P_2(-4,-2)$ 处取得极大值 $z(-4,-2)=8\mathrm{e}^{-2}$.

注 求无约束极值常使用的一种方法是利用极值存在的必要条件和充分条件,通常分两步:先求显函数或隐函数的驻点(可疑极值点),再判定驻点是否为极值点.

例 6 求由方程 $x^2+y^2+z^2-2x+2y-4z-10=0$ 所确定函数 $z=f(x,y)$ 的极值.

解 方法一 将方程的两边分别对 x,y 求偏导数,得

$$\begin{cases} 2x+2zz'_x-2-4z'_x=0, \\ 2y+2zz'_y+2-4z'_y=0. \end{cases} \tag{3.7}$$

函数取极值的必要条件为

$$z'_x=0, z'_y=0. \tag{3.8}$$

将(3.8)式代入(3.7)式,解得 $x=1,y=-1$,故点 $P(1,-1)$ 为函数 $z=f(x,y)$ 的驻点.

将(3.7)式的两个方程分别对 x,y 再次求偏导,得

$$A=z''_{xx}\Big|_P=\frac{(x-2)^2+(1-x)^2}{(2-z)^3}\Big|_P=\frac{1}{2-z}, \tag{3.9}$$

$$B=z''_{xy}\Big|_P=0,$$

$$C=z''_{yy}\Big|_P=\frac{(2-z)^2+(1+y)^2}{(2-z)^3}\Big|_P=\frac{1}{2-z},$$

则 $AC-B^2=\dfrac{1}{(2-z)^2}>0(z\neq2)$,所以函数 $z=f(x,y)$ 在点 P 处取极值.

将 $x=1,y=-1$ 代入原方程,得 $z_1=-2,z_2=6$.

把 $z_1=-2$ 代入(3.9)式,得 $A=\dfrac{1}{2-z}\Big|_{z=-2}=\dfrac{1}{4}>0$,故 $z=f(1,-1)=-2$ 为极小值.

把 $z_2=6$ 代入(3.9)式,得 $A=\dfrac{1}{2-z}\Big|_{z=6}=-\dfrac{1}{4}<0$,故 $z=f(1,-1)=6$ 为极大值.

方法二 配方法,原方程可变形为

$$(x-1)^2+(y+1)^2+(z-2)^2=16,$$

这是一个以点 $(1,-1,2)$ 为中心,以 4 为半径的球面.由其几何特征易知,$z=2+4=6$ 为极大值,$z=2-4=-2$ 为极小值.

注 对于多项式或类似于多项式的函数类型,一般用配方法并借助于几何特征求其极值比用取得极值的必要条件和充分条件来判断是否取极值及极值的类型要来得更加简单.

例 7 设函数 $f(x,y)$ 在点 $(0,0)$ 及其邻域内连续,且 $\lim\limits_{\substack{x\to0\\y\to0}}\dfrac{f(x,y)-f(0,0)}{x^2+1-x\sin y-\cos^2 y}=A<0$,讨论 $f(x,y)$ 在点 $(0,0)$ 处是否取得极值.

解 因为 $\lim\limits_{\substack{x\to0\\y\to0}}\dfrac{f(x,y)-f(0,0)}{x^2+1-x\sin y-\cos^2 y}=A<0$,所以由极限的保号性知,$\exists\delta>0$,当 $0<$

$x^2 + y^2 < \delta$ 时, 有 $\dfrac{f(x,y) - f(0,0)}{x^2 + 1 - x\sin y - \cos^2 y} < 0.$

又在点$(0,0)$的充分小的去心邻域内有

$$x^2 + 1 - x\sin y - \cos^2 y = x^2 - x\sin y + \sin^2 y = \left(x - \frac{1}{2}\sin y\right)^2 + \frac{3}{4}\sin^2 y > 0.$$

从而 $f(x,y) - f(0,0) < 0$, 这说明 $f(x,y)$ 在点$(0,0)$处取得最大值.

注 在偏导数不存在或不能用充分条件判断的驻点处, 可以采用极值的定义讨论函数是否取得极值.

例 8 求函数 $u = \sqrt{x^2 + y^2 + z^2}$ 在条件 $(x-y)^2 - z^2 = 1$ 下的极小值.

解 为简单起见, 求 $v = x^2 + y^2 + z^2$ 在条件 $(x-y)^2 - z^2 = 1$ 下的极小值(注: u 与 v 在相同条件下的极值点相同).

令 $F(x,y,z) = x^2 + y^2 + z^2 + \lambda[(x-y)^2 - z^2 - 1]$, 则有

$$\begin{cases} F'_x = 2x + 2\lambda(x-y) = 0, \\ F'_y = 2y - 2\lambda(x-y) = 0, \\ F'_z = 2z - 2\lambda z = 0, \\ (x-y)^2 - z^2 = 1. \end{cases} \tag{3.10}$$

由方程组(3.10)得$(\lambda - 1)z = 0$, 即 $\lambda = 1$ 或 $z = 0$.

当 $\lambda = 1$ 时, 方程组(3.10)无解, 故 $\lambda \neq 1$. 于是, 只有 $z = 0$, 代入其他各式得:
$P_1\left(\dfrac{1}{2}, -\dfrac{1}{2}, 0\right), P_2\left(-\dfrac{1}{2}, \dfrac{1}{2}, 0\right)$ 及 $\lambda = -\dfrac{1}{2}$.

又在点 P_1, P_2 处, v 的值相等, 故 P_1, P_2 均为 v 的极小值点, 亦即 u 的极小值点, 极小值为

$$u\left(\frac{1}{2}, -\frac{1}{2}, 0\right) = u\left(-\frac{1}{2}, \frac{1}{2}, 0\right) = \frac{\sqrt{2}}{2}.$$

注 (1)当 $f(x,y,z)$ 为根式函数或为含有绝对值符号的函数时, 由拉格朗日乘数法可作辅助函数为

$$F(x,y,z) = f^2(x,y,z) + \lambda\varphi(x,y,z).$$

这里 $f(x,y,z)$ 为目标函数, $\varphi(x,y,z)$ 为限制条件.

(2)一般地, 当目标函数 $f(x,y,z)$ 比较复杂时, 可取在相同的约束条件 $\varphi(x,y,z) = 0$ 下与 $f(x,y,z)$ 具有相同驻点的简单形式 $f^*(x,y,z)$ 替代目标函数 $f(x,y,z)$, 这时所作的辅助函数为

$$F(x,y,z) = f^*(x,y,z) + \lambda\varphi(x,y,z).$$

(3)用拉格朗日乘数法求有约束极值, 依极值必要条件得到的方程组一般都是非线性的, 解法的技巧性较高, 需视具体方程组的特征采用特殊的处理方法.

例 9 在椭球面 $\dfrac{x^2}{25} + \dfrac{y^2}{9} + \dfrac{z^2}{4} = 1$ 的第一卦限部分上的点 P 处作切平面, 使由该切平面、三个坐标面及第一卦限部分的椭球面所围立体的体积最小, 求切点 P 的坐标.

解 设切点为 $P(x,y,z)$,则椭球面上点 P 处的法向量为

$$\boldsymbol{n} = (F'_x, F'_y, F'_z)\mid_P = \left(\frac{2}{25}x, \frac{2}{9}y, \frac{2}{4}z\right).$$

点 P 处的切平面方程为

$$\frac{2}{25}x(X-x) + \frac{2}{9}y(Y-y) + \frac{1}{2}z(Z-z) = 0.$$

即 $\frac{1}{25}xX + \frac{1}{9}yY + \frac{1}{4}zZ = 1$. 它在三个坐标轴上的截距分别为 $\frac{25}{x}, \frac{9}{y}, \frac{4}{z}$,故由切平面和三个坐标面组成的四面体的体积为

$$V = \frac{1}{6} \cdot \frac{25}{x} \cdot \frac{9}{y} \cdot \frac{4}{z} = \frac{150}{xyz} \quad (x>0, y>0, z>0).$$

由于椭球面和三个坐标面所围体积是一个常数,故使切平面、三个坐标面及椭球面所围体积最小时的切点,也是四面体体积 V 最小时的切点,故只需求 $V = \frac{150}{xyz}$ 在约束条件 $\frac{x^2}{25} + \frac{y^2}{9} + \frac{z^2}{4} = 1$ 下的极值,考虑

$$F(x,y,z) = \frac{150}{xyz} + \lambda\left(\frac{x^2}{25} + \frac{y^2}{9} + \frac{z^2}{4} - 1\right),$$

令

$$\begin{cases} F'_x = -\dfrac{150}{x^2yz} + \dfrac{2x}{25}\lambda = 0, \\[2mm] F'_y = -\dfrac{150}{xy^2z} + \dfrac{2y}{9}\lambda = 0, \\[2mm] F'_z = -\dfrac{150}{xyz^2} + \dfrac{2z}{4}\lambda = 0, \\[2mm] \dfrac{x^2}{25} + \dfrac{y^2}{9} + \dfrac{z^2}{4} = 1. \end{cases}$$

并注意到 $xF'_x + yF'_y + zF'_z = -\frac{450}{xyz} + 2\lambda = 0$,有 $x = \frac{5}{\sqrt{3}}, y = \frac{3}{\sqrt{3}}, z = \frac{2}{\sqrt{3}}$,即有唯一驻点 $\left(\frac{5}{\sqrt{3}}, \sqrt{3}, \frac{2}{\sqrt{3}}\right)$,又由实际问题知所求的最小体积是存在的,故点 $\left(\frac{5}{\sqrt{3}}, \sqrt{3}, \frac{2}{\sqrt{3}}\right)$ 就是使体积最小的切点 P.

例 10 在曲面 $\sum : 2x^2 + 2y^2 + z^2 = 1$ 上求一点 P,使函数 $f(x,y,z) = x^2 + y^2 + z^2$ 在该点处沿方向 $\boldsymbol{l} = (1, -1, 0)$ 的方向导数最大.

解 设 $P(x,y,z)$ 为 $\sum$ 上一点,由于 $\boldsymbol{e}_l = \frac{1}{\sqrt{2}}(1, -1, 0)$,$\frac{\partial f}{\partial x} = 2x$,$\frac{\partial f}{\partial y} = 2y$,$\frac{\partial f}{\partial z} = 2z$,所以 $\frac{\partial f}{\partial l}\Big|_P = \sqrt{2}(x - y)$.

构造拉格朗日函数

$$L(x,y,z,\lambda) = x - y + \lambda(2x^2 + 2y^2 + z^2 - 1),$$

令

$$\begin{cases} L'_x = 1 + 4\lambda x = 0, \\ L'_y = -1 + 4\lambda y = 0, \\ L'_z = 2\lambda z = 0, \\ L'_\lambda = 2x^2 + 2y^2 + z^2 - 1 = 0, \end{cases}$$

可得驻点为 $P_1\left(\dfrac{1}{2}, -\dfrac{1}{2}, 0\right)$, $P_2\left(-\dfrac{1}{2}, \dfrac{1}{2}, 0\right)$.

因为 $\dfrac{\partial f}{\partial l}\bigg|_{P_1} = \sqrt{2}$, $\dfrac{\partial f}{\partial l}\bigg|_{P_2} = -\sqrt{2}$, 所以 $P_1\left(\dfrac{1}{2}, -\dfrac{1}{2}, 0\right)$ 为所求.

3.4 课内练习

1. 求曲线 $\Gamma: x = \cos t, y = \sin t, z = 2t$ 在 $t = \pi$ 处的切线方程和法平面方程.

2. 求曲线 $\begin{cases} x^2 + y^2 + z^2 = 6, \\ x + y + z = 0 \end{cases}$ 在点 $P_0(1, -2, 1)$ 处的切线方程和法平面方程.

3. 求曲面 $z - \mathrm{e}^z + 2xy = 3$ 在点 $(1, 2, 0)$ 处的切平面方程和法线方程.

4. 如果平面 $3x + \lambda y - 3z + 16 = 0$ 与椭球面 $3x^2 + y^2 + z^2 = 16$ 相切, 求 λ 的值.

5. 求旋转椭球面 $3x^2 + y^2 + z^2 = 16$ 上点 $(-1, -2, 3)$ 处的切平面与 xOy 面的夹角的余弦.

6. 证明: 曲面 $\varphi(x - az, y - bz) = 0$ 上任一点处的切平面与直线 $\dfrac{x}{a} = \dfrac{y}{b} = z$ 平行(其中 a, b 是常数).

7. 求函数 $f(x, y) = x^3 - y^3 + 3x^2 + 3y^2 - 9x$ 的极值.

8. 求函数 $u = xyz$ 在约束条件

$$\frac{1}{x} + \frac{1}{y} + \frac{1}{z} = \frac{1}{a} \quad (x > 0, y > 0, z > 0, a > 0)$$

下的极值.

9. 在 xOy 面上求一点, 使它到 $x = 0, y = 0$ 及 $x + 2y - 16 = 0$ 三直线的距离的平方之和为最小.

10. 求内接于椭球面 $\dfrac{x^2}{a^2} + \dfrac{y^2}{b^2} + \dfrac{z^2}{c^2} = 1$ 的体积为最大的长方体在第一卦限内的顶点坐标(设长方体的各面平行于相应的坐标面).

11. 设有一圆板占有平面闭区域 $\{(x, y) \mid x^2 + y^2 \leqslant 1\}$, 该圆板被加热, 以至在点 (x, y) 的温度是

$$T = x^2 + 2y^2 - x.$$

求该圆板的最热点和最冷点.

3.5 课内练习解答与提示

1. 切线方程为 $\dfrac{x+1}{0}=\dfrac{y}{-1}=\dfrac{z-2\pi}{2}$；法平面方程为 $y-2z+4\pi=0$.

2. 切线方程为 $\dfrac{x-1}{1}=\dfrac{y+2}{0}=\dfrac{z-1}{-1}$；法平面方程为 $x-z=0$.

3. 切平面方程为 $2x+y-4=0$；法线方程为 $\dfrac{x-1}{4}=\dfrac{y-2}{2}=\dfrac{z-0}{0}$.

4. ± 2

5. $\cos\gamma=\dfrac{3}{\sqrt{22}}$.

6. 提示：即证曲面上任一点的法向量与直线的方向向量垂直.

7. 极小值为 $f(1,0)=-5$；极大值为 $f(-3,2)=31$.

8. 极小值为 $u(3a,3a,3a)=27a^3$.

9. $\left(\dfrac{8}{5},\dfrac{16}{5}\right)$

10. $\left(\dfrac{a}{\sqrt{3}},\dfrac{b}{\sqrt{3}},\dfrac{c}{\sqrt{3}}\right)$.

11. 最热点为 $\left(-\dfrac{1}{2},\pm\dfrac{\sqrt{3}}{2}\right)$；最冷点为 $\left(\dfrac{1}{2},0\right)$.

4 多元函数积分学

4.1 内容要点与教学基本要求

一、内容要点

(一)积分的概念及性质

1. 黎曼积分的概念

黎曼积分:设 Ω 为空间 $\mathbf{R}^n (n \leqslant 3)$ 中可度量的几何形体,函数 $u = f(P)(P \in \Omega)$ 为 Ω 上的有界函数.将形体 Ω 任意分割成 n 个可度量的小几何形体 $\Omega_1, \Omega_2, \cdots, \Omega_n$,并用 $\Delta\Omega_i$ 表示第 i 个小几何形体的度量,$\forall P_i \in \Omega_i$,作和式 $\sum\limits_{i=1}^{n} f(P_i)\Delta\Omega_i$,记 $\lambda = \max\limits_{1 \leqslant i \leqslant n} \{\Delta\Omega_i$ 的直径$\}$.如果极限 $\lim\limits_{\lambda \to \infty} \sum\limits_{i=1}^{n} f(P_i)\Delta\Omega_i$ 存在,且极限值与对形体 Ω 的分割方法及点 $P_i \in \Omega_i$ 的选取方式无关,则称函数 $f(P)$ 在 Ω 上黎曼可积,记为 $f(P) \in R(\Omega)$,并称此极限值为函数 $f(P)$ 在 Ω 上的黎曼积分,记为 $\int_{\Omega} f(P)\mathrm{d}\Omega$,即

$$\int_{\Omega} f(P)\mathrm{d}\Omega = \lim_{\lambda \to 0} \sum_{i=1}^{n} f(P_i)\Delta\Omega_i,$$

其中 Ω 称为积分区域,$f(P)$ 称为被积函数,P 称为积分变量,$f(P)\mathrm{d}\Omega$ 称为被积表达式,$\mathrm{d}\Omega$ 称为 Ω 的度量微元.

黎曼积分具有如下物理意义:设一物体具有几何形体 Ω,其密度为 $\rho = f(P)(P \in \Omega)$,则该物体的质量

$$M = \int_{\Omega} f(P)\mathrm{d}\Omega \ (f(P) \geqslant 0).$$

如果函数 $f(P) \in C(\Omega)$,则 $f(P) \in R(\Omega)$.如果函数 $f(P)$ 在 Ω 有界,且在 Ω 中除去有限个低于 Ω 所在空间维数的几何形体外连续,则 $f(P) \subset R(\Omega)$.

黎曼积分可以分为以下六类无向区域上的积分:

(1) 若 $\Omega = [a,b] \subset \mathbf{R}$,这时 $f(P) = f(x), x \in [a,b]$,则

$$\int_{\Omega} f(P)\mathrm{d}\Omega = \lim_{\lambda \to \infty} \sum_{i=1}^{n} f(\xi_i)\Delta x_i = \int_{a}^{b} f(x)\mathrm{d}x,$$

这是一元函数 $f(x)$ 在区间 $[a,b]$ 上的定积分.当 $f(x) = 1$ 时,$\int_{a}^{b} \mathrm{d}x = b-a$ 是区间 $[a,b]$

的长.

(2) 若 $\Omega = L \subset \mathbf{R}^2$,且 L 是一平面曲线,这时 $f(P) = f(x,y),(x,y) \in L$,则

$$\int_\Omega f(P)\mathrm{d}\Omega = \lim_{\lambda \to \infty} \sum_{i=1}^n f(\xi_i, \eta_i) \Delta s_i = \int_L f(x,y)\mathrm{d}s,$$

这是第一型平面曲线积分. 当 $f(x,y) \equiv 1$ 时,$\int_L \mathrm{d}s = |L|$ 是曲线 L 的弧长.

(3) 若 $\Omega = \Gamma \subset \mathbf{R}^3$,且 Γ 是空间曲线,这时 $f(P) = f(x,y,z),(x,y,z) \in \Gamma$,则

$$\int_\Omega f(P)\mathrm{d}\Omega = \lim_{\lambda \to \infty} \sum_{i=1}^n f(\xi_i, \eta_i, \zeta_i) \Delta s_i = \int_\Gamma f(x,y,z)\mathrm{d}s,$$

这是第一型空间曲线积分. 当 $f(x,y,z) \equiv 1$ 时,$\int_\Gamma \mathrm{d}s = |\Gamma|$ 是曲线 Γ 的弧长.

由于(2)(3)的特殊情形是曲线为直线段,而直线段上的黎曼积分本质上是一元函数的定积分,这说明 $\int_L f(x,y)\mathrm{d}s$,$\int_\Gamma f(x,y,z)\mathrm{d}s$ 可用一次定积分计算,因此用了一次积分号.

(4) 若 $\Omega = D \subset \mathbf{R}^2$,且 D 是平面区域,这时 $f(P) = f(x,y),(x,y) \in D$,则

$$\int_\Omega f(P)\mathrm{d}\Omega = \lim_{\lambda \to \infty} \sum_{i=1}^n f(\xi_i, \eta_i) \Delta \sigma_i = \iint_D f(x,y)\mathrm{d}\sigma,$$

这是二元函数 $f(x,y)$ 在平面区域 D 上的二重积分. 当 $f(x,y) = 1$ 时,$\iint_D \mathrm{d}\sigma = |D|$ 是平面区域 D 的面积.

(5) 若 $\Omega = \sum \subset \mathbf{R}^3$,且 $\sum$ 是空间曲面,这时 $f(P) = f(x,y,z),(x,y,z) \in \sum$,则

$$\int_\Omega f(P)\mathrm{d}\Omega = \lim_{\lambda \to \infty} \sum_{i=1}^n f(\xi_i, \eta_i, \zeta_i) \Delta S_i = \iint_{\sum} f(x,y,z)\mathrm{d}S,$$

这是第一型曲面积分. 当 $f(x,y,z) \equiv 1$ 时,$\iint_{\sum} \mathrm{d}S = |\sum|$ 是空间曲面 $\sum$ 的面积.

由于(5)的特殊情形是平面区域上的二重积分,说明该积分可化为两次定积分的计算,因此用二重积分号.

(6) 若 $\Omega \subset \mathbf{R}^3$ 为空间立体,这时 $f(P) = f(x,y,z),(x,y,z) \in \Omega$,则

$$\int_\Omega f(P)\mathrm{d}\Omega = \lim_{\lambda \to \infty} \sum_{i=1}^n f(\xi_i, \eta_i, \zeta_i) \Delta V_i = \iiint_\Omega f(x,y,z)\mathrm{d}v,$$

这是三元函数 $f(x,y,z)$ 在空间区域 Ω 上的三重积分. 当 $f(x,y,z) \equiv 1$,则 $\iiint_\Omega \mathrm{d}v = |\Omega|$ 是空间立体 Ω 的体积.

2. 黎曼积分的性质

黎曼积分具有以下性质:设 $f(P),g(P)$ 在可度量的几何形体 Ω 上都可积,则有

性质 1 若 $f(P) \equiv 1$ 时,则 $\int_\Omega f(P)\mathrm{d}\Omega = \lim_{\lambda \to 0} \sum_{i=1}^n \Delta \Omega_i = |\Omega|$(几何形体 Ω 的度量).

性质 2 (线性性质) $\int_{\Omega} [af(P) \pm bg(P)] \mathrm{d}\Omega = a\int_{\Omega} f(P)\mathrm{d}\Omega \pm b\int_{\Omega} g(P)\mathrm{d}\Omega.$

性质 3 (对积分区域的可加性) $\int_{\Omega} f(P)\mathrm{d}\Omega = \int_{\Omega_1} f(P)\mathrm{d}\Omega + \int_{\Omega_2} f(P)\mathrm{d}\Omega$, 其中 $\Omega_1 \cup \Omega_2 = \Omega$, 且 Ω_1 与 Ω_2 无公共内点.

性质 4 (保号性) 若 $f(P) \geqslant 0, P \in \Omega$, 则 $\int_{\Omega} f(P)\mathrm{d}\Omega \geqslant 0.$

推论 1 若 $f(P) \leqslant g(P), P \in \Omega$, 则 $\int_{\Omega} f(P)\mathrm{d}\Omega \leqslant \int_{\Omega} g(P)\mathrm{d}\Omega.$

推论 2 $\left| \int_{\Omega} f(P)\mathrm{d}\Omega \right| \leqslant \int_{\Omega} |f(P)| \mathrm{d}\Omega.$

性质 5 若 $f(P)$ 在 Ω 上的最大值为 M, 最小值为 m, 则

$$m\Omega \leqslant \int_{\Omega} f(P)\mathrm{d}\Omega \leqslant M\Omega.$$

性质 6 (中值定理) 若 $f(P) \in C(\Omega)$, 则至少有一点 $P^* \in \Omega$, 使得

$$\int_{\Omega} f(P)\mathrm{d}\Omega = f(P^*) |\Omega|,$$

其中 $f(P^*) = \dfrac{\int_{\Omega} f(P)\mathrm{d}\Omega}{|\Omega|}$ 称为函数 $f(P)$ 在 Ω 上的平均值.

性质 7 (对称性质)

(1) 轴面对称性.

① 对于二重积分和第一型平面曲线积分: 若 $f(P) \in C(\Omega)$, 且 Ω 关于 x (或 y) 轴对称, Ω_1 为 Ω 被 x (或 y) 轴切割的一半区域, 则有

$$\int_{\Omega} f(P)\mathrm{d}\Omega = \begin{cases} 2\int_{\Omega_1} f(P)\mathrm{d}\Omega, & f(x,-y) = f(x,y) \, (\text{或 } f(-x,y) = f(x,y)), \\ 0, & f(x,-y) = -f(x,y) \, (\text{或 } f(-x,y) = -f(x,y)). \end{cases}$$

② 对于三重积分、第一型空间曲线积分和第一型曲面积分: 若 $f(P) \in C(\Omega)$, 且 Ω 关于 xOy 面 (或 yOz 面) (或 zOx 面) 对称, Ω_1 为 Ω 被 xOy 面 (或 yOz 面) (或 zOx 面) 切割的一半区域, 则有

$$\int_{\Omega} f(P)\mathrm{d}\Omega = \begin{cases} 2\int_{\Omega_1} f(P)\mathrm{d}\Omega, & f(x,y,-z) = f(x,y,z) \begin{pmatrix} \text{或 } f(-x,y,z) = f(x,y,z) \\ \text{或 } f(x,-y,z) = f(x,y,z) \end{pmatrix}, \\ 0, & f(x,y,-z) = -f(x,y,z) \begin{pmatrix} \text{或 } f(-x,y,z) = -f(x,y,z) \\ \text{或 } f(x,-y,z) = -f(x,y,z) \end{pmatrix}. \end{cases}$$

(2) 原点对称性.

① 对于二重积分和第一型平面曲线积分: 若 $f(P) \in C(\Omega)$, 且 Ω 关于原点对称, Ω_1 为 Ω 被过原点的任一条直线切割的一半区域, 则有

$$\int_{\Omega} f(P)\mathrm{d}\Omega = \begin{cases} 2\int_{\Omega_1} f(P)\mathrm{d}\Omega, & f(-x,-y) = f(x,y), \\ 0, & f(-x,-y) = -f(x,y). \end{cases}$$

② 对于三重积分、第一型空间曲线积分和第一型曲面积分: 若 $f(P) \in C(\Omega)$, 且 Ω 关

于原点对称，Ω_1 为 Ω 被过原点的任一平面切割的一半区域，则

$$\int_\Omega f(P)\,\mathrm{d}\Omega = \begin{cases} 2\displaystyle\int_{\Omega_1} f(P)\,\mathrm{d}\Omega, & f(-x,-y,-z)=f(x,y,z), \\ 0, & f(-x,-y,-z)=-f(x,y,z). \end{cases}$$

(3)轮换对称性.

① 对于二重积分和第一型平面曲线积分：若 $f(P)\in C(\Omega)$，且 Ω 关于 $y=x$ 对称，即 Ω 的表示式中将 x,y 互换，区域的表达式不变，则

$$\int_\Omega f(x,y)\,\mathrm{d}\Omega = \int_\Omega f(y,x)\,\mathrm{d}\Omega = \frac{1}{2}\int_\Omega [f(x,y)+f(y,x)]\,\mathrm{d}\Omega.$$

② 对于三重积分、第一型空间曲线积分和第一型曲面积分：若 $f(P)\in C(\Omega)$，且 Ω 的表示式中将 x 换作 y，y 换作 z，z 换作 x 后，区域的表达式不变，则

$$\int_\Omega f(x,y,z)\,\mathrm{d}\Omega = \int_\Omega f(y,z,x)\,\mathrm{d}\Omega = \int_\Omega f(z,x,y)\,\mathrm{d}\Omega$$
$$= \frac{1}{3}\int_\Omega [f(x,y,z)+f(y,z,x)+f(z,x,y)]\,\mathrm{d}\Omega.$$

3. 有向区域上的积分的概念

对坐标的曲线积分(第二型曲线积分)：

$$\int_L P(x,y)\,\mathrm{d}x + Q(x,y)\,\mathrm{d}y = \lim_{\lambda\to0}\sum_{i=1}^n P(\xi_i,\eta_i)\Delta x_i + \lim_{\lambda\to0}\sum_{i=1}^n Q(\xi_i,\eta_i)\Delta y_i,$$

$$\int_\Gamma P(x,y,z)\,\mathrm{d}x + Q(x,y,z)\,\mathrm{d}y + R(x,y,z)\,\mathrm{d}z$$
$$= \lim_{\lambda\to0}\sum_{i=1}^n P(\xi_i,\eta_i,\zeta_i)\Delta x_i + \lim_{\lambda\to0}\sum_{i=1}^n Q(\xi_i,\eta_i,\zeta_i)\Delta y_i + \lim_{\lambda\to0}\sum_{i=1}^n R(\xi_i,\eta_i,\zeta_i)\Delta z_i,$$

物理意义：变力 $\boldsymbol{F}(x,y)=(P(x,y),Q(x,y))$ 沿平面有向曲线弧 L 从起点移动到终点所做的功，或变力 $\boldsymbol{F}(x,y,z)=(P(x,y,z),Q(x,y,z),R(x,y,z))$ 沿空间有向曲线弧 Γ 从起点移动到终点所做的功.

若 L(或 Γ)为封闭平面(或空间)曲线，上述对坐标的曲线积分可相应记为 $\oint_L P(x,y)\,\mathrm{d}x+Q(x,y)\,\mathrm{d}y$ 或 $\oint_\Gamma P(x,y,z)\,\mathrm{d}x+Q(x,y,z)\,\mathrm{d}y+R(x,y,z)\,\mathrm{d}z$.

对坐标的曲面积分(第二类曲面积分)有

$$\iint_\Sigma P(x,y,z)\,\mathrm{d}y\mathrm{d}z = \lim_{\lambda\to0}\sum_{i=1}^n P(\xi_i,\eta_i,\zeta_i)\Delta S_{iyz} = \lim_{\lambda\to0}\sum_{i=1}^n P(\xi_i,\eta_i,\zeta_i)\mathrm{sgn}\cos\alpha_i\Delta\sigma_{iyz},$$

$$\iint_\Sigma Q(x,y,z)\,\mathrm{d}z\mathrm{d}x = \lim_{\lambda\to0}\sum_{i=1}^n Q(\xi_i,\eta_i,\zeta_i)\Delta S_{izx} = \lim_{\lambda\to0}\sum_{i=1}^n Q(\xi_i,\eta_i,\zeta_i)\mathrm{sgn}\cos\beta_i\Delta\sigma_{izx},$$

$$\iint_\Sigma R(x,y,z)\,\mathrm{d}x\mathrm{d}y = \lim_{\lambda\to0}\sum_{i=1}^n R(\xi_i,\eta_i,\zeta_i)\Delta S_{ixy} = \lim_{\lambda\to0}\sum_{i=1}^n R(\xi_i,\eta_i,\zeta_i)\mathrm{sgn}\cos\gamma_i\Delta\sigma_{ixy},$$

其中 $(\cos\alpha_i,\cos\beta_i,\cos\gamma_i)$ 为光滑或分片光滑的曲面 Σ 在点 $(\xi_i,\eta_i,\zeta_i)\in\Sigma_i$ 处的单位法向量，$\Delta S_{iyz},\Delta S_{izx},\Delta S_{ixy}$ 分别为 ΔS_i 在 yOz 面，zOx 面，xOy 面上的投影，$\lambda=\max\limits_{1\leqslant i\leqslant n}\{\Delta S_i\}$.

组合形式：$\iint\limits_{\Sigma} P(x,y,z)\mathrm{d}y\mathrm{d}z + Q(x,y,z)\mathrm{d}z\mathrm{d}x + R(x,y,z)\mathrm{d}x\mathrm{d}y.$

物理意义：表示流速场在单位时间内流向有向曲面指定一侧的流量.

若 Σ 为封闭曲面，上述对坐标的曲面积分可相应记为

$$\oiint\limits_{\Sigma} P(x,y,z)\mathrm{d}y\mathrm{d}z + Q(x,y,z)\mathrm{d}z\mathrm{d}x + R(x,y,z)\mathrm{d}x\mathrm{d}y.$$

4. 有向区域上的积分的性质

（1）方向性：$\displaystyle\int_{L^+} P(x,y)\mathrm{d}x + Q(x,y)\mathrm{d}y = -\int_{L^-} P(x,y)\mathrm{d}x + Q(x,y)\mathrm{d}y;$

（2）线性性质：若 $\alpha, \beta \in \mathbf{R}$，则

$$\int_L [\alpha f(x,y) + \beta g(x,y)]\mathrm{d}x = \alpha\int_L f(x,y)\mathrm{d}x + \beta\int_L g(x,y)\mathrm{d}x,$$

$$\int_L [\alpha f(x,y) + \beta g(x,y)]\mathrm{d}y = \alpha\int_L f(x,y)\mathrm{d}y + \beta\int_L g(x,y)\mathrm{d}y;$$

（3）可加性：若 $L(AB) = L(AC) + L(CB)$，则

$$\int_{L(AB)} f(x,y)\mathrm{d}x = \int_{L(AC)} f(x,y)\mathrm{d}x + \int_{L(CB)} f(x,y)\mathrm{d}x = \left(\int_{L(AC)} + \int_{L(CB)}\right)f(x,y)\mathrm{d}x,$$

$$\int_{L(AB)} f(x,y)\mathrm{d}y = \int_{L(AC)} f(x,y)\mathrm{d}y + \int_{L(CB)} f(x,y)\mathrm{d}y = \left(\int_{L(AC)} + \int_{L(CB)}\right)f(x,y)\mathrm{d}y.$$

类似地，三元函数 $P(x,y,z), Q(x,y,z), R(x,y,z)$ 沿空间 $\mathbf{R}^3$ 中光滑（或分段光滑）曲线 Γ 对坐标的曲线积分，和光滑（或分片光滑）的曲面 Σ 上对坐标的曲面积分也具有上述性质.

（二）积分的计算

1. 二重积分

（1）直角坐标系情形：

① 若区域 D 为 x -型：$a \leqslant x \leqslant b, \varphi_1(x) \leqslant y \leqslant \varphi_2(x)$，则

$$\iint\limits_{D} f(x,y)\mathrm{d}x\mathrm{d}y = \int_a^b \mathrm{d}x \int_{\varphi_1(x)}^{\varphi_2(x)} f(x,y)\mathrm{d}y;$$

② 若区域 D 为 y -型：$c \leqslant y \leqslant d, \psi_1(y) \leqslant x \leqslant \psi_2(y)$，则

$$\iint\limits_{D} f(x,y)\mathrm{d}x\mathrm{d}y = \int_c^d \mathrm{d}y \int_{\psi_1(y)}^{\psi_2(y)} f(x,y)\mathrm{d}x;$$

③ 若 D 既不是 x -型区域，又不是 y -型区域，则将 D 划分为若干个子区域，使每个子区域是 x -型或 y -型区域，再分别利用上述公式，并将结果相加.

（2）极坐标系情形：

令 $x = r\cos\theta, y = r\sin\theta, \alpha \leqslant \theta \leqslant \beta, r_1(\theta) \leqslant r \leqslant r_2(\theta)$，则

$$\iint\limits_{D} f(x,y)\mathrm{d}x\mathrm{d}y = \int_\alpha^\beta \mathrm{d}\theta \int_{r_1(\theta)}^{r_2(\theta)} f(r\cos\theta, r\sin\theta)r\mathrm{d}r.$$

（3）一般的曲线坐标系（二重积分的换元法）情形：

令 $x = x(u,v), y = y(u,v), D \to D^*, J = \dfrac{\partial(x,y)}{\partial(u,v)} = \begin{vmatrix} \dfrac{\partial x}{\partial u} & \dfrac{\partial x}{\partial v} \\ \dfrac{\partial y}{\partial u} & \dfrac{\partial y}{\partial v} \end{vmatrix} \neq 0$, 则

$$\iint_D f(x,y)\mathrm{d}x\mathrm{d}y = \iint_{D^*} f(x(u,v), y(u,v))\,|J|\,\mathrm{d}u\mathrm{d}v.$$

2. 三重积分

(1) 直角坐标系情形:

① "先一后二"法(或投影法): 若 $\Omega = \{(x,y,z) \mid (x,y) \in D_{xy}, z_1(x,y) \leqslant x \leqslant z_2(x,y)\}$, 则

$$\iiint_\Omega f(x,y,z)\mathrm{d}x\mathrm{d}y\mathrm{d}z = \iint_{D_{xy}} \mathrm{d}x\mathrm{d}y \int_{z_1(x,y)}^{z_2(x,y)} f(x,y,z)\mathrm{d}z.$$

同理, 有

$$\iiint_\Omega f(x,y,z)\mathrm{d}x\mathrm{d}y\mathrm{d}z = \iint_{D_{yz}} \mathrm{d}y\mathrm{d}z \int_{x_1(y,z)}^{x_2(y,z)} f(x,y,z)\mathrm{d}x,$$

$$\iiint_\Omega f(x,y,z)\mathrm{d}x\mathrm{d}y\mathrm{d}z = \iint_{D_{zx}} \mathrm{d}z\mathrm{d}x \int_{y_1(z,x)}^{y_2(z,x)} f(x,y,z)\mathrm{d}y.$$

② "先二后一"法(或截面法): 若 $\Omega = \{(x,y,z) \mid c \leqslant z \leqslant d, (x,y) \in D_z\}$, D_z 为过点 $(0,0,z)$ 作与 z 轴垂直的平面在 Ω 上所截得的平面区域, 则

$$\iiint_\Omega f(x,y,z)\mathrm{d}x\mathrm{d}y\mathrm{d}z = \int_c^d \mathrm{d}z \iint_{D_z} f(x,y,z)\mathrm{d}x\mathrm{d}y.$$

同理, 有

$$\iiint_\Omega f(x,y,z)\mathrm{d}x\mathrm{d}y\mathrm{d}z = \int_a^b \mathrm{d}x \iint_{D_x} f(x,y,z)\mathrm{d}y\mathrm{d}z,$$

$$\iiint_\Omega f(x,y,z)\mathrm{d}x\mathrm{d}y\mathrm{d}z = \int_e^f \mathrm{d}y \iint_{D_y} f(x,y,z)\mathrm{d}z\mathrm{d}x.$$

(2) 柱面坐标系情形:

令 $x = r\cos\theta, y = r\sin\theta, z = z$, $\Omega = \{(r,\theta,z) \mid \alpha \leqslant \theta \leqslant \beta, r_1(\theta) \leqslant r \leqslant r_2(\theta), z_1(r,\theta) \leqslant z \leqslant z_2(r,\theta)\}$, 则

$$\iiint_\Omega f(x,y,z)\mathrm{d}x\mathrm{d}y\mathrm{d}z = \int_\alpha^\beta \mathrm{d}\theta \int_{r_1(\theta)}^{r_2(\theta)} r\mathrm{d}r \int_{z_1(r,\theta)}^{z_2(r,\theta)} f(r\cos\theta, r\sin\theta, z)\mathrm{d}z.$$

(3) 球面坐标系情形:

令 $x = r\cos\theta\sin\varphi, y = r\sin\theta\sin\varphi, z = r\cos\varphi$, $\Omega = \{(r,\theta,z) \mid \alpha \leqslant \theta \leqslant \beta, \varphi_1(\theta) \leqslant \varphi \leqslant \varphi_2(\theta), r_1(\theta,\varphi) \leqslant r \leqslant r_2(\theta,\varphi)\}$, 则

$$\iiint_\Omega f(x,y,z)\mathrm{d}x\mathrm{d}y\mathrm{d}z = \int_\alpha^\beta \mathrm{d}\theta \int_{\varphi_1(\theta)}^{\varphi_2(\theta)} \mathrm{d}\varphi \int_{r_1(\theta,\varphi)}^{r_2(\theta,\varphi)} f(r\cos\theta\sin\varphi, r\sin\theta\sin\varphi, r\cos\varphi) \cdot r^2\sin\varphi\mathrm{d}r.$$

(4) 一般的曲面坐标系(三重积分的换元法)情形:

令 $x = x(u,v,w), y = y(u,v,w), z = z(u,v,w), \Omega \to \Omega^*, J = \dfrac{\partial(x,y,w)}{\partial(u,v,w)} =$

$$\begin{vmatrix} \dfrac{\partial x}{\partial u} & \dfrac{\partial x}{\partial v} & \dfrac{\partial x}{\partial w} \\[2mm] \dfrac{\partial y}{\partial u} & \dfrac{\partial y}{\partial v} & \dfrac{\partial y}{\partial w} \\[2mm] \dfrac{\partial z}{\partial u} & \dfrac{\partial z}{\partial v} & \dfrac{\partial z}{\partial w} \end{vmatrix} \neq 0, \text{则}$$

$$\iiint\limits_{\Omega} f(x,y,z)\mathrm{d}x\mathrm{d}y\mathrm{d}z = \iiint\limits_{\Omega^*} f(x(u,v,w),y(u,v,w),z(u,v,w)) \,|J|\, \mathrm{d}u\mathrm{d}v\mathrm{d}w.$$

3. 对弧长的曲线积分(第一型曲线积分)

(1)平面曲线积分.

直角坐标方程情形:若曲线 L 的方程为 $y = y(x), a \leqslant x \leqslant b$, 则

$$\int_L f(x,y)\mathrm{d}s = \int_a^b f(x,y(x)) \sqrt{1 + y'^2(x)}\,\mathrm{d}x.$$

若曲线 L 的方程为 $x = x(y), c \leqslant y \leqslant d$, 则

$$\int_L f(x,y)\mathrm{d}s = \int_c^d f(x(y),y) \sqrt{1 + x'^2(y)}\,\mathrm{d}y.$$

参数方程情形:若曲线 L 的方程为 $x = x(t), y = y(t), \alpha \leqslant t \leqslant \beta$, 则

$$\int_L f(x,y)\mathrm{d}s = \int_\alpha^\beta f(x(t),y(t)) \sqrt{x'^2(t) + y'^2(t)}\,\mathrm{d}t.$$

极坐标方程情形:若曲线 L 的方程为 $r = r(\theta), \alpha \leqslant \theta \leqslant \beta$, 则

$$\int_L f(x,y)\mathrm{d}s = \int_\alpha^\beta f(r\cos\theta, r\sin\theta) \sqrt{r^2(\theta) + r'^2(\theta)}\,\mathrm{d}\theta.$$

(2)空间曲线积分.

若空间曲线 Γ 的参数方程为 $x = x(t), y = y(t), z = z(t), \alpha \leqslant t \leqslant \beta$, 则

$$\int_\Gamma f(x,y,z)\mathrm{d}s = \int_\alpha^\beta f(x(t),y(t),z(t)) \sqrt{x'^2(t) + y'^2(t) + z'^2(t)}\,\mathrm{d}t.$$

4. 对坐标的曲线积分(第二型曲线积分)

(1)平面曲线积分.

参数方程情形:若曲线 L 的方程为 $x = x(t), y = y(t), t:\alpha \to \beta$, 则

$$\int_L P(x,y)\mathrm{d}x + Q(x,y)\mathrm{d}y = \int_\alpha^\beta [P(x(t),y(t))x'(t) + Q(x(t),y(t))y'(t)]\mathrm{d}t.$$

直角坐标方程情形:若曲线 L 的方程为 $y = y(x), x:a \to b$, 则

$$\int_L P(x,y)\mathrm{d}x + Q(x,y)\mathrm{d}y = \int_a^b [P(x,y(x)) + Q(x,y(x))y'(x)]\mathrm{d}x.$$

若曲线 L 的方程为 $x = x(y), y:c \to d$, 则

$$\int_L P(x,y)\mathrm{d}x + Q(x,y)\mathrm{d}y = \int_c^d [P(x(y),y)x'(y) + Q(x(y),y))]\mathrm{d}y.$$

(2)空间曲线积分.

若 Γ 为空间的曲线,其参数方程为 $x = x(t), y = y(t), z = z(t), t:\alpha \to \beta$, 则

$$\int_\Gamma P(x,y,z)\mathrm{d}x + Q(x,y,z)\mathrm{d}y + R(x,y,z)\mathrm{d}z$$

$$= \int_\alpha^\beta \left[P(x(t),y(t),z(t))x'(t) + Q(x(t),y(t),z(t))y'(t) + R(x(t),y(t),z(t))z'(t) \right]\mathrm{d}t.$$

5. 对面积的曲面积分(第一型曲面积分)

(1)若 $\sum : z = z(x,y)$ 为空间 $\mathbf{R}^3$ 中的曲面,$z(x,y) \in C^1$,D_{xy} 为曲面 $\sum$ 在 xOy 面上的投影,则

$$\iint_\Sigma f(x,y,z)\mathrm{d}S = \iint_{D_{xy}} f(x,y,z(x,y))\sqrt{1 + z_x'^2 + z_y'^2}\,\mathrm{d}x\mathrm{d}y.$$

(2)若 $\sum : y = y(z,x)$ 为空间 $\mathbf{R}^3$ 中曲面,$y(z,x) \in C^1$,D_{zx} 为曲面 $\sum$ 在 zOx 面上的投影,则

$$\iint_\Sigma f(x,y,z)\mathrm{d}S = \iint_{D_{zx}} f(x,y(z,x),z)\sqrt{1 + y_z'^2 + y_x'^2}\,\mathrm{d}z\mathrm{d}x.$$

(3)若 $\sum : x = x(y,z)$ 为空间 $\mathbf{R}^3$ 中曲面,$x(y,z) \in C^1$,D_{yz} 为曲面 $\sum$ 在 yOz 面上的投影,则

$$\iint_\Sigma f(x,y,z)\mathrm{d}S = \iint_{D_{yz}} f(x(y,z),y,z)\sqrt{1 + x_y'^2 + x_z'^2}\,\mathrm{d}y\mathrm{d}z.$$

6. 对坐标的曲面积分(第二型曲面积分)

(1)若光滑(或分片光滑)的有向曲面 $\sum$ 的方程为 $z = z(x,y)$,取上侧,$\sum$ 在 xOy 面上的投影区域为 D_{xy},函数 $R = R(x,y,z) \in C(\sum)$,则

$$\iint_\Sigma R(x,y,z)\mathrm{d}x\mathrm{d}y = \iint_{D_{xy}} R(x,y,z(x,y))\mathrm{d}x\mathrm{d}y.$$

(2)若光滑(或分片光滑)的有向曲面 $\sum$ 的方程为 $x = x(y,z)$,取前侧,$\sum$ 在 yOz 面上的投影区域为 D_{yz},函数 $P = P(x,y,z) \in C(\sum)$,则

$$\iint_\Sigma P(x,y,z)\mathrm{d}y\mathrm{d}z = \iint_{D_{yz}} P(x(y,z),y,z)\mathrm{d}y\mathrm{d}z.$$

(3)若光滑(或分片光滑)的有向曲面 $\sum$ 的方程为 $y = y(z,x)$,取右侧,$\sum$ 在 zOx 面上的投影区域为 D_{zx},函数 $Q = Q(x,y,z) \in C(\sum)$,则

$$\iint_\Sigma Q(x,y,z)\mathrm{d}z\mathrm{d}x = \iint_{D_{zx}} Q(x,y(z,x),z)\mathrm{d}z\mathrm{d}x.$$

(三) 积分间的相互关系

1. 两类曲线积分的联系

(1) $\quad \int_L P(x,y)\mathrm{d}x + Q(x,y)\mathrm{d}y = \int_L (P(x,y)\cos\alpha + Q(x,y)\cos\beta)\mathrm{d}s,$

其中 α,β 为 L 上点 (x,y) 处切向量与 x 轴、y 轴正向的夹角,切向量取为 $(x'(s),y'(s))$,$x'(s) = \dfrac{\mathrm{d}x}{\mathrm{d}s} = \cos\alpha$,$y'(s) = \dfrac{\mathrm{d}y}{\mathrm{d}s} = \cos\beta.$

(2) $\quad \int_\Gamma P(x,y,z)\mathrm{d}x + Q(x,y,z)\mathrm{d}y + R(x,y,z)\mathrm{d}z$

$$= \int_{\Gamma} (P(x,y,z)\cos\alpha + Q(x,y,z)\cos\beta + R(x,y,z)\cos\gamma)\mathrm{d}s,$$

其中 $\cos\alpha, \cos\beta, \cos\gamma$ 为曲线 Γ 上点 $M(x,y,z)$ 处的切向量 τ 的方向余弦, 切向量 τ 的指向与曲线的正向一致.

2. 格林(Green)公式

设有界闭区域 D 由光滑(或分段光滑)的平面曲线 L 围成, $P(x,y), Q(x,y) \in C^1(D)$, 则

$$\oint_L P(x,y)\mathrm{d}x + Q(x,y)\mathrm{d}y = \iint_D (\frac{\partial Q}{\partial x} - \frac{\partial P}{\partial y})\mathrm{d}x\mathrm{d}y,$$

其中曲线积分沿 L 的正方向.

3. 曲线积分与路径无关的四个等价命题

设 $D \subset \mathbf{R}^2$ 为单连通开区域, 若函数 $P(x,y), Q(x,y) \in C^1(D)$, 则下列四个命题等价:

(1) $\int_L P\mathrm{d}x + Q\mathrm{d}y$ 在 D 内与积分路径无关;

(2) 对 D 内任意一条光滑(或分段光滑)的闭曲线 L, 有 $\oint_L P\mathrm{d}x + Q\mathrm{d}y = 0$;

(3) 存在可微函数 $u = u(x,y)$, 使得 $\mathrm{d}u = P(x,y)\mathrm{d}x + Q(x,y)\mathrm{d}y, \forall (x,y) \in D$;

(4) $\dfrac{\partial Q}{\partial x} = \dfrac{\partial P}{\partial y}$ 在 D 内处处成立.

4. 两类曲面积分的联系

$$\iint_{\Sigma} P(x,y,z)\mathrm{d}y\mathrm{d}z + Q(x,y,z)\mathrm{d}x\mathrm{d}z + R(x,y,z)\mathrm{d}x\mathrm{d}y$$

$$= \iint_{\Sigma} [P(x,y,z)\cos\alpha + Q(x,y,z)\cos\beta + R(x,y,z)\cos\gamma]\mathrm{d}S$$

$$= \iint_{\Sigma} [-z_x' P(x,y,z(x,y)) - z_y' Q(x,y,z(x,y)) + R(x,y,z(x,y))]\mathrm{d}x\mathrm{d}y,$$

其中 $\cos\alpha, \cos\beta, \cos\gamma$ 为有向曲面 Σ 上点 $M(x,y,z)$ 处切平面的法向量的方向余弦.

5. 高斯(Gauss)公式

设在空间 $\mathbf{R}^3$ 中, 光滑(或分片光滑)的封闭曲面 Σ 围成有界闭区域 Ω, 函数 $P(x,y,z), Q(x,y,z), R(x,y,z) \in C^1(\Omega)$, 则

$$\oiint_{\Sigma} P\mathrm{d}y\mathrm{d}z + Q\mathrm{d}x\mathrm{d}z + R\mathrm{d}x\mathrm{d}y = \iiint_{\Omega} (\frac{\partial P}{\partial x} + \frac{\partial Q}{\partial y} + \frac{\partial R}{\partial z})\mathrm{d}x\mathrm{d}y\mathrm{d}z,$$

或

$$\oiint_{\Sigma} (P\cos\alpha + Q\cos\beta + R\cos\gamma)\mathrm{d}S = \iiint_{\Omega} (\frac{\partial P}{\partial x} + \frac{\partial Q}{\partial y} + \frac{\partial R}{\partial z})\mathrm{d}x\mathrm{d}y\mathrm{d}z,$$

其中曲面积分沿 Σ 的外侧, $\cos\alpha, \cos\beta, \cos\gamma$ 是 Σ 在点 (x,y,z) 处的法向量的方向余弦.

6. 斯托克斯(Stokes)公式

设空间 $\mathbf{R}^3$ 中光滑(或分片光滑)的有向曲面 Σ 的边界曲线 Γ 是光滑(或分段光滑)的闭曲线, 函数 $P(x,y,z), Q(x,y,z), R(x,y,z)$ 在 Σ 及 Γ 上具有连续的一阶偏导数, 则

$$\oint_{\Gamma} P\,\mathrm{d}x + Q\mathrm{d}y + R\mathrm{d}z = \iint_{\Sigma}(\frac{\partial R}{\partial y} - \frac{\partial Q}{\partial z})\mathrm{d}y\mathrm{d}z + (\frac{\partial P}{\partial z} - \frac{\partial R}{\partial x})\mathrm{d}z\mathrm{d}x + (\frac{\partial Q}{\partial x} - \frac{\partial P}{\partial y})\mathrm{d}x\mathrm{d}y$$

$$= \iint_{\Sigma}\begin{vmatrix} \mathrm{d}y\mathrm{d}z & \mathrm{d}z\mathrm{d}x & \mathrm{d}x\mathrm{d}y \\ \dfrac{\partial}{\partial x} & \dfrac{\partial}{\partial y} & \dfrac{\partial}{\partial z} \\ P & Q & R \end{vmatrix} = \iint_{\Sigma}\begin{vmatrix} \cos\alpha & \cos\beta & \cos\gamma \\ \dfrac{\partial}{\partial x} & \dfrac{\partial}{\partial y} & \dfrac{\partial}{\partial z} \\ P & Q & R \end{vmatrix}\mathrm{d}S,$$

其中曲线积分中 Γ 的方向与曲面积分中 Σ 的侧符合右手法则.

二、教学基本要求

(1)理解二重积分、三重积分的概念,知道重积分的性质.知道反常重积分.

(2)熟练掌握二重积分的计算方法(直角坐标、极坐标).掌握三重积分的计算方法(直角坐标、柱面坐标、球面坐标).了解重积分的换元法.

(3)理解两类(对弧长、对坐标)曲线积分的概念.了解两类曲线积分的性质.掌握两类曲线积分的计算方法.

(4)掌握格林(Green)公式和平面曲线积分与路径无关的条件.掌握全微分求积分的方法.

(5)理解两类(对面积、对坐标)曲面积分的概念.掌握两类曲面积分的计算.掌握高斯(Gauss)公式.知道斯托克斯(Stokes)公式.知道通量、散度、环量、旋度的概念与计算.

4.2 释疑解难

1. 多元函数积分学研究的主要内容以及它与一元函数积分学之间的关系.

答 多元函数积分学主要研究多元函数在各种几何形体上的积分.从积分形式上看,可以分为重积分、曲线积分和曲面积分.从积分本质上看,可以分为多元数量值函数在无向区域上的积分(包括二、三重积分,第一型曲线和曲面积分)和多元向量值函数在有向区域上的积分(包括第二型曲线和曲面积分).多元函数积分学是一元函数积分学的推广,它与定积分有着密切联系,两者有很多类似之处,但也有一些实质性的差异.因此,学习本章时,一定要注意与一元函数的积分相对照,比较它们之间的异同,这样有助于学好多元函数积分学.

2. 重积分的计算需要注意哪些问题?

答 一般地,重积分的计算需要经过以下四个步骤:一画二定三化四算.第一步:画出积分区域图.对于三重积分尽可能地画出空间区域图,在有困难时,可画出其在坐标面上的投影区域图.第二步:定坐标系、积分次序及积分限.定坐标系需要综合考虑积分区域和被积函数;定积分次序的选择原则是少分块与易积可积;定积分限可根据积分区域采用穿割法、扫射法、截面法等确定.第三步:根据第二步的结果,将重积分化为累次积分.第四步:运用定积分计算的方法与技巧计算定积分值.此外,计算重积分时要充分利用对称性质简化计算.若被积函数含有绝对值记号、最值记号、取整记号,则要通过区域的分块去掉这些记号.若被积函数含有三角函数,要考虑使用华里士(Wallis)公式,即关于 $\int_0^{\frac{\pi}{2}} \sin^n x\,\mathrm{d}x$

与 $\int_{0}^{\frac{\pi}{2}} \cos^n x \, dx$ 的计算公式.

3. 怎样确定坐标系来计算重积分?

答　主要从积分区域和被积函数来考虑.在计算二重积分时,若积分区域 D 为圆域、扇形域、环形域或由极坐标曲线围成的区域,而被积函数为 $f(x^2+y^2)$ 或 $f(\frac{y}{x})$ 型时,考虑选择极坐标系;其他情形可考虑选择直角坐标系.有时候可能会是在一部分区域上采用直角坐标系,另一部分选用极坐标系.在计算三重积分时,当积分区域为柱体区域或投影区域适合用极坐标表示,而被积函数形如 $f(x^2+y^2)$ 或 $f(\frac{y}{x})$ 时,考虑使用柱面坐标系;当积分区域为球形区域或球的部分区域,以及被积函数形式为 $f(x^2+y^2+z^2)$ 时,可以选择球面坐标系;其他情形可以考虑直角坐标系或一般的曲线坐标系(即换元).

4. 如何确定二重积分的积分上、下限?

答　在直角坐标系中确定积分限可以采用穿割法.如积分区域是 x-型区域,则将其向 x 轴作投影.若投影区间为 $[a,b]$,则在 $[a,b]$ 内任取一点,过此点作平行于 y 轴的直线,如果此直线穿入区域的点所在的曲线为 $y=\varphi_1(x)$,穿出区域的点所在的曲线为 $y=\varphi_2(x)$,那么 $D:\varphi_1(x) \leqslant y \leqslant \varphi_2(x), a \leqslant x \leqslant b$.在极坐标系中确定积分限可采用扫射法,即用一条过极点的射线从极轴出发,逆时针扫过积分区域,若射线进入区域时的极角为 α,离开区域时的极角为 β,则 $\alpha \leqslant \theta \leqslant \beta$.在 $[\alpha,\beta]$ 内任取一值,以此值为极角作一射线,如果此射线穿入区域的点所在的曲线为 $r=r_1(\theta)$,穿出区域的点所在的曲线为 $r=r_2(\theta)$,那么 $D:r_1(\theta) \leqslant r \leqslant r_2(\theta), \alpha \leqslant \theta \leqslant \beta$.

5. 在直角坐标系下,如何化三重积分为三次积分?

答　在直角坐标系下,可以通过"投影法"将三重积分化为"先一后二"的形式,也可以通过"截面法"将三重积分化为"先二后一"的形式.

例如,计算 $\iiint\limits_{\Omega} \sqrt{x^2+y^2} \, dv$,其中 Ω 为曲面 $z=\sqrt{x^2+y^2}$ 与平面 $z=1$ 所围成的区域.

方法一　(投影法)因为 Ω 在 xOy 面上的投影为 $D=\{(x,y) \mid x^2+y^2 \leqslant 1\}$,平行于 z 轴的直线从 $z=\sqrt{x^2+y^2}$ 穿入 Ω,从 $z=1$ 穿出,故

$$\iiint\limits_{\Omega} \sqrt{x^2+y^2} \, dv = \iint\limits_{D} dx dy \int_{\sqrt{x^2+y^2}}^{1} \sqrt{x^2+y^2} \, dz = \iint\limits_{D} [\sqrt{x^2+y^2} - (x^2+y^2)] dx dy$$

$$= \int_{0}^{2\pi} d\theta \int_{0}^{1} (r-r^2) r \, dr = \frac{\pi}{6}.$$

方法二　(截面法)因为 $0 \leqslant z \leqslant 1$,在 $[0,1]$ 内任一点 z 处,Ω 的截面为 $D_z=\{(x,y) \mid x^2+y^2 \leqslant z^2\}$,故

$$\iiint\limits_{\Omega} \sqrt{x^2+y^2} \, dv = \int_{0}^{1} dz \iint\limits_{D_z} \sqrt{x^2+y^2} \, dx dy = \int_{0}^{1} \left[\int_{0}^{2\pi} d\theta \int_{0}^{z} r^2 \, dr \right] dz = \int_{0}^{1} \frac{2\pi z^3}{3} dz = \frac{\pi}{6}.$$

一般地,若被积函数是一个变量的函数(如 $f(z)$),或者被积函数是两个变量形如 $f(x^2+y^2)$ 或 $f(\frac{y}{x})$ 型且截面为圆域(或圆域的一部分)的三重积分可以考虑使用截面法.

6. 两种类型的曲线积分之间有何区别与联系?

答 两种类型的曲线积分的区别为:

(1)第一型曲线积分是数量值函数在无向曲线上的积分,而第二型曲线积分是向量值函数在有向曲线上的积分.

(2)第一型曲线积分值与弧段的方向无关,而第二型曲线积分与弧段的方向有关.当弧段改变方向时,积分要改变符号.

(3)两种类型的积分虽然都可化为定积分进行计算,但第一型曲线积分化为定积分时要求积分下限一定要小于上限(保证 $\mathrm{d}s>0$),而第二型则要求积分下限对应于曲线的起点,积分上限对应于曲线的终点(保证曲线的方向性).

但这两种类型的曲线积分又是可以相互转化的.当有向曲线的方向通过与其方向一致的单位切向量来表示时,第二型曲线积分即可转化为第一型曲线积分.也就是说,若有向曲线 Γ 在任一点 (x,y,z) 处与其正向一致的单位切向量为 $\pmb{\tau}^{\circ}=(\cos\alpha,\cos\beta,\cos\gamma)$ 时,则有

$$\int_{\Gamma}P\mathrm{d}x+Q\mathrm{d}y+R\mathrm{d}z=\int_{\Gamma}(P\cos\alpha+Q\cos\beta+R\cos\gamma)\mathrm{d}s.$$

注 两种类型的曲面积分也有类似的区别与联系.

7. 对坐标的曲线积分的计算中容易犯哪些错误?

答 下面以一个例子说明初学者易犯的几个错误.

例如,计算 $I=\int_{L}x\mathrm{d}y-y\mathrm{d}x$,其中 L 为半圆 $x^2+y^2=a^2(y\geqslant 0)$ 上从点 $A(-a,0)$ 到点 $B(a,0)$ 的一段弧.常见的错误解法有:

(1)$P=-y,Q=x$,由格林公式有 $I=\iint\limits_{D}(\frac{\partial Q}{\partial x}-\frac{\partial P}{\partial y})\mathrm{d}\sigma=2\iint\limits_{D}\mathrm{d}x\mathrm{d}y=2\pi a^2\cdot\frac{1}{2}=\pi a^2$;

(2)由格林公式有 $I=\oint_{L+\overline{BA}}(x\mathrm{d}y-y\mathrm{d}x)-\int_{\overline{BA}}(x\mathrm{d}y-y\mathrm{d}x)=2\iint\limits_{D}\mathrm{d}x\mathrm{d}y-0=\pi a^2$;

(3)L 的参数方程为 $\begin{cases}x=a\cos\theta,\\y=a\sin\theta,\end{cases}0\leqslant\theta\leqslant\pi$,故 $I=\int_{0}^{\pi}(a^2\cos^2\theta+a^2\sin^2\theta)\mathrm{d}\theta=\pi a^2.$

解法(1)的错误在于此处的 L 不是封闭曲线,因此不能对该积分直接使用格林公式;

解法(2)中虽然添加了线段 $\overline{BA}$ 使 $L+\overline{BA}$ 构成一个封闭曲线,但却没有注意到 $L+\overline{BA}$ 是区域 D 的负向边界,不是正向边界,故计算是错误的;

解法(3)中忽略了将对坐标的曲线积分化为定积分计算时,定积分的下限应与曲线起点处的参数值对应,上限应与曲线终点处的参数值对应.因此,此题的正确解答为:

方法一 由格林公式,$I=\oint_{L+\overline{BA}}(x\mathrm{d}y-y\mathrm{d}x)-\int_{\overline{BA}}(x\mathrm{d}y-y\mathrm{d}x)=-2\iint\limits_{D}\mathrm{d}x\mathrm{d}y-0=-\pi a^2.$

方法二 $I = \int_{\pi}^{0} [a\cos\theta \cdot a\cos\theta - a\sin\theta(-a\sin\theta)]\mathrm{d}\theta = -\pi a^2.$

注 对坐标的曲面积分的计算中也容易犯类似的错误.

8. 曲面积分与三重积分的计算要注意哪些问题？

答 在曲面积分中,被积函数中的积分变量 x, y, z 是满足积分的曲面方程. 因此,在计算中我们可以利用曲面方程化简被积函数. 但在三重积分中,被积函数的自变量 x, y, z 应取自曲面 Σ 所围成的区域 Ω 内,因此,它不满足曲面 Σ 的方程,不能用它化简被积函数.

例如,计算 $I = \oiint\limits_{\Sigma} x^3\mathrm{d}y\mathrm{d}z + y^3\mathrm{d}z\mathrm{d}x + z^3\mathrm{d}x\mathrm{d}y$,其中 Σ 为球面 $x^2 + y^2 + z^2 = R^2$ 的外侧,初学者容易犯如下错误：

由高斯公式得 $I = \oiint\limits_{\Sigma} x^3\mathrm{d}y\mathrm{d}z + y^3\mathrm{d}z\mathrm{d}x + z^3\mathrm{d}x\mathrm{d}y = 3\iiint\limits_{\Omega}(x^2 + y^2 + z^2)\mathrm{d}v$

$$= 3\iiint\limits_{\Omega} R^2\mathrm{d}v = 3R^2 \cdot \frac{4}{3}\pi R^3 = 4\pi R^5.$$

上述计算错误在于三重积分中的点 (x, y, z) 应在球体 $x^2 + y^2 \leqslant R^2$ 上变动,而不是在球面上. 此题正确的解答如下：

由高斯公式得 $I = \oiint\limits_{\Sigma} x^3\mathrm{d}y\mathrm{d}z + y^3\mathrm{d}z\mathrm{d}x + z^3\mathrm{d}x\mathrm{d}y = 3\iiint\limits_{\Omega}(x^2 + y^2 + z^2)\mathrm{d}v$

$$= 3\iiint\limits_{\Omega} r^2 \cdot r^2\sin\varphi\mathrm{d}\theta\mathrm{d}\varphi\mathrm{d}r = 3\int_0^{2\pi}\mathrm{d}\theta\int_0^{\pi}\sin\varphi\mathrm{d}\varphi\int_0^R r^4\mathrm{d}r = \frac{12}{5}\pi R^5.$$

曲线积分与二重积分的计算也有类似问题,需要加以注意.

9. 对面积的曲面积分在投影时应注意哪些问题？

答 计算对面积的曲面积分时,把积分曲面投影到哪个坐标面上,取决于积分曲面方程的表达式. 若要把曲面 Σ 投影到 xOy 面上,则应把 Σ 的方程写成 $z = f(x, y)$ 的形式；若要把曲面 Σ 投影到 yOz 面上,则应把 Σ 的方程写成 $x = g(y, z)$ 的形式.

例如,计算 $I = \iint\limits_{\Sigma} \dfrac{\mathrm{d}S}{x^2 + y^2 + z^2}$,其中 Σ 为圆柱面 $x^2 + y^2 = a^2$ 介于平面 $z = 0$ 与 $z = h$ 之间的部分.

有人认为此题因曲面 Σ 在 xOy 面上的投影为圆周,其面积为零,故该积分值应该为零. 这种想法是错误的. 由于此题中圆柱面的方程不能表示成 $z = f(x, y)$ 的形式,所以应将曲面投影到 yOz 面或 xOz 面上. 现以将曲面投影到 yOz 面为例给出此题的正确解法. 曲面 Σ 在 yOz 面上投影为 $D_{yz} = \{(y, z) \mid -a \leqslant y \leqslant a, 0 \leqslant z \leqslant h\}$,并将曲面 Σ 分为 $\Sigma_1 : x = \sqrt{a^2 - y^2}$ 和 $\Sigma_2 : x = -\sqrt{a^2 - y^2}$,则它们的面积微元均为

$$\mathrm{d}S = \sqrt{1 + \left(\frac{\partial x}{\partial y}\right)^2 + \left(\frac{\partial x}{\partial z}\right)^2}\,\mathrm{d}y\mathrm{d}z = \frac{a}{\sqrt{a^2 - y^2}}\mathrm{d}y\mathrm{d}z,$$

$$I = \iint\limits_{\Sigma} \frac{1}{x^2 + y^2 + z^2}\mathrm{d}S = \iint\limits_{\Sigma_1} \frac{1}{x^2 + y^2 + z^2}\mathrm{d}S + \iint\limits_{\Sigma_2} \frac{1}{x^2 + y^2 + z^2}\mathrm{d}S$$

$$= \iint\limits_{D_{yz}} \frac{1}{(\sqrt{a^2-y^2})^2 + y^2 + z^2} \cdot \frac{a}{\sqrt{a^2-y^2}} \mathrm{d}y\mathrm{d}z$$

$$+ \iint\limits_{D_{yz}} \frac{1}{(-\sqrt{a^2-y^2})^2 + y^2 + z^2} \cdot \frac{a}{\sqrt{a^2-y^2}} \mathrm{d}y\mathrm{d}z$$

$$= 2\iint\limits_{D_{yz}} \frac{1}{a^2+z^2} \cdot \frac{a}{\sqrt{a^2-y^2}} \mathrm{d}y\mathrm{d}z = 2a\int_0^h \frac{1}{a^2+z^2}\mathrm{d}z \int_{-a}^a \frac{1}{\sqrt{a^2-y^2}}\mathrm{d}y$$

$$= 2\arctan\frac{z}{a}\Big|_0^h \cdot 2\arcsin\frac{y}{a}\Big|_0^a = 2\pi\arctan\frac{h}{a}.$$

10. 格林公式、高斯公式、斯托克斯公式的意义及它们之间的关系?

答 格林公式是牛顿-莱布尼茨公式的推广,它建立了沿平面闭曲线上的曲线积分与二重积分之间的关系,使得对平面曲线积分的计算可化为对曲线所围的平面区域上的二重积分来计算;高斯公式是格林公式由平面区域到空间区域的推广,它建立了沿空间闭曲面的曲面积分与三重积分之间的关系,使得对曲面积分的计算化为对曲面所围的空间区域上的三重积分来计算;斯托克斯公式也是格林公式由平面区域向空间区域的推广,它建立了沿空间曲面的曲面积分与沿其边界曲线的曲线积分之间的关系. 这三个公式揭示了几类多元函数积分之间的关系,也体现了一个重要的数学思想——区域内部问题与边界问题的相互转化思想. 利用这些公式来计算多元函数积分时,应注意以下几个问题:

(1)注意公式成立的条件. 当所给几何形体不封闭时,应添加一部分几何形体使之封闭,再使用相应公式. 最后不要忘记减去添加部分几何形体上的积分;当被积函数连续性条件不满足时,可以通过"挖洞"的方法,即作一个完全属于区域且含有不连续点的小区域,使得在除去此小区域的积分区域上满足格林公式的条件.

(2)注意公式中各种有向几何形体的正向. 当取几何形体的负向时,应添加一个负号.

11. 向量微分算子 ∇ 的意义是什么?

答 向量微分算子 ∇(又称 Nabla 算子或 Hamilton 算子)是一个运算符号,它可以像微分、积分符号一样作用到函数上,如 $u = \frac{\partial u}{\partial x}\boldsymbol{i} + \frac{\partial u}{\partial y}\boldsymbol{j} + \frac{\partial u}{\partial z}\boldsymbol{k} = \mathbf{grad}u$,也可以像一般向量一样与向量值函数作内积或向量积,如 $\boldsymbol{F} = P\boldsymbol{i} + Q\boldsymbol{j} + R\boldsymbol{k}$,则 $\nabla \cdot \boldsymbol{F} = (\frac{\partial}{\partial x}\boldsymbol{i} + \frac{\partial}{\partial y}\boldsymbol{j} + \frac{\partial}{\partial z}\boldsymbol{k})$ $(P\boldsymbol{i} + Q\boldsymbol{j} + R\boldsymbol{k}) = \frac{\partial P}{\partial x} + \frac{\partial Q}{\partial y} + \frac{\partial R}{\partial z} = \mathrm{div}\,\boldsymbol{F}$, $\nabla \times \boldsymbol{F} = \mathbf{rot}\,\boldsymbol{F}$, $\nabla^2 u = \nabla \cdot \nabla u = \nabla \cdot \mathbf{grad}u = \frac{\partial^2 u}{\partial x^2} + \frac{\partial^2 u}{\partial y^2} + \frac{\partial^2 u}{\partial y^2}$.

4.3 典型例题分析和问题讨论

例1 证明 $1 \leqslant \iint\limits_{D}(\sin x^2 + \cos y^2)\mathrm{d}\sigma \leqslant \sqrt{2}$,其中 $D = \{(x,y) \mid 0 \leqslant x \leqslant 1, 0 \leqslant y \leqslant 1\}$.

证 由于 D 关于直线 $y = x$ 对称,故由轮换对称性有 $\iint\limits_{D}\cos y^2\mathrm{d}\sigma = \iint\limits_{D}\cos x^2\mathrm{d}\sigma$,从而有

$$\iint\limits_{D}(\sin x^2 + \cos y^2)\mathrm{d}\sigma = \iint\limits_{D}(\sin x^2 + \cos x^2)\mathrm{d}\sigma = \sqrt{2}\iint\limits_{D}\sin\left(x^2 + \frac{\pi}{4}\right)\mathrm{d}\sigma,$$

而当 $0 \leqslant x \leqslant 1$ 时,$\dfrac{\sqrt{2}}{2} \leqslant \sin\left(x^2 + \dfrac{\pi}{4}\right) \leqslant 1$. 又 $\iint\limits_{D}\mathrm{d}\sigma = 1$,故由估值性质得

$$1 = \sqrt{2}\iint\limits_{D}\frac{\sqrt{2}}{2}\mathrm{d}\sigma \leqslant \iint\limits_{D}(\sin x^2 + \cos y^2)\mathrm{d}\sigma \leqslant \sqrt{2}\iint\limits_{D}\mathrm{d}\sigma = \sqrt{2}.$$

例2 设 $f(x,y)$ 为连续函数,且 $f(x,y) = xy + \iint\limits_{D}f(x,y)\mathrm{d}\sigma$,其中 D 是由 $y = 0, y = x^2, x = 1$ 所围成的区域,求 $f(x,y)$.

解 令 $A = \iint\limits_{D}f(x,y)\mathrm{d}\sigma$,则 $f(x,y) = xy + A$.
上式两端在 D 上取二重积分,得

$$A = \iint\limits_{D}f(x,y)\mathrm{d}\sigma = \iint\limits_{D}(xy + A)\mathrm{d}\sigma$$

$$= \int_0^1 x\mathrm{d}x\int_0^{x^2} y\mathrm{d}y + A\int_0^1\mathrm{d}x\int_0^{x^2}\mathrm{d}y = \frac{1}{12} + \frac{A}{3}.$$

从而 $A = \dfrac{1}{8}$,故 $f(x,y) = xy + \dfrac{1}{8}$.

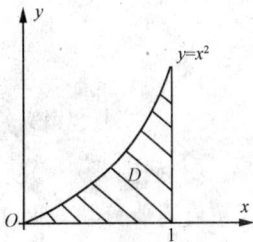

图 4-1

例3 计算 $\lim\limits_{r \to 0}\dfrac{1}{\pi r^2}\iint\limits_{D}\mathrm{e}^{x^2 - y^2}\cos(x+y)\mathrm{d}x\mathrm{d}y$,其中 $D = \{(x,y) \mid x^2 + y^2 \leqslant r^2\}$.

分析 像本题中这样的极限一般应先计算出式中的二重积分. 由于积分区域虽为圆域,但被积函数为 $\mathrm{e}^{x^2 - y^2}\cos(x+y)$,因而积分不易计算. 考虑到被积函数在积分区域 D 上连续,所以可用积分中值定理求解.

解 由积分中值定理知,在 D 内至少存在一点 (ξ, η),使

$$\iint\limits_{D}\mathrm{e}^{x^2 - y^2}\cos(x+y)\mathrm{d}x\mathrm{d}y = \mathrm{e}^{\xi^2 - \eta^2}\cos(\xi + \eta)\pi r^2,$$

故

$$\lim\limits_{r \to 0}\frac{1}{\pi r^2}\iint\limits_{D}\mathrm{e}^{x^2 - y^2}\cos(x+y)\mathrm{d}x\mathrm{d}y = \lim\limits_{\substack{\xi \to 0 \\ \eta \to 0}}\mathrm{e}^{\xi^2 - \eta^2}\cos(\xi + \eta) = 1.$$

例4 求出下列各二次积分所对应的二重积分的积分区域,并改变积分次序:

(1) $\int_{1}^{2} \mathrm{d}x \int_{2-x}^{\sqrt{2x-x^2}} f(x,y) \mathrm{d}y$；   (2) $\int_{0}^{\frac{1}{4}} \mathrm{d}y \int_{y}^{\sqrt{y}} f(x,y) \mathrm{d}x + \int_{\frac{1}{4}}^{\frac{1}{2}} \mathrm{d}y \int_{y}^{\frac{1}{2}} f(x,y) \mathrm{d}x$；

(3) $\int_{0}^{\pi} \mathrm{d}x \int_{-\sin(x/2)}^{\sin x} f(x,y) \mathrm{d}y$；   (4) $\int_{0}^{2a} \mathrm{d}x \int_{\sqrt{2ax-x^2}}^{\sqrt{2ax}} f(x,y) \mathrm{d}y \, (a>0)$.

解

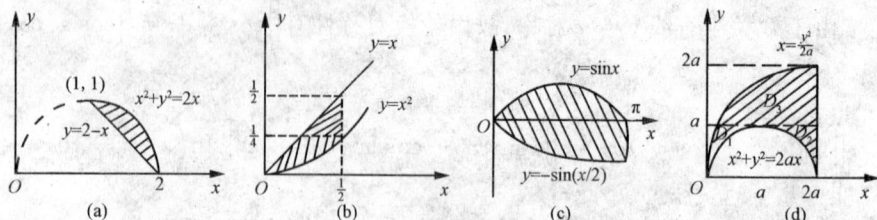

图 4-2

(1)如图 4-2(a)所示，$D = \{(x,y) \mid 0 \leqslant y \leqslant 1, 2-y \leqslant x \leqslant 1+\sqrt{1-y^2}\}$，故

$$\int_{1}^{2} \mathrm{d}x \int_{2-x}^{\sqrt{2x-x^2}} f(x,y) \mathrm{d}y = \int_{0}^{1} \mathrm{d}y \int_{2-y}^{1+\sqrt{1-y^2}} f(x,y) \mathrm{d}x.$$

(2)如图 4-2(b)所示，$D = D_1 + D_2$，其中 $D_1 = \left\{(x,y) \mid 0 \leqslant y \leqslant \frac{1}{4}, y \leqslant x \leqslant \sqrt{y}\right\}$，$D_2 = \left\{(x,y) \mid \frac{1}{4} \leqslant y \leqslant \frac{1}{2}, y \leqslant x \leqslant \frac{1}{2}\right\}$，从而又有 $D = \left\{(x,y) \mid 0 \leqslant x \leqslant \frac{1}{2}, x^2 \leqslant y \leqslant x\right\}$. 故

$$\int_{0}^{\frac{1}{4}} \mathrm{d}y \int_{y}^{\sqrt{y}} f(x,y) \mathrm{d}x + \int_{\frac{1}{4}}^{\frac{1}{2}} \mathrm{d}y \int_{y}^{\frac{1}{2}} f(x,y) \mathrm{d}x = \int_{0}^{\frac{1}{2}} \mathrm{d}x \int_{x^2}^{x} f(x,y) \mathrm{d}x.$$

(3)如图 4-2(c)所示，$D = \{(x,y) \mid 0 \leqslant x \leqslant \pi, -\sin(x/2) \leqslant y \leqslant \sin x\}$. 将它作为 y-型区域看需要分块，即 $D = D_1 + D_2$，其中 $D_1 = \{(x,y) \mid -1 \leqslant y \leqslant 0, -2\arcsin y \leqslant x \leqslant \pi\}$，$D_2 = \{(x,y) \mid 0 \leqslant y \leqslant 1, \arcsin y \leqslant x \leqslant \pi - \arcsin y\}$，故

$$\int_{0}^{\pi} \mathrm{d}x \int_{-\sin(x/2)}^{\sin x} f(x,y) \mathrm{d}y = \int_{-1}^{0} \mathrm{d}y \int_{-2\arcsin y}^{\pi} f(x,y) \mathrm{d}x + \int_{0}^{1} \mathrm{d}y \int_{\arcsin y}^{\pi - \arcsin y} f(x,y) \mathrm{d}x.$$

(4)如图 4-2(d)所示，$D = \{(x,y) \mid 0 \leqslant x \leqslant 2a, \sqrt{2ax-x^2} \leqslant y \leqslant \sqrt{2ax}\}$. 将其作为 y-型区域看需要分块，即 $D = D_1 + D_2 + D_3$，其中

$$D_1 = \left\{(x,y) \mid 0 \leqslant y \leqslant a, \frac{y^2}{2a} \leqslant x \leqslant a - \sqrt{a^2 - y^2}\right\},$$

$$D_2 = \left\{(x,y) \mid 0 \leqslant y \leqslant a, a + \sqrt{a^2 - y^2} \leqslant x \leqslant 2a\right\},$$

$$D_3 = \left\{(x,y) \mid a \leqslant y \leqslant 2a, \frac{y^2}{2a} \leqslant x \leqslant 2a\right\}.$$

于是 $\displaystyle \int_{0}^{2a} \mathrm{d}x \int_{\sqrt{2ax-x^2}}^{\sqrt{2ax}} f(x,y) \mathrm{d}y$

$$= \int_{0}^{a} \mathrm{d}y \int_{\frac{y^2}{2a}}^{a - \sqrt{a^2 - y^2}} f(x,y) \mathrm{d}x + \int_{0}^{a} \mathrm{d}y \int_{a + \sqrt{a^2 - y^2}}^{2a} f(x,y) \mathrm{d}x + \int_{a}^{2a} \mathrm{d}y \int_{\frac{y^2}{2a}}^{2a} f(x,y) \mathrm{d}x.$$

例 5　计算下列二重积分：

(1) $I_1 = \iint\limits_{D}(x^2 + y^2 - x)\mathrm{d}\sigma$，其中 D 是由直线 $y=2$，$y=x$ 和 $y=2x$ 所围成的闭区域；

(2) $I_2 = \iint\limits_{D}x\mathrm{d}x\mathrm{d}y$，其中 D 是以点 $O(0,0)$，$A(1,2)$ 和 $B(2,1)$ 为顶点的三角形区域；

(3) $I_3 = \iint\limits_{D}xy\mathrm{d}\sigma$，其中 D 是由曲线 $x = R\cos^3 t$，$y = R\sin^3 t\left(0 \leqslant t \leqslant \dfrac{\pi}{2}\right)$ 及坐标轴所围成的区域；

(4) $I_4 = \iint\limits_{D}\left[y(1 + x\mathrm{e}^{\max(x^2, y^2)})\right]\mathrm{d}\sigma$，其中 D 是由直线 $y=-1$，$x=1$ 及 $y=x$ 所围成的闭区域；

(5) $I_5 = \iint\limits_{D}r^2\sin\theta\sqrt{1 - r^2\cos 2\theta}\mathrm{d}\theta\mathrm{d}r$，其中 $D = \left\{(r,\theta)\,|\,0 \leqslant r \leqslant \sec\theta, 0 \leqslant \theta \leqslant \dfrac{\pi}{4}\right\}$；

(6) $I_6 = \iint\limits_{D}\sqrt{|x - |y||}\mathrm{d}\sigma$，其中 $D = \{(x,y)\,|\,0 \leqslant x \leqslant 2, |y| \leqslant 1\}$.

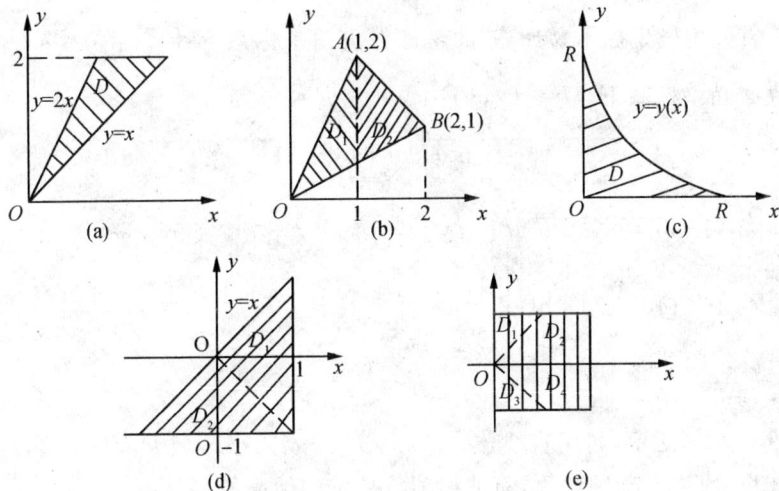

图 4-3

解　(1) 如图 4-3(a) 所示，$D = \left\{(x,y)\,|\,0 \leqslant y \leqslant 2, \dfrac{y}{2} \leqslant x \leqslant y\right\}$，故

$$I_1 = \int_0^2\mathrm{d}y\int_{\frac{y}{2}}^y(x^2 + y^2 - x)\mathrm{d}x = \int_0^2\left(\dfrac{x^3}{3} + y^2 x - \dfrac{x^2}{2}\right)\bigg|_{y/2}^y\mathrm{d}y$$

$$= \int_0^2\left(\dfrac{19}{24}y^3 - \dfrac{3}{8}y^2\right)\mathrm{d}y = \left(\dfrac{19}{24} \cdot \dfrac{y^4}{4} - \dfrac{y^3}{8}\right)\bigg|_0^2 = \dfrac{13}{6}.$$

(2) 如图 4-3(b) 所示，$D = D_1 + D_2$，其中 $D_1 = \left\{(x,y)\,|\,0 \leqslant x \leqslant 1, \dfrac{x}{2} \leqslant y \leqslant 2x\right\}$，$D_2 = \left\{(x,y)\,|\,1 \leqslant x \leqslant 2, \dfrac{x}{2} \leqslant y \leqslant 3 - x\right\}$，故

$$I_2 = \iint\limits_{D_1}x\mathrm{d}\sigma + \iint\limits_{D_2}x\mathrm{d}\sigma = \int_0^1 x\mathrm{d}x\int_{\frac{x}{2}}^{2x}\mathrm{d}y + \int_1^2 x\mathrm{d}x\int_{\frac{x}{2}}^{3-x}\mathrm{d}y$$

$$= \int_0^1 \frac{3}{2}x^2 \mathrm{d}x + \int_1^2 \left(3x - \frac{3}{2}x^2\right)\mathrm{d}x = \frac{x^3}{2}\bigg|_0^1 + \left(\frac{3}{2}x^2 - \frac{x^3}{2}\right)\bigg|_1^2 = \frac{3}{2}.$$

(3)如图 4-3(c)所示,$D = \{(x,y) \mid 0 \leqslant x \leqslant R, 0 \leqslant y \leqslant y(x)\}$,故

$$I_3 = \int_0^R x \mathrm{d}x \int_0^{R(x)} y \mathrm{d}y = \frac{1}{2}\int_0^R xy^2(x)\mathrm{d}x = \frac{1}{2}\int_{\frac{\pi}{2}}^0 R\cos^3 t \cdot R^2 \sin^6 t(-3R\cos^2 t \sin t)\mathrm{d}t$$

$$= \frac{3R^4}{2}\int_0^{\frac{\pi}{2}} \sin^7 t \cos^5 t \mathrm{d}t = \frac{3R^4}{2}\int_0^{\frac{\pi}{2}} \sin^7 t(1 - \sin^2 t)^2 \mathrm{d}\sin t$$

$$= \frac{3R^4}{2}\int_0^1 (u^7 - 2u^9 + u^{11})\mathrm{d}u = \frac{R^4}{80}.$$

(4)如图 4-3(d)所示,作直线 $y = -x$,将 D 分成 D_1,D_2 两部分,其中 D_1 关于 x 轴对称,且被积函数关于 y 是奇函数,于是被积函数在 D_1 上的积分为零;D_2 关于 y 轴对称,且 $xy\mathrm{e}^{\max(x^2,y^2)}$ 关于 x 是奇函数,于是它在 D_2 上的积分也为零,故

$$I_4 = \iint\limits_{D_2} y\mathrm{d}\sigma = \int_{-1}^0 \mathrm{d}y \int_y^{-y} y \mathrm{d}x = -\int_{-1}^0 2y^2 \mathrm{d}y = -\frac{2}{3}.$$

(5)由于直接用极坐标不易计算,故考虑在直角坐标系下计算.由 $r = \sec\theta = \dfrac{1}{\cos\theta}$ 得 $x = 1$,所以在直角坐标系下,$D = \{(x,y) \mid 0 \leqslant x \leqslant 1, 0 \leqslant y \leqslant x\}$.于是

$$I_5 = \iint\limits_{D} r^2 \sin\theta \sqrt{1 - r^2\cos^2\theta + r^2\sin^2\theta}\,\mathrm{d}\theta\mathrm{d}r = \iint\limits_{D} y\sqrt{1 - x^2 + y^2}\,\mathrm{d}x\mathrm{d}y$$

$$= \frac{1}{2}\int_0^1 \mathrm{d}x \int_0^x \sqrt{1 - x^2 + y^2}\,\mathrm{d}(1 - x^2 + y^2) = \frac{1}{3}\int_0^1 (1 - x^2 + y^2)^{\frac{3}{2}}\bigg|_0^x \mathrm{d}x$$

$$= \frac{1}{3}\int_0^1 [1 - (1 - x^2)^{\frac{3}{2}}]\mathrm{d}x = \frac{1}{3} - \frac{1}{3}\int_0^{\frac{\pi}{2}} \cos^4 t \mathrm{d}t = \frac{1}{3} - \frac{1}{3} \cdot \frac{3}{4} \cdot \frac{1}{2} \cdot \frac{\pi}{2}$$

$$= \frac{1}{3} - \frac{\pi}{16}.$$

(6)如图 4-3(e)所示,利用直线 $x = |y|$ 将 D 分成四小区域 D_1,D_2,D_3,D_4.因为 D_1 和 D_3,D_2 和 D_4 均关于 x 轴对称,而被积函数是 y 的偶函数,所以

$$I_6 = 2\iint\limits_{D_1} \sqrt{-x + |y|}\,\mathrm{d}\sigma + 2\iint\limits_{D_2} \sqrt{x + |y|}\,\mathrm{d}\sigma = 2\int_0^1 \mathrm{d}y \int_0^y \sqrt{y - x}\,\mathrm{d}x + 2\int_0^1 \mathrm{d}y \int_y^2 \sqrt{x - y}\,\mathrm{d}x$$

$$= \frac{4}{3}\int_0^1 y^{\frac{3}{2}}\mathrm{d}y + \frac{4}{3}\int_0^1 (2 - y)^{\frac{3}{2}}\mathrm{d}y = \frac{4}{3} \cdot \frac{2}{5} y^{\frac{5}{2}}\bigg|_0^1 - \frac{4}{3} \cdot \frac{2}{5}(2 - y)^{\frac{5}{2}}\bigg|_0^1 = \frac{32\sqrt{2}}{15}.$$

例 6　证明:(1)若 $f(x)$ 在 $[0,a]$ 上连续,则 $2\displaystyle\int_0^a \mathrm{d}x \int_x^a f(x)f(y)\mathrm{d}y = \left[\displaystyle\int_0^a f(x)\mathrm{d}x\right]^2$.

(2)若 $f(x)$ 为 $[a,b]$ 上的正值连续函数,则 $\displaystyle\iint\limits_{D} \frac{f(x)}{f(y)}\mathrm{d}\sigma \geqslant (b-a)^2$,其中 $D = \{(x,y) \mid a \leqslant x \leqslant b, a \leqslant y \leqslant b\}$.

证　**(1)方法一**　设 $f(x)$ 的一个原函数为 $F(x)$,则 $F'(x) = f(x)$.

左边 $= 2\displaystyle\int_0^a \mathrm{d}x \int_x^a F'(y)f(x)\mathrm{d}y = 2\displaystyle\int_0^a f(x)F(y)\bigg|_x^a \mathrm{d}x = 2\displaystyle\int_0^a [F(a) - F(x)]F'(x)\mathrm{d}x$

$$= -2\int_0^a [F(a)-F(x)]\mathrm{d}[F(a)-F(x)] = -[F(a)-F(x)]^2 \Big|_0^a$$

$$= [F(a)-F(0)]^2 = \left[\int_0^a f(x)\mathrm{d}x\right]^2 = 右边.$$

方法二　先交换积分次序再利用积分值与积分变量的记号无关,得

$$\int_0^a \mathrm{d}x\int_x^a f(x)f(y)\mathrm{d}y = \int_0^a \mathrm{d}y\int_0^y f(x)f(y)\mathrm{d}x = \int_0^a \mathrm{d}x\int_0^x f(x)f(y)\mathrm{d}y,$$

故

$$2\int_0^a \mathrm{d}x\int_x^a f(x)f(y)\mathrm{d}y = \int_0^a \mathrm{d}x\int_x^a f(x)f(y)\mathrm{d}y + \int_0^a \mathrm{d}x\int_0^x f(x)f(y)\mathrm{d}y$$

$$= \int_0^a \mathrm{d}x\left[\int_0^x f(x)f(y)\mathrm{d}y + \int_x^a f(x)f(y)\mathrm{d}y\right] = \int_0^a \mathrm{d}x\int_0^a f(x)f(y)\mathrm{d}y$$

$$= \int_0^a f(x)\mathrm{d}x\int_0^a f(y)\mathrm{d}y = \int_0^a f(x)\mathrm{d}x \cdot \int_0^a f(x)\mathrm{d}x = \left[\int_0^a f(x)\mathrm{d}x\right]^2.$$

(2)由于区域 D 关于 $y=x$ 对称,所以由轮换对称性得 $\iint\limits_D \dfrac{f(x)}{f(y)}\mathrm{d}x\mathrm{d}y = \iint\limits_D \dfrac{f(y)}{f(x)}\mathrm{d}x\mathrm{d}y$,

故有

$$\iint\limits_D \frac{f(x)}{f(y)}\mathrm{d}x\mathrm{d}y = \frac{1}{2}\iint\limits_D \left[\frac{f(x)}{f(y)} + \frac{f(y)}{f(x)}\right]\mathrm{d}x\mathrm{d}y$$

$$= \iint\limits_D \frac{f^2(x)+f^2(y)}{2f(x)f(y)}\mathrm{d}x\mathrm{d}y \geqslant \iint\limits_D \mathrm{d}x\mathrm{d}y = (b-a)^2.$$

例7　计算下列二重积分:

(1) $I_1 = \iint\limits_D |3x+4y|\mathrm{d}\sigma$,其中 $D=\{(x,y)\,|\,x^2+y^2\leqslant 1\}$;

(2) $I_2 = \iint\limits_D \sqrt{x^2+y^2}\mathrm{d}\sigma$,其中 $D=\{(x,y)\,|\,0\leqslant y\leqslant x, x^2+y^2\leqslant 2x\}$;

(3) $I_3 = \iint\limits_D (\sqrt{x^2+y^2}+y)\mathrm{d}\sigma$,其中 D 是由圆 $x^2+y^2=4$ 和 $(x+1)^2+y^2=1$ 所围成;

(4) $I_4 = \iint\limits_D y\mathrm{d}\sigma$,其中 D 是由直线 $x=-2, y=0, y=2$ 以及 $x=-\sqrt{2y-y^2}$ 所围成;

(5) $I_5 = \iint\limits_D (x+y)\mathrm{d}\sigma$,其中 $D=\{(x,y)\,|\,x^2+y^2\leqslant x+y+1\}$;

(6) $I_6 = \iint\limits_D \left(\dfrac{x^2}{a^2}+\dfrac{y^2}{b^2}\right)\mathrm{d}\sigma$,其中 $D=\{(x,y)\,|\,x^2+y^2\leqslant R^2\}$.

解　(1)由于 D 为圆域,令 $x=r\cos\theta, y=r\sin\theta$,则 $D=\{(r,\theta)\,|\,0\leqslant\theta\leqslant 2\pi, 0\leqslant r\leqslant 1\}$.

$$I_1 = \int_0^{2\pi} |3\cos\theta+4\sin\theta|\mathrm{d}\theta\int_0^1 r^2\mathrm{d}r = \frac{5}{3}\int_0^{2\pi} \left|\frac{3}{5}\cos\theta+\frac{4}{5}\sin\theta\right|\mathrm{d}\theta$$

$$= \frac{5}{3}\int_0^{2\pi} |\sin(\theta+\theta_0)|\mathrm{d}\theta\left(其中 \sin\theta_0=\frac{3}{5}, \cos\theta_0=\frac{4}{5}\right)$$

$$\xrightarrow{令\,t=\theta+\theta_0} \frac{5}{3}\int_{\theta_0}^{\theta_0+2\pi} |\sin t|\mathrm{d}t = \frac{5}{3}\int_0^{2\pi} |\sin t|\mathrm{d}t (周期函数的积分)$$

81

$$= \frac{5}{3}\int_{-\pi}^{\pi}|\sin t|\,\mathrm{d}t = \frac{10}{3}\int_{0}^{\pi}\sin t\,\mathrm{d}t = \frac{20}{3}.$$

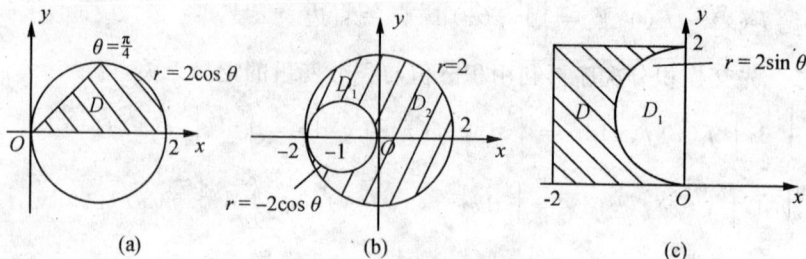

图 4-4

(2)如图 4-4(a)所示.令 $x=r\cos\theta, y=r\sin\theta$,则 $D=\left\{(x,y)\,\middle|\,0\leqslant\theta\leqslant\frac{\pi}{4},0\leqslant r\leqslant 2\cos\theta\right\}.$

$$I_2 = \int_0^{\frac{\pi}{4}}\mathrm{d}\theta\int_0^{2\cos\theta}r^2\,\mathrm{d}r = \frac{8}{3}\int_0^{\frac{\pi}{4}}\cos^3\theta\,\mathrm{d}\theta = \frac{8}{3}\int_0^{\frac{\pi}{4}}(1-\sin^2\theta)\mathrm{d}\sin\theta$$

$$= \frac{8}{3}\int_0^{\frac{\sqrt{2}}{2}}(1-t^2)\,\mathrm{d}t = \frac{8}{3}\left(t-\frac{t^3}{3}\right)\Big|_0^{\frac{\sqrt{2}}{2}} = \frac{10\sqrt{2}}{9}.$$

(3)如图 4-4(b)所示.由对称性知 $\iint\limits_{D}y\,\mathrm{d}\sigma=0.$ 于是

$$I_3 = \iint\limits_{D}\sqrt{x^2+y^2}\,\mathrm{d}\sigma = 2\left[\iint\limits_{D_1}\sqrt{x^2+y^2}\,\mathrm{d}\sigma + \iint\limits_{D_2}\sqrt{x^2+y^2}\,\mathrm{d}\sigma\right]$$

$$= 2\left[\int_0^{\frac{\pi}{2}}\mathrm{d}\theta\int_0^2 r^2\,\mathrm{d}r + \int_{\frac{\pi}{2}}^{\pi}\mathrm{d}\theta\int_{-2\cos\theta}^2 r^2\,\mathrm{d}r\right] = 2\left[\frac{4\pi}{3}+\int_{\frac{\pi}{2}}^{\pi}\left(\frac{8}{3}+\frac{8\cos^3\theta}{3}\right)\mathrm{d}\theta\right]$$

$$= \frac{8\pi}{3}+2\int_0^{\frac{\pi}{2}}\left(\frac{8}{3}-\frac{8}{3}\sin^3 t\right)\mathrm{d}t = \frac{8\pi}{3}+\frac{8\pi}{3}-\frac{16}{3}\cdot\frac{2}{3}\cdot 1 = \frac{16(3\pi-2)}{9}.$$

(4)**方法一** 如图 4-4(c)所示,$D+D_1$ 为正方形,D_1 为半圆域,$D=(D+D_1)-D_1$,

$$I_4 = \iint\limits_{D+D_1}y\,\mathrm{d}x\,\mathrm{d}y - \iint\limits_{D_1}y\,\mathrm{d}x\,\mathrm{d}y = \int_{-2}^0\mathrm{d}x\int_0^2 y\,\mathrm{d}y - \int_{\frac{\pi}{2}}^{\pi}\mathrm{d}\theta\int_0^{2\sin\theta}r\sin\theta\cdot r\,\mathrm{d}r$$

$$= 4 - \frac{8}{3}\int_{\frac{\pi}{2}}^{\pi}\sin^4\theta\,\mathrm{d}\theta \xlongequal{\text{令}t=\theta-\frac{\pi}{2}} 4 - \frac{8}{3}\int_0^{\frac{\pi}{2}}\cos^4 t\,\mathrm{d}t$$

$$= 4 - \frac{8}{3}\cdot\frac{3}{4}\cdot\frac{1}{2}\cdot\frac{\pi}{2} = 4 - \frac{\pi}{2}.$$

方法二 令 $u=x, v=y-1$,则 $J=\dfrac{\partial(x,y)}{\partial(u,v)} = \left[\dfrac{\partial(u,v)}{\partial(x,y)}\right]^{-1} = \begin{vmatrix}1 & 0\\0 & 1\end{vmatrix}^{-1} = 1$,原积分区域 D_1 变为 D_1'(D_1' 的形状及面积与 D_1 相同),而 D_1' 关于 u 轴对称.于是

$$\iint\limits_{D_1}y\,\mathrm{d}\sigma = \iint\limits_{D_1'}(v+1)\,\mathrm{d}u\,\mathrm{d}v = \iint\limits_{D_1'}v\,\mathrm{d}u\,\mathrm{d}v + \iint\limits_{D_1'}\mathrm{d}u\,\mathrm{d}v = 0 + \frac{\pi}{2} = \frac{\pi}{2},$$

故

$$\iint\limits_{D_1}y\,\mathrm{d}\sigma = \iint\limits_{D+D_1}y\,\mathrm{d}\sigma - \iint\limits_{D_1}y\,\mathrm{d}\sigma = 4 - \frac{\pi}{2}.$$

(5)**方法一** 将 D 的方程改写为 $\left(x-\dfrac{1}{2}\right)+\left(y-\dfrac{1}{2}\right)^2\leqslant\dfrac{3}{2}$.

令 $x-\dfrac{1}{2}=r\cos\theta,y-\dfrac{1}{2}=r\sin\theta$,则 $D=\left\{(r,\theta)\,|\,0\leqslant\theta\leqslant2\pi,0\leqslant r\leqslant\sqrt{\dfrac{3}{2}}\right\}$. 于是

$$I_5=\int_0^{\sqrt{\frac{3}{2}}}r\mathrm{d}r\int_0^{2\pi}(1+r\cos\theta+r\sin\theta)\mathrm{d}\theta=2\pi\int_0^{\sqrt{\frac{3}{2}}}r\mathrm{d}r=\frac{3\pi}{2}.$$

方法二 令 $u=x-\dfrac{1}{2},v=y-\dfrac{1}{2}$,则 $J=\dfrac{\partial(x,y)}{\partial(u,v)}=\left[\dfrac{\partial(u,v)}{\partial(x,y)}\right]^{-1}=1$,原积分区域 D_1

变为 D_1',而 D_1' 关于 u 轴,v 轴均对称,从而

$$I_5=\iint\limits_{D'}\left[\left(u+\frac{1}{2}\right)+\left(v+\frac{1}{2}\right)\right]\mathrm{d}u\mathrm{d}v=\iint\limits_{D'}\mathrm{d}u\mathrm{d}v+\iint\limits_{D'}(u+v)\mathrm{d}u\mathrm{d}v$$

$$=\pi\left(\sqrt{\frac{3}{2}}\right)^2+0=\frac{3\pi}{2}.$$

(6)由于 D 关于直线 $y=x$ 对称,故由轮换对称性有

$$I_4=\frac{1}{2}\left[\iint\limits_D\left(\frac{x^2}{a^2}+\frac{y^2}{b^2}\right)\mathrm{d}\sigma+\iint\limits_D\left(\frac{y^2}{a^2}+\frac{x^2}{b^2}\right)\mathrm{d}\sigma\right]=\frac{1}{2}\left(\frac{1}{a^2}+\frac{1}{b^2}\right)\iint\limits_D(x^2+y^2)\mathrm{d}\sigma$$

$$=\frac{1}{2}\left(\frac{1}{a^2}+\frac{1}{b^2}\right)\int_0^{2\pi}\mathrm{d}\theta\int_0^R r^2\cdot r\mathrm{d}r=\frac{\pi R^4}{4}\left(\frac{1}{a^2}+\frac{1}{b^2}\right).$$

例 8 作适当的变换,计算下列二重积分:

(1)$I_1=\iint\limits_D(x-y)^2\sin^2(x+y)\mathrm{d}x\mathrm{d}y$,其中 D 是以 $(\pi,0),(2\pi,\pi),(\pi,2\pi)$ 和 $(0,\pi)$ 为

顶点的平行四边形闭区域;

(2)$I_2=\iint\limits_D x^2y^2\mathrm{d}x\mathrm{d}y$,其中 D 是由曲线 $xy=1$ 和 $xy=2$,直线 $y=x$ 和 $y=4x$ 所围成

的在第一卦限内的闭区域;

(3)$I_3=\iint\limits_D[x+y]\mathrm{d}x\mathrm{d}y$,其中 $D=\{(x,y)\,|\,0\leqslant x\leqslant2,0\leqslant y\leqslant2\}$,$[x]$ 表示对 x 取整.

解 (1)如图 4-5(a)(b)所示. 令 $u=x+y,v=x-y$,则 $x=\dfrac{u+v}{2},y=\dfrac{u-v}{2}$. 在此变换

下 D 的边界 $x+y=\pi,x-y=-\pi,x+y=3\pi,x-y=\pi$ 依次变成 $u=\pi,v=-\pi,u=3\pi,v$

$=\pi$,从而 $D'=\{(u,v)\,|\,\pi\leqslant u\leqslant3\pi,-\pi\leqslant v\leqslant\pi\}$. 又 $J=\dfrac{\partial(x,y)}{\partial(u,v)}=\begin{vmatrix}\dfrac{1}{2}&\dfrac{1}{2}\\[2mm]\dfrac{1}{2}&-\dfrac{1}{2}\end{vmatrix}=-\dfrac{1}{2}$,故

$$I_1=\iint\limits_{D'}v^2\sin^2u\cdot\frac{1}{2}\mathrm{d}u\mathrm{d}v=\frac{1}{2}\int_{-\pi}^{\pi}v^2\mathrm{d}v\int_{\pi}^{3\pi}\sin^2u\mathrm{d}u=\frac{\pi^3}{3}\int_{\pi}^{3\pi}\frac{1-\cos2u}{2}\mathrm{d}u=\frac{\pi^4}{3}.$$

(2)如图 4-5(c)(d)所示. 令 $u=xy,v=\dfrac{y}{x}$,则在此变换下 D 的边界 $xy=1,xy=2$,

$y=x,y=4x$ 依次变成 $u=1,u=2,v=1,v=4$,从而 $D'=\{(u,v)\,|\,1\leqslant u\leqslant2,1\leqslant v\leqslant4\}$. 又

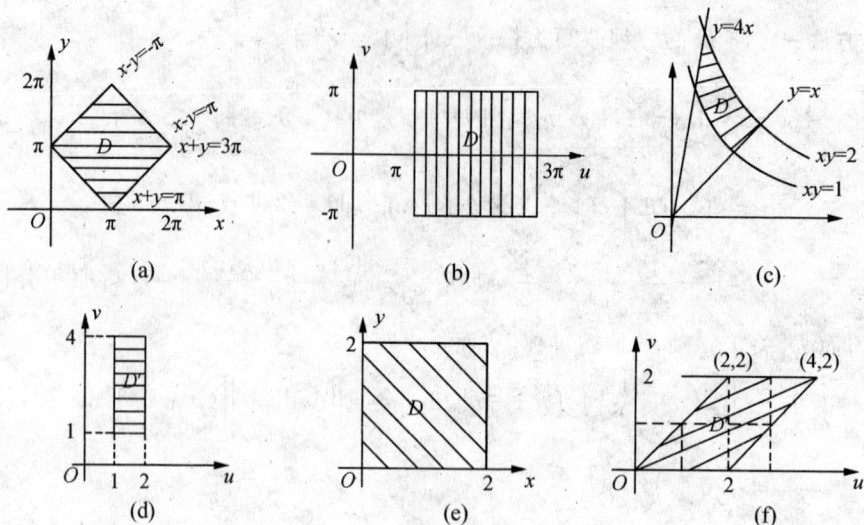

图 4-5

$$J = \frac{\partial(x,y)}{\partial(u,v)} = \left(\frac{\partial(u,v)}{\partial(x,y)}\right)^{-1} = \begin{vmatrix} y & x \\ -\dfrac{y}{x^2} & \dfrac{1}{x} \end{vmatrix}^{-1} = (2v)^{-1} = \frac{1}{2v}, \text{故}$$

$$I_2 = \iint\limits_{D'} u^2 \cdot \frac{1}{2v} \mathrm{d}u\mathrm{d}v = \int_1^2 u^2 \mathrm{d}u \int_1^4 \frac{1}{2v}\mathrm{d}v = \frac{7}{3}\ln 2.$$

(3)如图 4-5(e)(f)所示,令 $u = x+y, v = y$,则 $x = u-v, y = v$,在此变换下 D 的边界 $x=0, y=0, x=2, y=2$ 依次变成 $u=v, v=0, u-v=2, v=2$,从而 $D' = \{(u,v) \mid 0 \le v \le 2, v \le u \le v+2\}$. 又 $J = \dfrac{\partial(x,y)}{\partial(u,v)} = \begin{vmatrix} 1 & -1 \\ 0 & 1 \end{vmatrix} = 1$,故

$$I_3 = \iint\limits_{D'} [u]\mathrm{d}u\mathrm{d}v = \int_0^1 \mathrm{d}u\int_0^u 0\mathrm{d}v + \int_1^2 \mathrm{d}u\int_0^u 1\mathrm{d}v + \int_2^3 \mathrm{d}u\int_{u-2}^2 2\mathrm{d}v + \int_3^4 \mathrm{d}u\int_{u-2}^2 3\mathrm{d}v$$

$$= 0 + \frac{3}{2} + 3 - 12 + \frac{27}{2} = 6.$$

例 9 求极限 $I = \lim\limits_{x \to 0}\left[\int_0^{\frac{x}{2}}\mathrm{d}t\int_{\frac{x}{2}}^t \mathrm{e}^{-(t-u)^2}\mathrm{d}u \Big/ \left(1 - \mathrm{e}^{-\frac{x^2}{4}}\right)\right].$

解 如图 4-6 所示.先交换分子中二次积分的积分次序.

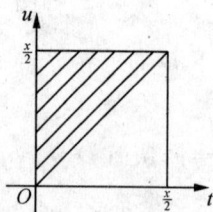

图 4-6

$$D = \left\{(t,u) \mid 0 \le t \le \frac{x}{2}, t \le u \le \frac{x}{2}\right\} = \left\{(t,u) \mid 0 \le u \le \frac{x}{2}, 0 \le t \le u\right\},$$

故

$$\int_0^{\frac{x}{2}}\mathrm{d}t\int_{\frac{x}{2}}^t \mathrm{e}^{-(t-u)^2}\mathrm{d}u = -\int_0^{\frac{x}{2}}\mathrm{d}t\int_t^{\frac{x}{2}} \mathrm{e}^{-(t-u)^2}\mathrm{d}u$$

$$= -\int_0^{\frac{x}{2}}\mathrm{d}u\int_0^u \mathrm{e}^{-(t-u)^2}\mathrm{d}t \xrightarrow{\text{令} t-u=v} -\int_0^{\frac{x}{2}}\mathrm{d}u\int_{-u}^0 \mathrm{e}^{-v^2}\mathrm{d}v$$

$$= \int_0^{\frac{x}{2}}\mathrm{d}u\int_0^{-u} \mathrm{e}^{-u^2}\mathrm{d}v.$$

84

从而 $I=\lim\limits_{x\to 0}\left[\int_0^{\frac{x}{2}}\mathrm{d}u\int_0^{-u}\mathrm{e}^{-v^2}\mathrm{d}v\Big/\left(\dfrac{x^2}{4}\right)\right]\xlongequal{\left(\frac{0}{0}\right)}\lim\limits_{x\to 0}\left[\int_0^{-\frac{x}{2}}\mathrm{e}^{-v^2}\mathrm{d}v\cdot\dfrac{1}{2}\Big/\left(\dfrac{x}{2}\right)\right]$

$$=\lim\limits_{x\to 0}\left[\int_0^{-\frac{x}{2}}\mathrm{e}^{-v^2}\mathrm{d}v\Big/x\right]\xlongequal{\left(\frac{0}{0}\right)}\lim\limits_{x\to 0}\mathrm{e}^{-\frac{x^2}{4}}\cdot\left(-\dfrac{1}{2}\right)=-\dfrac{1}{2}.$$

例 10 设 $f(x,y)$ 在单位圆 $x^2+y^2\leqslant 1$ 上有连续的偏导数,且在边界上取值为零,$f(0,0)=2$. 求 $I=\lim\limits_{\varepsilon\to 0^+}\dfrac{1}{2\pi}\iint\limits_{D}\dfrac{xf'_x+yf'_y}{x^2+y^2}\mathrm{d}x\mathrm{d}y$,其中 $D=\{(x,y)\,|\,\varepsilon^2\leqslant x^2+y^2\leqslant 1\}$.

解 设 $x=r\cos\theta,y=r\sin\theta$,则

$$r\dfrac{\partial f}{\partial r}=r\left(\dfrac{\partial f}{\partial x}\dfrac{\partial x}{\partial r}+\dfrac{\partial f}{\partial y}\dfrac{\partial y}{\partial r}\right)=r\left(\dfrac{\partial f}{\partial x}\cos\theta+\dfrac{\partial f}{\partial y}\sin\theta\right)=x\dfrac{\partial f}{\partial x}+y\dfrac{\partial f}{\partial y}=xf'_x+yf'_y,$$

从而

$$I=\lim\limits_{\varepsilon\to 0^+}\dfrac{1}{2\pi}\iint\limits_{D}\dfrac{\frac{\partial f}{\partial r}}{r}r\mathrm{d}r\mathrm{d}\theta=\lim\limits_{\varepsilon\to 0^+}\dfrac{1}{2\pi}\int_0^{2\pi}\mathrm{d}\theta\int_{\varepsilon}^1\dfrac{\partial f}{\partial r}\mathrm{d}r=\lim\limits_{\varepsilon\to 0^+}\dfrac{1}{2\pi}\int_0^{2\pi}f(r\cos\theta,r\sin\theta)\Big|_{r=\varepsilon}^{r=1}\mathrm{d}\theta$$

$$=\lim\limits_{\varepsilon\to 0^+}\dfrac{1}{2\pi}\int_0^{2\pi}\left[f(\cos\theta,\sin\theta)-f(\varepsilon\cos\theta,\varepsilon\sin\theta)\right]\mathrm{d}\theta.$$

由 $f(x,y)$ 在边界上取值为零,得 $f(\cos\theta,\sin\theta)=0$,因而由积分中值定理得

$$I=-\lim\limits_{\varepsilon\to 0^+}\dfrac{1}{2\pi}\int_0^{2\pi}f(\varepsilon\cos\theta,\varepsilon\sin\theta)\mathrm{d}\theta=-\lim\limits_{\varepsilon\to 0^+}f(\varepsilon\cos\xi,\varepsilon\sin\xi)=-f(0,0)=-2,$$

其中 $0\leqslant\xi\leqslant 2\pi$.

例 11 证明:$\dfrac{4\sqrt[3]{2}}{3}\pi\leqslant\iiint\limits_{\Omega}\sqrt[3]{x+2y-2z+5}\mathrm{d}v\leqslant\dfrac{8\pi}{3}$,其中 $\Omega=\{(x,y,z)\,|\,x^2+y^2+z^2\leqslant 1\}$.

证 令 $f(x,y,z)=x+2y-2z+5$,则 $\dfrac{\partial f}{\partial x}=1\neq 0,\dfrac{\partial f}{\partial y}=2\neq 0,\dfrac{\partial f}{\partial z}=-2\neq 0$,故由 f 在 Ω 内无驻点可知,其必在 Ω 的边界上取得最大值与最小值. 令

$$F(x,y,z,\lambda)=x+2y-2z+5+\lambda(x^2+y^2+z^2-1),$$

由 $\begin{cases}F'_x=1+2\lambda x=0,\\ F'_y=2+2\lambda x=0,\\ F'_z=-2+2\lambda z=0,\\ F'_\lambda=x^2+y^2+z^2=1,\end{cases}$ 得驻点:$P_1\left(\dfrac{1}{3},\dfrac{2}{3},-\dfrac{2}{3}\right),P_2\left(-\dfrac{1}{3},-\dfrac{2}{3},\dfrac{2}{3}\right).$

于是有 $f(P_1)=8,f(P_2)=2$,从而 $\sqrt[3]{f}$ 在 Ω 上的最大值与最小值分别为 $M=2,m=\sqrt[3]{2}$. 又 Ω 的体积 $V=\dfrac{4}{3}\pi$,因此由三重积分的估值性质得

$$\dfrac{4\sqrt[3]{2}}{3}\pi=\sqrt[3]{2}\iiint\limits_{\Omega}\mathrm{d}v\leqslant\iiint\limits_{\Omega}\sqrt[3]{x+2y-2z+5}\mathrm{d}v\leqslant 2\iiint\limits_{\Omega}\mathrm{d}v=\dfrac{8\pi}{3}.$$

例 12 计算下列三重积分:

(1)$I_1 = \iiint\limits_{\Omega} xy^2z^3 \mathrm{d}v$,$\Omega$ 是由曲面 $z=xy$,平面 $y=x$,$x=1$ 和 $z=0$ 所围成的闭区域;

(2)$I_2 = \iiint\limits_{\Omega} y\sqrt{1-x^2}\mathrm{d}v$,其中 Ω 是由 $y=-\sqrt{1-x^2-z^2}$,$x^2+z^2=1$,$y=1$ 所围成的闭区域;

(3)$I_3 = \iiint\limits_{\Omega}(x^2+y^2)\mathrm{d}v$,其中 Ω 是曲线 $\begin{cases} y^2=2z, \\ x=0 \end{cases}$ 绕 z 轴旋转一周而成的曲面与两平面 $z=2$,$z=8$ 所围成的闭区域;

(4)$I_4 = \iiint\limits_{\Omega}\left(\dfrac{x^2}{a^2}+\dfrac{y^2}{b^2}+\dfrac{z^2}{c^2}\right)\mathrm{d}v$,其中 $\Omega=\left\{(x,y,z)\,\Big|\,\dfrac{x^2}{a^2}+\dfrac{y^2}{b^2}+\dfrac{z^2}{c^2}\leqslant 1\right\}$;

(5)$I_5 = \iiint\limits_{\Omega} z^2\mathrm{d}v$,其中 Ω 为两个球体 $x^2+y^2+z^2\leqslant 2Rz$ 和 $x^2+y^2+z^2\leqslant R^2$ 的公共部分.

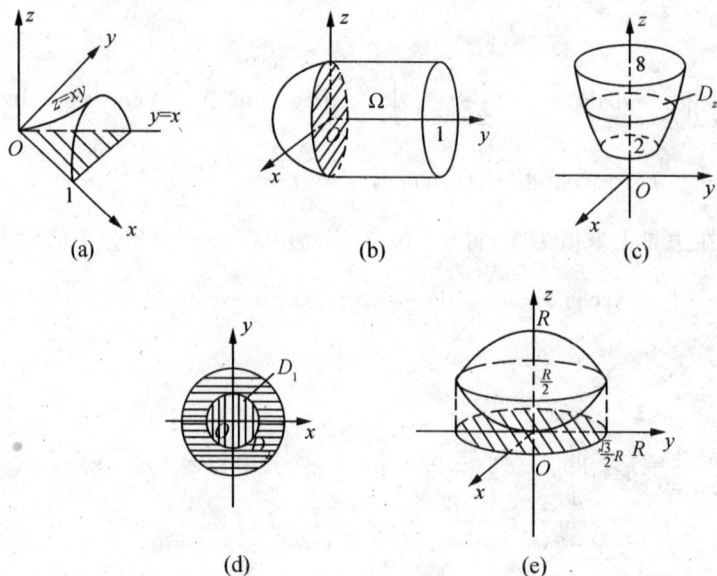

(a)　　　　　　　(b)　　　　　　　(c)

(d)　　　　　　　(e)

图 4-7

解 (1)如图 4-7(a)所示,$D=\{(x,y,z)\,|\,0\leqslant x\leqslant 1,0\leqslant y\leqslant x,0\leqslant z\leqslant xy\}$,故

$$I_1 = \int_0^1 \mathrm{d}x\int_0^x \mathrm{d}y\int_0^{xy} xy^2z^3 \mathrm{d}z = \int_0^1 \mathrm{d}x\int_0^x \frac{1}{4}x^5y^6 \mathrm{d}y = \int_0^1 \frac{1}{28}x^{12}\mathrm{d}x = \frac{1}{364}.$$

(2)如图 4-7(b)所示,将 Ω 投影到 zOx 面得投影区域 $D_{zx}=\{(x,z)\,|\,x^2+z^2\leqslant 1\}$,所以

$$I_2 = \iint\limits_{D_{zx}} \mathrm{d}x\mathrm{d}z\int_{-\sqrt{1-x^2-z^2}}^1 y\sqrt{1-x^2}\,\mathrm{d}y = \int_{-1}^1 \sqrt{1-x^2}\,\mathrm{d}x\int_{-\sqrt{1-x^2}}^{\sqrt{1-x^2}}\mathrm{d}z\int_{-\sqrt{1-x^2-z^2}}^1 y\mathrm{d}y$$

$$= \int_{-1}^1 \sqrt{1-x^2}\,\mathrm{d}x\int_0^{\sqrt{1-x^2}}(x^2+z^2)\mathrm{d}z = 2\int_0^1\left[x^2(1-x^2)+\frac{1}{3}(1-x^2)^2\right]\mathrm{d}x$$

$$= \frac{28}{45}.$$

（3）曲线 $\begin{cases} y^2 = 2z \\ x = 0 \end{cases}$ 绕 z 轴旋转一周的旋转曲面方程为 $x^2 + y^2 = 2z$.

方法一　（投影法）如图 4-7(c)(d)所示，将 Ω 投影到 xOy 面上得 $D_{xy} = D_1 + D_2$，其中 $D_1 = \{(x,y) \mid x^2 + y^2 \leqslant 4\}$，$D_2 = \{(x,y) \mid 4 \leqslant x^2 + y^2 \leqslant 16\}$. 于是

$$I_3 = \iint\limits_{D_1} \mathrm{d}\sigma \int_2^8 (x^2 + y^2) \mathrm{d}z + \iint\limits_{D_2} \mathrm{d}\sigma \int_{\frac{x^2+y^2}{2}}^8 (x^2 + y^2) \mathrm{d}z$$

$$= \int_0^{2\pi} \mathrm{d}\theta \int_0^2 \mathrm{d}r \int_2^8 r^3 \mathrm{d}z + \int_0^{2\pi} \mathrm{d}\theta \int_2^4 \mathrm{d}r \int_{\frac{r^2}{2}}^8 r^3 \mathrm{d}z = 2\pi \int_0^2 6r^3 \mathrm{d}r + 2\pi \int_2^4 \left(8r^3 - \frac{r^5}{2}\right) \mathrm{d}r$$

$$= 48\pi + 960\pi - 672\pi = 336\pi.$$

方法二　（截面法）如图 4-7(c)所示，用垂直于 z 轴的平面截 Ω，得截面为 $D_z = \{(x, y) \mid x^2 + y^2 \leqslant 2z\}$. 于是

$$I_3 = \int_2^8 \mathrm{d}z \iint\limits_{D_z} (x^2 + y^2) \mathrm{d}x\mathrm{d}y = \int_2^8 \mathrm{d}z \int_0^{2\pi} \mathrm{d}\theta \int_0^{\sqrt{2z}} r^3 \mathrm{d}r = \int_2^8 2\pi z^2 \mathrm{d}z = 336\pi.$$

（4）用垂直于 z 轴的平面截 Ω，得截面为

$$D_z = \left\{ (x,y) \,\middle|\, \frac{x^2}{a^2\left(1 - \dfrac{z^2}{c^2}\right)} + \frac{y^2}{b^2\left(1 - \dfrac{z^2}{c^2}\right)} \leqslant 1 \right\},$$

故

$$\iiint\limits_{\Omega} \frac{z^2}{c^2} \mathrm{d}v = \int_{-c}^c \mathrm{d}z \iint\limits_{D_z} \frac{z^2}{c^2} \mathrm{d}x\mathrm{d}y = \int_{-c}^c \pi ab \left(1 - \frac{z^2}{c^2}\right) \mathrm{d}z = \frac{4\pi}{15} abc.$$

同理可得

$$\iiint\limits_{\Omega} \frac{x^2}{a^2} \mathrm{d}v = \iiint\limits_{\Omega} \frac{y^2}{b^2} \mathrm{d}v = \frac{4}{15} \pi abc,$$

故

$$I_4 = \iiint\limits_{\Omega} \left(\frac{x^2}{a^2} + \frac{y^2}{b^2} + \frac{z^2}{c^2}\right) \mathrm{d}v = \frac{4}{5} \pi abc.$$

（5）如图 4-7(e)所示，当 $0 < z < \dfrac{R}{2}$ 时，用垂直于 z 轴的平面截 Ω 的截面为 D_{z_1}，其面积为 $\pi(2Rz - z^2)$；当 $\dfrac{R}{2} < z < R$ 时，用垂直于 z 轴的平面截 Ω 的截面为 D_{z_2}，其面积为 $\pi(R^2 - z^2)$，故

$$I_5 = \int_0^{\frac{R}{2}} z^2 \mathrm{d}z \iint\limits_{D_{z_1}} \mathrm{d}x\mathrm{d}y + \int_{\frac{R}{2}}^R z^2 \mathrm{d}z \iint\limits_{D_{z_2}} \mathrm{d}x\mathrm{d}y = \int_0^{\frac{R}{2}} \pi(2Rz^3 - z^4) \mathrm{d}z + \int_{\frac{R}{2}}^R \pi(R^2 z^2 - z^4) \mathrm{d}z$$

$$= \pi\left(R\frac{z^4}{2} - \frac{z^5}{5}\right)\Bigg|_0^{\frac{R}{2}} + \pi\left(R^2 \cdot \frac{z^3}{3} - \frac{z^5}{5}\right)\Bigg|_{\frac{R}{2}}^R = \frac{59}{480}\pi R^5.$$

例 13　选用适当的坐标系计算下列三重积分：

（1）$I_1 = \iiint\limits_{\Omega} \dfrac{\mathrm{e}^z}{\sqrt{x^2 + y^2}} \mathrm{d}v$，其中 Ω 是由 $z = \sqrt{x^2 + y^2}$，$z = 1$，$z = 2$ 所围成的闭区域；

（2）$I_2 = \iiint\limits_{\Omega} \sqrt{x^2 + y^2 + z^2} \mathrm{d}v$，其中 $\Omega = \{(x, y, z) \mid x^2 + y^2 + z^2 \leqslant z\}$；

(3) $I_3 = \iiint\limits_{\Omega} (ax^2 + by^2 + cz^2) dv$, 其中 $\Omega = \{(x,y,z) \mid x^2 + y^2 + z^2 \leqslant R^2\}$.

解 (1)如图 4-8 所示,在柱面坐标系下,$\Omega_1 = \{(r,\theta,z) \mid 0 \leqslant \theta \leqslant 2\pi, 0 \leqslant r \leqslant 1, 1 \leqslant z \leqslant 2\}$, $\Omega_2 = \{(r,\theta,z) \mid 0 \leqslant \theta \leqslant 2\pi, 1 \leqslant r \leqslant 2, r \leqslant z \leqslant 2\}$.

$$I_1 = \iiint\limits_{\Omega_1} \frac{e^z}{\sqrt{x^2+y^2}} dv + \iiint\limits_{\Omega_2} \frac{e^z}{\sqrt{x^2+y^2}} dv$$

$$= \int_0^{2\pi} d\theta \int_0^1 r dr \int_1^2 \frac{e^z}{r} dz + \int_0^{2\pi} d\theta \int_1^2 r dr \int_r^2 \frac{e^z}{r} dz$$

$$= 2\pi \int_0^1 (e^2 - e) dr + 2\pi \int_1^2 (e^2 - e^r) dr = 2\pi e^2.$$

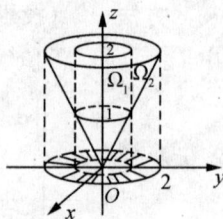

图 4-8

(2)采用球面坐标系. 由于

$\Omega = \left\{(r,\theta,\varphi) \mid 0 \leqslant \theta \leqslant 2\pi, 0 \leqslant \varphi \leqslant \frac{\pi}{2}, 0 \leqslant r \leqslant \cos\varphi\right\}$,故

$$I_2 = \int_0^{2\pi} d\theta \int_0^{\frac{\pi}{2}} d\varphi \int_0^{\cos\varphi} r \cdot r^2 \sin\varphi dr = 2\pi \int_0^{\frac{\pi}{2}} \sin\varphi d\varphi \int_0^{\cos\varphi} r^3 dr = \frac{\pi}{2} \int_0^{\frac{\pi}{2}} \sin\varphi \cos^4\varphi d\varphi = \frac{\pi}{10}.$$

(3)由轮换对换性得

$$\iiint\limits_{\Omega} (ax^2 + by^2 + cz^2) dv = \iiint\limits_{\Omega} (bx^2 + cy^2 + az^2) dv = \iiint\limits_{\Omega} (cx^2 + ay^2 + bz^2) dv,$$

从而在球面坐标系下,有

$$I_3 = \frac{1}{3}(a+b+c) \iiint\limits_{\Omega} (x^2 + y^2 + z^2) dv$$

$$= \frac{1}{3}(a+b+c) \int_0^{2\pi} d\theta \int_0^{\pi} d\varphi \int_0^R r^4 \sin\varphi dr$$

$$= \frac{4}{15} \pi R^5 (a+b+c).$$

例 14 设 $f(x)$ 是连续的,$\Omega = \{(x,y,z) \mid 0 \leqslant z \leqslant h, x^2 + y^2 \leqslant t^2\}$, $F(t) = \iiint\limits_{\Omega} [f(x^2 + y^2) + z^2] dv$, 求 $\dfrac{dF}{dt}$ 和 $\lim\limits_{t\to 0^+} \dfrac{F(t)}{t^2}$.

解 由于

$$F(t) = \int_0^{2\pi} d\theta \int_0^t r dr \int_0^h [f(r^2) + z^2] dz = 2\pi \int_0^t \left[\frac{h^3}{3} + f(r^2)h\right] r dr,$$

故

$$\frac{dF}{dt} = 2\pi \left[\frac{h^3}{3} + f(t^2)h\right] t = 2\pi h t \left[\frac{h^2}{3} + f(t^2)\right],$$

$$\lim_{t\to 0^+} \frac{F(t)}{t^2} \xrightarrow{\left(\frac{0}{0}\right)} \lim_{t\to 0^+} \frac{2\pi h t \left[\frac{h^2}{3} + f(t^2)\right]}{2t} = \pi h \left[\frac{h^2}{3} + f(0)\right].$$

例 15 计算 $\oint_L \sqrt{x^2 + y^2} ds$, 其中 L 为圆周 $x^2 + y^2 = ax(a>0)$.

解 方法一 因为 $y=\pm\sqrt{ax-x^2}$，$y'=\pm\dfrac{a-2x}{2\sqrt{ax-x^2}}$，$\sqrt{1+(y')^2}=\dfrac{a}{2\sqrt{ax-x^2}}$，

所以 $\oint_L\sqrt{x^2+y^2}\,\mathrm{d}s=\oint_L\sqrt{ax}\,\mathrm{d}s=2\int_0^a\sqrt{ax}\cdot\dfrac{a}{2\sqrt{ax-x^2}}\,\mathrm{d}x=a\sqrt{a}\int_0^a\dfrac{1}{\sqrt{a-x}}\,\mathrm{d}x=2a^2.$

方法二 因为圆周可以表示为参数方程 $x=\dfrac{a}{2}+\dfrac{a}{2}\cos t$，$y=\dfrac{a}{2}\sin t\,(0\leqslant t\leqslant 2\pi)$，

所以

$$\oint_L\sqrt{x^2+y^2}\,\mathrm{d}s=\int_0^{2\pi}\sqrt{a}\cdot\sqrt{\dfrac{a}{2}+\dfrac{a}{2}\cos t}\cdot\sqrt{\left(-\dfrac{a}{2}\sin t\right)^2+\left(\dfrac{a}{2}\cos t\right)^2}\,\mathrm{d}t$$

$$=\dfrac{a^2}{2}\int_0^{2\pi}\sqrt{\dfrac{1+\cos t}{2}}\,\mathrm{d}t=\dfrac{a^2}{2}\int_0^{2\pi}\left|\cos\dfrac{t}{2}\right|\,\mathrm{d}t=a^2\int_0^{\pi}|\cos u|\,\mathrm{d}u\,(\text{周期函数的积分})$$

$$=a^2\int_{-\frac{\pi}{2}}^{\frac{\pi}{2}}|\cos u|\,\mathrm{d}u=2a^2\int_0^{\frac{\pi}{2}}\cos u\,\mathrm{d}u=2a^2.$$

方法三 因为 L 的极坐标方程为 $r=a\cos\theta\left(-\dfrac{\pi}{2}\leqslant\theta\leqslant\dfrac{\pi}{2}\right)$，所以

$$\oint_L\sqrt{x^2+y^2}\,\mathrm{d}s=\int_{-\frac{\pi}{2}}^{\frac{\pi}{2}}r\sqrt{r^2+(r')^2}\,\mathrm{d}\theta$$

$$=\int_{-\frac{\pi}{2}}^{\frac{\pi}{2}}a\cos\theta\sqrt{a^2\cos^2\theta+(-a\sin\theta)^2}\,\mathrm{d}\theta$$

$$=2a^2\int_0^{\frac{\pi}{2}}\cos\theta\,\mathrm{d}\theta=2a^2.$$

例 16 求 $\oint_\Gamma\sqrt{2y^2+z^2}\,\mathrm{d}s$，其中 Γ 为球面 $x^2+y^2+z^2=a^2$ 与平面 $x=y$ 相交的圆周.

解 方法一 由 $\begin{cases}x^2+y^2+z^2=a^2,\\x=y\end{cases}$ 消去 x，得 $2y^2+z^2=a^2$，由此可得相交圆周的参

数方程为 $x=\dfrac{a}{\sqrt{2}}\sin t$，$y=\dfrac{a}{\sqrt{2}}\sin t$，$z=a\cos t\,(0\leqslant t\leqslant 2\pi)$，从而

$$\mathrm{d}s=\sqrt{(x'(t))^2+(y'(t))^2+(z'(t))^2}\,\mathrm{d}t=a\,\mathrm{d}t,$$

故

$$\oint_\Gamma\sqrt{2y^2+z^2}\,\mathrm{d}s=\int_0^{2\pi}a\cdot a\,\mathrm{d}t=2\pi a^2.$$

方法二 由 x,y 的轮换对称性，有

$$\oint_\Gamma\sqrt{2y^2+z^2}\,\mathrm{d}x=\oint_\Gamma\sqrt{x^2+y^2+z^2}\,\mathrm{d}s=\oint_\Gamma a\,\mathrm{d}s=a\oint_\Gamma\mathrm{d}s=2\pi a^2.$$

注 在计算对弧长的曲线积分时应注意：

(1)$\mathrm{d}s$ 在不同坐标系中应取不同的形式；

(2)将对弧长的曲线积分化为定积分时，积分上限要大于下限；

(3)要充分利用对称性及将积分曲线方程代入被积函数等技巧对曲线积分进行化简.

例 17 计算 $I=\int_L(xy-1)\mathrm{d}x+x^2y\mathrm{d}y$，其中 L 分别为由 $A(1,0)$ 到点 $B(0,2)$ 的下

列曲线,求:

(1)直线段 $2x+y=2$;(2)抛物线弧 $4x+y^2=4$;(3)椭圆弧 $4x^2+y^2=1$.

解 (1)因为 $y=2-2x$,所以 $\mathrm{d}y=-2\mathrm{d}x$,故有

$$I=\int_1^0\left\{[x(2-2x)-1]+x^2(2-2x)\cdot(-2)\right\}\mathrm{d}x$$

$$=\int_1^0(4x^3-6x^2+2x-1)\mathrm{d}x=1.$$

(2)因为 $x=1-\dfrac{y^2}{4}$,所以 $\mathrm{d}x=-\dfrac{y}{2}\mathrm{d}y$,故有

$$I=\int_0^2\left\{\left[\left(1-\frac{y^2}{4}\right)y-1\right]\left(-\frac{y}{2}\right)+\left(1-\frac{y^2}{4}\right)^2 y\right\}\mathrm{d}y$$

$$=\int_0^2\left(\frac{y^5}{16}+\frac{y^4}{8}-\frac{y^3}{2}-\frac{y^2}{2}+\frac{3y}{2}\right)\mathrm{d}y=-\frac{1}{5}.$$

(3)因为椭圆弧的参数方程为

$$x=\cos t,\quad y=2\sin t\quad t:0\to\frac{\pi}{2}$$

所以 $\mathrm{d}x=-\sin t\mathrm{d}t,\mathrm{d}y=2\cos t\mathrm{d}t$,故有

$$I=\int_0^{\frac{\pi}{2}}[(\cos t\cdot 2\sin t-1)(-\sin t)+\cos^2 t\cdot 2\sin t\cdot 2\cos t]\mathrm{d}t$$

$$=\int_0^{\frac{\pi}{2}}(4\cos^3 t\sin t+\sin t-2\sin^2 t\cos t)\mathrm{d}t=\frac{4}{3}.$$

例 18 计算 $I=\oint_\Gamma(z-y)\mathrm{d}x+(x-z)\mathrm{d}y+(x-y)\mathrm{d}z$,其中 $\Gamma:\begin{cases}x^2+y^2=1,\\x-y+z=2,\end{cases}$ 且从 z 轴正方向看,Γ 取顺时针方向.

解 **方法一** 不难得到 Γ 的参数方程为

$$x=\cos t,\quad y=\sin t,\quad z=2-\cos t+\sin t,\quad t:2\pi\to 0.$$

从而

$$I=\int_{2\pi}^0[(2-\cos t)(-\sin t)+(2\cos t-\sin t-2)\cos t+(\cos t-\sin t)(\sin t+\cos t)]\mathrm{d}t$$

$$=-\int_0^{2\pi}(-2\sin t-2\cos t+3\cos^2 t-\sin^2 t)\mathrm{d}t=-\int_0^{2\pi}(1+2\cos 2t)\mathrm{d}t=-2\pi.$$

方法二 由于从 z 轴正方向看去,Γ 取顺时针方向,所以依右手法则,取 Γ 所围成的平面 $x-y+z=2$ 的下侧为积分曲面 Σ,Σ 的单位法向量为 $\boldsymbol{n}^\circ=\left(-\dfrac{1}{\sqrt{3}},\dfrac{1}{\sqrt{3}},-\dfrac{1}{\sqrt{3}}\right)$. 于是由斯托克斯公式

$$I=-\frac{1}{\sqrt{3}}\iint_\Sigma\begin{vmatrix}1&-1&1\\\dfrac{\partial}{\partial x}&\dfrac{\partial}{\partial y}&\dfrac{\partial}{\partial z}\\z-y&x-z&x-y\end{vmatrix}\mathrm{d}S=-\frac{2}{\sqrt{3}}\iint_\Sigma\mathrm{d}S=-\frac{2}{\sqrt{3}}\iint_{x^2+y^2\leqslant 1}\sqrt{3}\mathrm{d}x\mathrm{d}y=-2\pi.$$

方法三 记 L 为 Γ 在 xOy 面上的投影,取顺时针方向,将 $z=2-x+y$ 代入,得

$$I = \oint_L (2 - x + y - y)\mathrm{d}x + (x - 2 + x - y)\mathrm{d}y + (x - y)(-\mathrm{d}x + \mathrm{d}y)$$

$$= \oint_L (2 - 2x + y)\mathrm{d}x + (3x - 2y - 2)\mathrm{d}y = -\iint\limits_{x^2 + y^2 \leqslant 1} (3 - 1)\mathrm{d}x\mathrm{d}y = -2\pi.$$

注　计算第二型曲线积分的方法有：

(1)利用曲线的参数方程将曲线积分化为对参数的定积分(如例 17,例 18 方法一)；

(2)利用格林公式将平面曲线积分化为二重积分(如下面的例 19,例 20)；

(3)利用平面曲线积分与路径无关条件将计算曲线积分的值转化为求原函数的值(如例 22,例 23)；

(4)利用斯托克斯公式将空间曲线积分化为第二型的曲面积分(如例 18 方法二)；

(5)使用"降维法"将第二型空间曲线积分化为坐标面上第二型平面曲线积分,即若空间曲线方程为 $\begin{cases} F(x, y, z) = 0, \\ Ax + By + Cz + D = 0 (C \neq 0), \end{cases}$ 则可以通过其中的平面方程解出 z,将原空间曲线积分化作 xOy 面上的第二型平面曲线积分,以简化计算(如例 18 方法三).

例 19　计算 $I = \displaystyle\int_L (\mathrm{e}^x \sin y - my)\mathrm{d}x + (\mathrm{e}^x \cos y - m)\mathrm{d}y$,其中 L 为 $x^2 + y^2 = ax(a > 0)$ 从 $A(a, 0)$ 到 $O(0, 0)$ 的上半圆周.

解　添加线段 $\overline{OA}$.由于 $\dfrac{\partial P}{\partial y} = \mathrm{e}^x \cos y - m, \dfrac{\partial Q}{\partial x} = \mathrm{e}^x \cos y, P(x, y), Q(x, y), \dfrac{\partial P}{\partial y}, \dfrac{\partial Q}{\partial x}$ 在闭曲线 $L + \overline{OA}$ 所围的区域 D 上连续,由格林公式有

$$I = \oint_{L + \overline{OA}} (\mathrm{e}^x \sin y - my)\mathrm{d}x + (\mathrm{e}^x \cos y - m)\mathrm{d}y - \int_{\overline{OA}} (\mathrm{e}^x \sin y - my)\mathrm{d}x + (\mathrm{e}^x \cos y - m)\mathrm{d}y$$

$$= \iint\limits_D [\mathrm{e}^x \cos y - (\mathrm{e}^x \cos y - m)]\mathrm{d}x\mathrm{d}y - 0 = m\iint\limits_D \mathrm{d}x\mathrm{d}y = \frac{m\pi a^2}{8}.$$

例 20　计算 $I = \displaystyle\oint_L \frac{y\mathrm{d}x - (x - 1)\mathrm{d}y}{(x - 1)^2 + y^2}$,其中

(1)L 为圆周 $x^2 + y^2 - 2y = 0$ 的正向；(2)L 为椭圆 $4x^2 + y^2 - 8x = 0$ 的正向.

解　(1)L 为圆周 $x^2 + (y - 1)^2 = 1$,其所围成区域不含点 $(1, 0)$.又

$$P(x, y) = \frac{y}{(x - 1)^2 + y^2}, \quad Q(x, y) = \frac{-(x - 1)}{(x - 1)^2 + y^2}, \quad \frac{\partial P}{\partial y} = \frac{(x - 1)^2 - y^2}{[(x - 1)^2 + y^2]^2} = \frac{\partial Q}{\partial x},$$

由格林公式有 $I = 0$.

(2)L 为椭圆 $(x - 1)^2 + \dfrac{1}{4}y^2 = 1$,其所围区域含点 $(1, 0)$.以 $(1, 0)$ 为圆心,充分小的正数 δ 为半径做圆周 L_1,使 L_1 全部包含于 L_1 内,并取 L_1 为顺时针方向.设 D_1 为 L 与 L_1 所围区域,由格林公式有

$$\oint_{L + L_1} \frac{y\mathrm{d}x - (x - 1)\mathrm{d}y}{(x - 1)^2 + y^2} = 0.$$

在 L_1 上,$x=1+\delta\cos\theta,y=\delta\sin\theta,\theta:2\pi\to0$,于是有

$$I=-\int_{L_1}\frac{y\mathrm{d}x-(x-1)\mathrm{d}y}{(x-1)^2+y^2}=-\int_{2\pi}^0\frac{-\delta^2\sin^2\theta-\delta^2\cos^2\theta}{\delta^2}\mathrm{d}\theta=-\int_0^{2\pi}\mathrm{d}\theta=-2\pi.$$

注 计算对坐标的平面曲线积分,如果路径为闭曲线,那么可以考虑直接利用格林公式,如不是闭曲线,则要设法添上一条曲线,构成能利用格林公式的闭曲线.此外,利用格林公式时,一定要检验 $P,Q,\dfrac{\partial P}{\partial y},\dfrac{\partial Q}{\partial x}$ 在 D 内是否连续,若只有有限个不连续点,则需像例20(2)那样,采用挖"小洞"的方法,挖出不连续点后再利用格林公式.

例 21 选择 a,b,使 $\dfrac{ax+y}{x^2+y^2}\mathrm{d}x-\dfrac{x-y+b}{x^2+y^2}\mathrm{d}y$ 为某一函数 $u=u(x,y)$ 的全微分,并求 $u(x,y)$.

解 令 $P(x,y)=\dfrac{ax+y}{x^2+y^2},Q(x,y)=-\dfrac{x-y+b}{x^2+y^2}$,则

$$\frac{\partial P}{\partial y}=\frac{x^2-2axy-y^2}{(x^2+y^2)^2},\quad\frac{\partial Q}{\partial x}=\frac{x^2-2xy+2bx-y^2}{(x^2+y^2)^2}.$$

由题设条件知,在不含原点的区域内 $\dfrac{\partial P}{\partial y}=\dfrac{\partial Q}{\partial x}$,即

$$x^2-2axy-y^2=x^2-2xy+2bx-y^2,$$

得 $a=1,b=0$. 求 $u(x,y)$ 有如下两种方法:

方法一 (积分法)

$$u(x,y)=\int_{(1,0)}^{(x,y)}\frac{x+y}{x^2+y^2}\mathrm{d}x-\frac{x-y}{x^2-y^2}\mathrm{d}y=\int_1^x\frac1x\mathrm{d}x-\int_0^y\frac{x-y}{x^2+y^2}\mathrm{d}y$$

$$=\frac12\ln(x^2+y^2)-\arctan\frac yx+C.$$

方法二 (凑微分法)

$$\mathrm{d}u(x,y)=\frac{x+y}{x^2+y^2}\mathrm{d}x-\frac{x-y}{x^2+y^2}\mathrm{d}y=\frac{\mathrm{d}(x^2+y^2)}{2(x^2+y^2)}+\frac{y\mathrm{d}x-x\mathrm{d}y}{x^2+y^2}$$

$$=\frac12\mathrm{d}[\ln(x^2+y^2)]-\frac{\mathrm{d}\left(\frac yx\right)}{1+\left(\frac yx\right)^2}=\frac12\mathrm{d}[\ln(x^2+y^2)]-\mathrm{d}\left(\arctan\frac yx\right),$$

所以

$$u(x,y)=\frac12\ln(x^2+y^2)-\arctan\frac yx+C.$$

例 22 设曲线积分 $\int_L xy^2\mathrm{d}x+y\varphi(x)\mathrm{d}y$ 与路径无关,其中 $\varphi(x)$ 具有连续的导数,且 $\varphi(0)=0$,计算 $I=\int_{(0,0)}^{(1,1)}xy^2\mathrm{d}x+y\varphi(x)\mathrm{d}y$ 的值.

解 因为曲线积分与路径无关,所以 $\dfrac{\partial P}{\partial y}=\dfrac{\partial Q}{\partial x}$. 由 $P(x,y)=xy^2,Q(x,y)=y\varphi(x)$ 及 $\dfrac{\partial P}{\partial y}=2xy,\dfrac{\partial Q}{\partial x}=y\varphi'(x)$,得 $2xy=y\varphi'(x)$,从而 $\varphi'(x)=2x,\varphi(x)=x^2+C$. 再由 $\varphi(0)=0$,

得 $C=0$，即 $\varphi(x)=x^2$，所以

$$I=\int_{(0,0)}^{(1,1)}xy^2\mathrm{d}x+x^2y\mathrm{d}y=\int_{(0,0)}^{(1,1)}\frac{1}{2}y^2\mathrm{d}(x^2)+\frac{1}{2}x^2\mathrm{d}(y^2)=\int_{(0,0)}^{(1,1)}\mathrm{d}\left(\frac{1}{2}x^2y^2\right)$$

$$=\frac{1}{2}x^2y^2\Big|_{(0,0)}^{(1,1)}=\frac{1}{2}.$$

例 23　设 $f(x)$ 在 $(-\infty,+\infty)$ 内有连续导数，求

$$I=\int_L\left(\frac{1}{y}+yf(xy)\right)\mathrm{d}x+\left(xf(xy)-\frac{x}{y^2}\right)\mathrm{d}y,$$

其中 L 是点 $A\left(3,\dfrac{2}{3}\right)$ 到 $B(1,2)$ 的任意一弧段.

解　令 $P(x,y)=\dfrac{1}{y}+yf(xy)$，$Q(x,y)=xf(xy)-\dfrac{x}{y^2}$，则

$$\frac{\partial P}{\partial y}=-\frac{1}{y^2}+f(xy)+xyf'(xy)=\frac{\partial Q}{\partial x},$$

因此曲线积分与路径无关，选取曲线 $xy=2$，即 $y=\dfrac{2}{x}$，$x:3\to1$，则

$$I=\int_3^1\left[\frac{x}{2}+\frac{2}{x}f(2)+(xf(2)-\frac{x^3}{4})(-\frac{2}{x^2})\right]\mathrm{d}x$$

$$=\int_3^1x\mathrm{d}x=-4.$$

例 24　计算下列对面积的曲面积分：

(1) $I_1=\iint\limits_{\sum}f(x,y,z)\mathrm{d}S$，其中 $\sum=\{(x,y,z)\mid x^2+y^2+z^2=a^2\}$，而 $f(x,y,z)$

$$=\begin{cases}x^2+y^2,&z\geqslant\sqrt{x^2+y^2},\\0,&z<\sqrt{x^2+y^2};\end{cases}$$

(2) $I_2=\iint\limits_{\sum}(xy+yz+zx)\mathrm{d}S$，其中 $\sum$ 为锥面 $z=\sqrt{x^2+y^2}$ 被柱面 $x^2+y^2=2ax$ 所截得的有限部分；

(3) $I_3=\iint\limits_{\sum}(x^2\cos\alpha+y^2\cos\beta+z^2\cos\gamma)\mathrm{d}S$，其中 $\sum$ 是抛物面 $z=x^2+y^2$ 被 $z=4$ 截下的有限部分的上侧，$\cos\alpha,\cos\beta,\cos\gamma$ 是 $\sum$ 上各点法线方向的方向余弦；

(4) $I_4=\oiint\limits_{\sum}(x+|y|)\mathrm{d}S$，其中 $\sum=\{(x,y,z)\mid|x|+|y|+|z|=1\}$.

解　(1) 将曲面 $\sum$ 在 $z\geqslant\sqrt{x^2+y^2}$ 的部分记作 $\sum_1$，其余部分记为 $\sum_2$，而 $\sum_1$ 在 xOy 面上的投影为 $D_{xy}=\left\{(x,y)\mid x^2+y^2\leqslant\dfrac{a^2}{2}\right\}$，$\mathrm{d}S=\sqrt{1+\dfrac{x^2+y^2}{a^2-x^2-y^2}}\mathrm{d}x\mathrm{d}y=\dfrac{a}{\sqrt{a^2-x^2-y^2}}\mathrm{d}x\mathrm{d}y$，于是

$$I_1=\iint\limits_{\sum_1}f(x,y,z)\mathrm{d}S+\iint\limits_{\sum_2}f(x,y,z)\mathrm{d}S=\iint\limits_{\sum_1}(x^2+y^2)\mathrm{d}S+\iint\limits_{\sum_2}0\mathrm{d}S$$

$$= \iint\limits_{D_{xy}} (x^2 + y^2) \frac{a}{\sqrt{a^2 - x^2 - y^2}} \mathrm{d}x\mathrm{d}y = a \int_0^{2\pi} \mathrm{d}\theta \int_0^{\frac{a}{\sqrt{2}}} \frac{r^3}{\sqrt{a^2 - r^2}} \mathrm{d}r$$

$$= \frac{8 - 5\sqrt{2}}{6} \pi a^4.$$

(2)曲面Σ的方程为$z = \sqrt{x^2 + y^2}$,它在xOy面上的投影为$D_{xy} = \{(x,y) \mid x^2 + y^2 \leqslant 2ax\}$,$\mathrm{d}S = \sqrt{1 + \dfrac{x^2}{x^2 + y^2} + \dfrac{y^2}{x^2 + y^2}}\mathrm{d}x\mathrm{d}y = \sqrt{2}\mathrm{d}x\mathrm{d}y$,于是

$$I_2 = \iint\limits_{\Sigma} (xy + yz + zx)\mathrm{d}S = \sqrt{2} \iint\limits_{D_{xy}} [xy + (x + y)\sqrt{x^2 + y^2}]\mathrm{d}x\mathrm{d}y$$

$$= \sqrt{2} \int_{-\frac{\pi}{2}}^{\frac{\pi}{2}} \mathrm{d}\theta \int_0^{2a\cos\theta} [r^2 \cos\theta\sin\theta + r^2(\cos\theta + \sin\theta)]r\mathrm{d}r$$

$$= \sqrt{2} \int_{-\frac{\pi}{2}}^{\frac{\pi}{2}} (\sin\theta\cos\theta + \cos\theta + \sin\theta) \cdot \frac{1}{4}(2a\cos\theta)^4 \mathrm{d}\theta$$

$$= 4\sqrt{2}a^4 \int_{-\frac{\pi}{2}}^{\frac{\pi}{2}} (\sin\theta\cos^5\theta + \cos^5\theta + \sin\theta\cos^4\theta)\mathrm{d}\theta$$

$$= 8\sqrt{2}a^4 \int_0^{\frac{\pi}{2}} \cos^5\theta\mathrm{d}\theta = 8\sqrt{2}a^4 \cdot \frac{4}{5} \cdot \frac{2}{3} \cdot 1 = \frac{64}{15}\sqrt{2}a^4.$$

注 由于曲面Σ关于zOx面对称,所以由对称性得$I_2 = \iint\limits_{\Sigma} zx\mathrm{d}S$. 由此可以简化计算,读者可以试一试.

(3)补充平面$\Sigma_1: z = 4, x^2 + y^2 \leqslant 4$,取下侧,故

$$I = \iint\limits_{\Sigma_1} x^2\mathrm{d}y\mathrm{d}z + y^2\mathrm{d}z\mathrm{d}x + z^2\mathrm{d}x\mathrm{d}y = - \iint\limits_{x^2 + y^2 \leqslant 4} 4^2\mathrm{d}x\mathrm{d}y = -64\pi.$$

设曲面Σ与平面Σ_1所围区域为Ω,则由高斯公式,得

$$I_3 = \oiint\limits_{\Sigma + \Sigma_1} x^2\mathrm{d}y\mathrm{d}z + y^2\mathrm{d}z\mathrm{d}x + z^2\mathrm{d}x\mathrm{d}y - I$$

$$= -2\iiint\limits_{\Omega} (x + y + z)\mathrm{d}v.$$

由Ω的对称性知$\iiint\limits_{\Omega} x\mathrm{d}v = \iiint\limits_{\Omega} y\mathrm{d}v = 0$, 则

$$I_3 = -2\iiint\limits_{\Omega} z\mathrm{d}v - I = -2\int_0^4 z\mathrm{d}z \iint\limits_{D_z} \mathrm{d}x\mathrm{d}y - I = -2\int_0^4 \pi z^2\mathrm{d}z - I = -\frac{2\pi z^3}{3} \bigg|_0^4 - I$$

$$= -\frac{128\pi}{3} + 64\pi = \frac{64\pi}{3}.$$

(4) 由对称性知$\oiint\limits_{\Sigma} x\mathrm{d}S = 0$, $\oiint\limits_{\Sigma} |x|\mathrm{d}S = \oiint\limits_{\Sigma} |y|\mathrm{d}S = \oiint\limits_{\Sigma} |z|\mathrm{d}S$, 故

$$I_4 = \oiint\limits_{\Sigma} |y|\mathrm{d}S = \frac{1}{3} \oiint\limits_{\Sigma} (|x| + |y| + |z|)\mathrm{d}S$$

$$= \frac{1}{3} \oiint\limits_{\Sigma} \mathrm{d}S = \frac{1}{3} \cdot \frac{1}{2} \cdot 8\sqrt{3} = \frac{4}{3}\sqrt{3}.$$

注 计算第一型曲面积分一般是用投影法化为二重积分来计算. 将曲面积分化为二重积分之前, 一定要充分利用对称性质及将积分曲面方程代入被积函数等技巧对曲面积分进行化简, 必要时需转化为第二型曲面积分进行计算.

例 25 计算下列对坐标的曲面积分:

(1) $I_1 = \iint\limits_{\Sigma} xz^2 \mathrm{d}y\mathrm{d}z - \sin x \mathrm{d}x\mathrm{d}y$, 其中 Σ 是曲线 $\begin{cases} y = \sqrt{1+z^2}, \\ x = 0 \end{cases}$ $(1 \leqslant z \leqslant 2)$ 绕 z 轴旋转一周而成的曲面, 其法向量与 z 轴的正向夹角为锐角.

(2) $I_2 = \iint\limits_{\Sigma} [f(x,y,z) + 2x]\mathrm{d}y\mathrm{d}z + [2f(x,y,z) + y]\mathrm{d}z\mathrm{d}x + [f(x,y,z) + z]\mathrm{d}x\mathrm{d}y$, 其中 $f(x,y,z)$ 为连续函数, Σ 是平面 $x - y + z = 1$ 在第四卦限部分的上侧.

(3) $I_3 = \oiint\limits_{\Sigma} \dfrac{x\mathrm{d}y\mathrm{d}z + y\mathrm{d}z\mathrm{d}x + z\mathrm{d}x\mathrm{d}y}{(x^2 + y^2 + z^2)^{3/2}}$, 其中 Σ 为球面 $x^2 + y^2 + z^2 = a^2$ 的外侧表面.

(4) $I_4 = \iint\limits_{\Sigma} \dfrac{x\mathrm{d}y\mathrm{d}z + y\mathrm{d}z\mathrm{d}x + z\mathrm{d}x\mathrm{d}y}{(x^2 + y^2 + z^2)^{3/2}}$, 其中 Σ 为 $z = 2 - x^2 - y^2$ 在 $z \geqslant -2$ 部分的上侧.

解 (1) 旋转曲面的方程为 $x^2 + y^2 - z^2 = 1$.

方法一 (高斯公式法) 补充平面 $\Sigma_1 : z = 1, x^2 + y^2 \leqslant 2$, 取上侧, $\Sigma_2 : z = 2, x^2 + y^2 \leqslant 5$, 取下侧, 则 $\Sigma + \Sigma_1 + \Sigma_1$ 封闭, 且取内侧 (如图 4-9 所示), 所以由高斯公式有

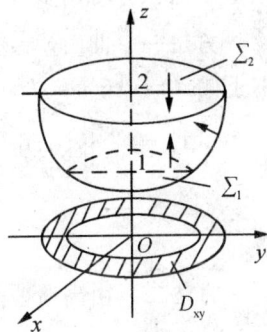

$$I_1 = \left(\oiint\limits_{\Sigma+\Sigma_1+\Sigma_2} - \iint\limits_{\Sigma_1} - \iint\limits_{\Sigma_2} \right) xz^2 \mathrm{d}y\mathrm{d}z - \sin x \mathrm{d}x\mathrm{d}y$$

$$= -\iiint\limits_{\Omega} z^2 \mathrm{d}v - \iint\limits_{x^2+y^2 \leqslant 2} \sin x \mathrm{d}x\mathrm{d}y + \iint\limits_{x^2+y^2 \leqslant 5} \sin x \mathrm{d}x\mathrm{d}y$$

$$= -\int_1^2 z^2 \pi (1 + z^2) \mathrm{d}z = -\frac{128}{15}\pi.$$

图 4-9

方法二 (统一投影法) 因为 $z = \sqrt{x^2 + y^2 - 1}$, 所以 $z'_x = \dfrac{x}{z}, z'_y = \dfrac{y}{z}$, 投影区域 $D_{xy} = \{(x,y) \mid 2 \leqslant x^2 + y^2 \leqslant 5\}$, 故

$$I_1 = \iint\limits_{\Sigma} xz^2 \cdot (-z'_x) \mathrm{d}x\mathrm{d}y - \sin x \mathrm{d}x\mathrm{d}y = \iint\limits_{\Sigma} (-x^2 z - \sin x) \mathrm{d}x\mathrm{d}y$$

$$= -\iint\limits_{D_{xy}} (x^2 \sqrt{x^2 + y^2 - 1} - \sin x) \mathrm{d}x\mathrm{d}y = -\iint\limits_{D_{xy}} x^2 \sqrt{x^2 + y^2 - 1} \mathrm{d}x\mathrm{d}y$$

$$= -\int_0^{2\pi} \mathrm{d}\theta \int_{\sqrt{2}}^{\sqrt{5}} r^2 \cos^2\theta \sqrt{r^2 - 1}\, r \mathrm{d}r = -\frac{128}{15}\pi.$$

(2) **方法一** (化为第一型曲面积分)

由于曲面 Σ 的法向量为 $\boldsymbol{n} = (1, -1, 1)$ (如图 4-10 所示), $\boldsymbol{n}^\circ = \dfrac{1}{\sqrt{3}}(1, -1, 1)$, 故

$$I_2 = \iint\limits_{\Sigma} \left\{ [f(x,y,z) + 2x] \cdot \frac{1}{\sqrt{3}} + [2f(x,y,z) + y] \cdot \left(-\frac{1}{\sqrt{3}}\right) + [f(x,y,z) + z] \cdot \frac{1}{\sqrt{3}} \right\} \mathrm{d}S$$

$$= \frac{1}{\sqrt{3}}\iint_{\Sigma}(2x-y+z)\mathrm{d}S = \frac{1}{\sqrt{3}}\iint_{\Sigma}x\mathrm{d}S(利用曲面方程)$$

$$= \frac{1}{\sqrt{3}}\iint_{D}x\sqrt{1+z_x'^2+z_y'^2}\mathrm{d}x\mathrm{d}y$$

$$= \iint_{D}x\mathrm{d}x\mathrm{d}y = \int_0^1\mathrm{d}x\int_{x-1}^0 x\mathrm{d}y = \frac{1}{6}.$$

方法二 (统一投影法)因为 $z=1-x+y$,所以 $z_x'=-1, z_y'=1$,故

$$I_2 = \iint_{\Sigma}\left\{[f(x,y,z)+2x](-z_x')+[2f(x,y,z)+y](-z_y')+[f(x,y,z)+z]\right\}\mathrm{d}x\mathrm{d}y$$

$$= \iint_{\Sigma}(2x-y+z)\mathrm{d}x\mathrm{d}y = \iint_{\Sigma}x\mathrm{d}x\mathrm{d}y = \iint_{D}x\mathrm{d}x\mathrm{d}y = \int_0^1\mathrm{d}x\int_{x-1}^0 x\mathrm{d}y = \frac{1}{6}.$$

(3)将球面方程代入被积函数,去掉不连续点(原点)得到

$$I_3 = \frac{1}{a^3}\oiint_{\Sigma}x\mathrm{d}y\mathrm{d}z + y\mathrm{d}z\mathrm{d}x + z\mathrm{d}x\mathrm{d}y,$$

以上曲面积分可用多种方法计算.

方法一 曲面 $\Sigma = \Sigma_1 + \Sigma_2$,其中 $\Sigma_1: z=\sqrt{a^2-x^2-y^2}$,取上侧,$\Sigma_2: z=-\sqrt{a^2-x^2-y^2}$,取下侧,$(x,y)\in D_{xy}, D_{xy}=\{(x,y)|x^2+y^2\leqslant a^2\}$,则由轮换对称性有

$$I_3 = \frac{3}{a^3}\oiint_{\Sigma}z\mathrm{d}x\mathrm{d}y = \frac{3}{a^3}\iint_{D_{xy}}\sqrt{a^2-x^2-y^2}\mathrm{d}x\mathrm{d}y - \frac{3}{a^3}\iint_{D_{xy}}-\sqrt{a^2-x^2-y^2}\mathrm{d}x\mathrm{d}y$$

$$= \frac{6}{a^3}\iint_{D_{xy}}\sqrt{a^2-x^2-y^2}\mathrm{d}x\mathrm{d}y = \frac{6}{a^3}\cdot\frac{2}{3}\pi a^3 = 4\pi.$$

方法二 由高斯公式,得

$$I_3 = \frac{1}{a^3}\iiint_{\Omega}(1+1+1)\mathrm{d}v = \frac{3}{a^3}\cdot\frac{4\pi a^3}{3} = 4\pi.$$

(4)如图 4-11 所示,补充平面 $\Sigma_0: z=-2, x^2+y^2\leqslant 4$,取下侧.由于 Σ 与 Σ_0 围成的区域 Ω 中的原点为不连续点,所以再作球面 $\Sigma_\varepsilon: x^2+y^2+z^2=\varepsilon^2$,取内侧,且 ε 充分小,使得 Σ_ε 包含在 Ω 之内.令 $G=\sqrt{x^2+y^2+z^2}$,则

$$P = \frac{x}{G^3}, Q = \frac{y}{G^3}, R = \frac{z}{G^3},$$

$$\frac{\partial P}{\partial x} = \frac{G^3 - 3xG^2\cdot\frac{x}{G}}{G^6} = \frac{1}{G^3} - \frac{3x^2}{G^5},$$

$$\frac{\partial Q}{\partial y} = \frac{1}{G^3} - \frac{3y^2}{G^5}, \frac{\partial R}{\partial z} = \frac{1}{G^3} - \frac{3z^2}{G^5},$$

从而

$$\frac{\partial P}{\partial x} + \frac{\partial Q}{\partial y} + \frac{\partial R}{\partial z} = 0.$$

因此,由高斯公式得

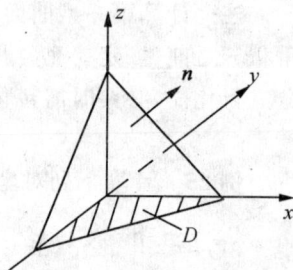
图 4-10

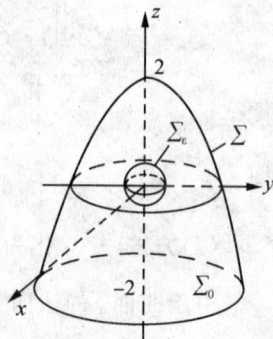
图 4-11

$$I_4 = \left(\iint\limits_{\Sigma+\Sigma_0+\Sigma_\varepsilon} - \iint\limits_{\Sigma_0} - \iint\limits_{\Sigma_\varepsilon} \right) \frac{x\mathrm{d}y\mathrm{d}z + y\mathrm{d}z\mathrm{d}x + z\mathrm{d}x\mathrm{d}y}{(x^2+y^2+z^2)^{3/2}}$$

$$= \iiint\limits_{\Omega} 0\,\mathrm{d}v + \iint\limits_{\Sigma_0} \frac{-2\mathrm{d}x\mathrm{d}y}{(x^2+y^2+4)^{3/2}} - \frac{1}{\varepsilon^3}\oiint\limits_{\Sigma_\varepsilon} x\mathrm{d}y\mathrm{d}z + y\mathrm{d}z\mathrm{d}x + z\mathrm{d}x\mathrm{d}y$$

$$= -2\int_0^{2\pi}\mathrm{d}\theta\int_0^2 \frac{r\mathrm{d}r}{(r^2+4)^{3/2}} + \frac{3}{\varepsilon^2}\cdot\frac{4\pi\varepsilon^2}{3} = 4\pi\left.\frac{1}{\sqrt{r^2+4}}\right|_0^2 + 4\pi$$

$$= (2+\sqrt{2})\pi.$$

注 计算第二型曲面积分的方法有：

(1)分面投影法,即将积分曲面向相应坐标面投影,化第二型曲面积分为三个二重积分.投影时,要注意曲面的侧,选定二重积分前的正负号(如例 25(3)方法一);

(2)利用高斯公式.如果曲面为闭曲面,那么可以考虑直接利用高斯公式,如不是,则要设法添上一曲面,构成能够使用高斯公式的闭曲面(如例 25(1)方法一).此外,利用高斯公式时,一定要检验连续性,若只有有限个不连续点,则像例 25(3)(4)那样,或采用曲面方程代入被积函数,或采用小(椭)球抠掉不连续点后再使用高斯公式;

(3)化为第一型曲面积分(如例 25(2)方法一);

(4)统一投影法(如例 25(1)(2)方法二).

例 26 设 $f(x,y)$ 为具有二阶连续偏导数的二次齐次函数,即 $\forall x,y,t\in\mathbf{R}$,有 $f(tx,ty)=t^2 f(x,y)$ 成立.试证：

(1)$\left(x\dfrac{\partial}{\partial x}+y\dfrac{\partial}{\partial y}\right)^2 f(x,y)=2f(x,y)$;

(2)若设 D 为 $L:x^2+y^2=4$ 所围成的闭区域,则

$$\oint_L f(x,y)\mathrm{d}s = \iint\limits_D \mathrm{div}(\mathbf{grad}f(x,y))\mathrm{d}\sigma.$$

证 (1)在方程 $f(tx,ty)=t^2 f(x,y)$ 两边对 t 求导,得

$$xf_1'(tx,ty) + yf_2'(tx,ty) = 2tf(x,y),$$

继续对 t 求导得

$$x^2 f_{11}''(tx,ty) + 2xyf_{12}''(tx,ty) + y^2 f_{22}''(tx,ty) = 2f(x,y),$$

两边同乘以 t^2 得

$$(tx)^2 f_{11}''(tx,ty) + 2(tx)(ty)f_{12}''(tx,ty) + (ty)^2 f_{22}''(tx,ty) = 2t^2 f(x,y) = 2f(tx,ty),$$

由此得

$$x^2 f_{xx}''(x,y) + 2xyf_{xy}''(x,y) + y^2 f_{yy}''(x,y) = 2f(x,y),$$

即

$$\left(x\frac{\partial}{\partial x}+y\frac{\partial}{\partial y}\right)^2 f(x,y) = 2f(x,y).$$

(2)由式 $xf_1'(tx,ty)+yf_2'(tx,ty)=2tf(x,y)$ 得

$$txf_1'(tx,ty) + tyf_2'(tx,ty) = 2t^2 f(x,y) = 2f(tx,ty),$$

即 $xf_x'(x,y)+yf_y'(x,y)=2f(x,y)$,从而 $\displaystyle\oint_L f(x,y)\mathrm{d}s = \frac{1}{2}\oint_L [xf_x'+yf_y']\mathrm{d}s$,

而 $\mathrm{div}(\mathbf{grad}f(x,y))=\mathrm{div}(f_x',f_y')=f_{xx}''+f_{yy}''$,$L$ 的单位外法向量为 $\boldsymbol{n}^\circ=\left(\dfrac{x}{2},\dfrac{y}{2}\right)$ 沿 L 正向

的单位切向量为 $\tau^{\circ} = (-\frac{y}{2}, \frac{x}{2}) = (\cos \alpha, \cos \beta)$,所以由格林公式有

$$\oint_L f(x,y) \mathrm{d}s = \frac{1}{2} \oint_L [xf'_x + yf'_y] \mathrm{d}s = \oint_L [f'_x \cdot \cos \beta + f'_y \cdot (-\sin \alpha)] \mathrm{d}s$$

$$= \oint_{L'} f'_x \mathrm{d}y - f'_y \mathrm{d}x = \iint_D (f''_{xx} + f''_{yy}) = \iint_D \mathrm{div}(\mathbf{grad} f(x,y)) \mathrm{d}\sigma.$$

例 27 已知力 $F = yz\mathbf{i} + zx\mathbf{j} + xy\mathbf{k}$,问该力将质点从原点沿直线移到椭球面 $\frac{x^2}{a^2} + \frac{y^2}{b^2}$ $+ \frac{z^2}{c^2} = 1$ 的第一卦限部分上哪一点时做功最大?并求此最大功.

解 设 $P(u,v,w)$ 是椭球面上的一点,则从原点到 P 点的直线段 L 的方程为 $\frac{x}{u} = \frac{y}{v}$ $= \frac{z}{w}$,或 $x = ut, y = vt, z = wt (0 \leqslant t \leqslant 1)$,从而力所做的功为

$$W = \int_L yz \mathrm{d}x + zx \mathrm{d}y + xy \mathrm{d}z = 3uvw \int_0^1 t^2 \mathrm{d}t = uvw.$$

依题意,以下将求 $W = uvw$ 在满足条件 $\frac{u^2}{a^2} + \frac{v^2}{b^2} + \frac{w^2}{c^2} = 1$ 的最大值.

构造拉格朗日函数

$$F(u,v,w,\lambda) = uvw + \lambda(\frac{u^2}{a^2} + \frac{v^2}{b^2} + \frac{w^2}{c^2} - 1)$$

令 $\begin{cases} \dfrac{\partial F}{\partial u} = vw + \dfrac{2\lambda u}{a^2} = 0, \\[2mm] \dfrac{\partial F}{\partial v} = uw + \dfrac{2\lambda v}{b^2} = 0, \\[2mm] \dfrac{\partial F}{\partial w} = uv + \dfrac{2\lambda w}{c^2} = 0, \\[2mm] \dfrac{\partial F}{\partial \lambda} = \dfrac{u^2}{a^2} + \dfrac{v^2}{b^2} + \dfrac{w^2}{c^2} = 1, \end{cases}$ 解得 $u = \dfrac{a}{\sqrt{3}}, v = \dfrac{b}{\sqrt{3}}, w = \dfrac{c}{\sqrt{3}}$,即有唯一驻点 $\left(\dfrac{a}{\sqrt{3}}, \dfrac{b}{\sqrt{3}}, \dfrac{c}{\sqrt{3}}\right)$.

由于此为实际问题,故在第一卦限上的点为 $(\frac{a}{\sqrt{3}}, \frac{b}{\sqrt{3}}, \frac{c}{\sqrt{3}})$ 时,力做功最大,且最大功为 $\frac{1}{3\sqrt{3}} abc$.

4.4　课内练习

1. 计算下列二重积分:

(1) $I_1 = \iint_D x^2 y \mathrm{d}x \mathrm{d}y$,其中 D 是由双曲线 $x^2 - y^2 = 1$ 及直线 $y = 0, y = 1$ 所围成的平面区域;

(2)$I_2 = \iint\limits_{D} x^2 \mathrm{d}x\mathrm{d}y$,其中 D 是由 $xy=2$,$y=x-1$,$y=x+1$ 所围的区域;

(3)$I_3 = \iint\limits_{D} |\sin(x+y)| \mathrm{d}x\mathrm{d}y$,其中 $D = \{(x,y)\,|\,0\leqslant x\leqslant\pi,0\leqslant y\leqslant\pi\}$;

(4)$I_4 = \iint\limits_{D} \min(x,y) \mathrm{d}x\mathrm{d}y$,其中 D 是由 $x=0$,$x=3$,$y=0$,$y=1$ 所围成区域;

(5)$I_5 = \iint\limits_{D} \mathrm{sgn}(x+y) e^{x^2+y^2} \mathrm{d}x\mathrm{d}y$,其中 $D=\{(x,y)\,|\,x^2\leqslant y\leqslant\sqrt{1-x^2}\}$,$\mathrm{sgn}(x)$ 为符号函数.

2. 计算下列二次积分:

(1)$I_1 = \int_0^1 \mathrm{d}y \int_y^1 \sqrt{x^2-y^2}\,\mathrm{d}x$;　　　　　　　(2)$I_2 = \int_0^{\frac{\pi}{6}} \mathrm{d}y \int_y^{\frac{\pi}{6}} \frac{\cos x}{x}\,\mathrm{d}x$;

(3)$I_3 = \int_{\frac{1}{4}}^{\frac{1}{2}} \mathrm{d}y \int_{\frac{1}{2}}^{\sqrt{y}} e^{\frac{y}{x}}\,\mathrm{d}x + \int_{\frac{1}{2}}^1 \mathrm{d}y \int_y^{\sqrt{y}} e^{\frac{y}{x}}\,\mathrm{d}x$.

3. 计算下列二重积分:

(1)$I_1 = \iint\limits_{D} (\sqrt{x^2+y^2}+y)\mathrm{d}\sigma$,其中 D 是由圆 $x^2+y^2=4$ 和 $(x+1)^2+y^2=1$ 所围区域;

(2)$I_2 = \iint\limits_{D} \frac{\sqrt{x^2+y^2}}{\sqrt{4a^2-x^2-y^2}}\mathrm{d}\sigma$,其中 D 是由曲线 $y=-a+\sqrt{a^2-x^2}\,(a>0)$ 和直线 $y=-x$ 围成的区域.

4. 设 $f(x,y)$ 为连续函数,且 $f(0,1)=1$,求 $I = \lim\limits_{\rho\to0} \dfrac{1}{\pi\rho^2} \iint\limits_{x^2+(y-1)^2\leqslant\rho^2} f(x,y)\mathrm{d}x\mathrm{d}y$.

5. 证明:$\int_0^a \mathrm{d}y \int_0^y e^{m(a-x)} f(x)\mathrm{d}x = \int_0^a (a-x)e^{m(a-x)} f(x)\mathrm{d}x$.

6. 设函数 $f(t)$ 在 $[0,+\infty)$ 上连续,且满足方程

$$f(t) = e^{4\pi t^2} + \iint\limits_{x^2+y^2\leqslant 4t^2} f\left(\frac{1}{2}\sqrt{x^2+y^2}\right)\mathrm{d}x\mathrm{d}y,$$

求 $f(t)$.

7. 计算下列三重积分:

(1)$I_1 = \iiint\limits_{\Omega} xy^2 \mathrm{d}v$,其中 Ω 是由平面 $z=0$,$x+y-z=0$,$x-y-z=0$ 及 $x=1$ 所围成;

(2)$I_2 = \iiint\limits_{\Omega} z \mathrm{d}v$,其中 Ω 是由 yOz 面内 $z=0$,$z=2$ 以及 $y^2-(z-1)^2=1$ 所围成的平面区域绕 z 轴旋转而成的空间区域.

8. 计算下列三重积分:

(1)$I_1 = \iiint\limits_{\Omega} (x+z)\mathrm{d}v$,其中 Ω 是由曲面 $z=\sqrt{x^2+y^2}$ 与 $z=\sqrt{1-x^2-y^2}$ 所围区域;

(2)$I_2 = \iiint\limits_{\Omega} (x^2+y^2+z)\mathrm{d}v$,其中 Ω 是由曲线 $\begin{cases} y^2=2z, \\ x=0 \end{cases}$ 绕 z 轴旋转一周而成的曲面与

平面 $z=4$ 所围区域.

9. 计算下列曲线积分:

(1) $I_1=\oint_L (x\sin\sqrt{x^2+y^2}+x^2+4y^2-7y)\mathrm{d}s$,其中 L 是椭圆 $\dfrac{x^2}{4}+(y-1)^2=1$,且其全长为 l;

(2) $I_2=\oint_\Gamma (z+x^2+y^2)\mathrm{d}s$,其中 Γ 为球面 $x^2+y^2+z^2=R^2$ 与平面 $x+y+z=0$ 的交线;

(3) $I_3=\int_L 2xy\mathrm{d}x+(x^2+2y-1)\mathrm{d}y$,其中 L 为从 $O(0,1)$ 到 $A(1,1)$ 的抛物线 $y=x^2$;

(4) $I_4=\int_L [e^x\sin y-2(x+y)]\mathrm{d}x+(e^x\cos y-x)\mathrm{d}y$,其中 L 为从 $A(2,0)$ 沿曲线 $y=\sqrt{2x-x^2}$ 到 $O(0,0)$ 的弧;

(5) $I_5=\oint_L \dfrac{x\mathrm{d}y-y\mathrm{d}x}{4x^2+y^2}$,其中 L 是以 $(1,0)$ 为圆心,$R(R>1)$ 为半径的圆周,取逆时针方向;

(6) $I_6=\oint_\Gamma (y^2-z^2)\mathrm{d}x+(2z^2-x^2)\mathrm{d}y+(3x^2-y^2)\mathrm{d}z$,其中 Γ 是平面 $x+y+z=2$ 和柱面 $|x|+|y|=1$ 的交线,从 z 轴正向看去,Γ 是逆时针方向.

10. 计算下列曲面积分:

(1) $I_1=\oiint_\Sigma (ax+by+cz)\mathrm{d}S$,其中 $\Sigma=\{(x,y,z)\mid x^2+y^2+z^2=2Rz\}$;

(2) $I_2=\oiint_\Sigma x\mathrm{d}y\mathrm{d}z+y\mathrm{d}z\mathrm{d}x+z\mathrm{d}x\mathrm{d}y$,其中 Σ 是由锥面 $z=\sqrt{x^2+y^2}$ 与半球面 $z=\sqrt{R^2-x^2-y^2}$ 组成的封闭曲面的外侧;

(3) $I_3=\oiint_\Sigma \dfrac{2\mathrm{d}y\mathrm{d}z}{x\cos^2 x}+\dfrac{\mathrm{d}z\mathrm{d}x}{\cos^2 y}-\dfrac{\mathrm{d}x\mathrm{d}y}{z\cos^2 z}$,其中 Σ 是球面 $x^2+y^2+z^2=1$ 的外侧.

4.5　课内练习解答与提示

1. (1) $\dfrac{2}{15}(4\sqrt2-1)$;　(2) $\dfrac{9}{2}$,提示:利用对称性质简化计算;

(3) 2π;　(4) $\dfrac{4}{3}$;　(5) $\dfrac{\pi}{4}(e-1)$.

2. (1) $\dfrac{\pi}{12}$,提示:交换积分次序,利用定积分的几何意义;

(2) $\dfrac{1}{2}$;　(3) $\dfrac{3}{8}e-\dfrac{\sqrt{e}}{2}$.

3. (1) $\dfrac{16}{9}(3\pi-2)$,提示:利用对称性质在极坐标系下化二重积分为二次积分;

$(2)a^2\left(\dfrac{\pi^2}{16}-\dfrac{1}{2}\right).$

4. 1.

5. 提示:可用交换积分次序证之,也可用设被积函数的原函数证之.

6. $f(t)=e^{4\pi t^2}(4\pi t^2+1).$

7. $(1)\dfrac{1}{36}$,提示:可化为先对 y 后对 z 再对 x 的三次积分;

   $(2)\dfrac{10\pi}{3}$,提示:选择截面法,将三重积分化为先二后一的积分.

8. $(1)\dfrac{\pi}{8}$,提示:可选择球面坐标系下化三重积分为三次积分,也可在直角坐标系下选择截面法,将三重积分化为先二后一的积分;

   $(2)\dfrac{256}{3}\pi$,提示:选择柱面坐标系.

9. $(1)l$,提示:利用对称性及形心坐标;

   $(2)\dfrac{4\pi R^3}{3}$,提示:利用对称性及曲线满足的方程简化计算;

   (3)1,提示:利用曲线积分与路径无关;

   $(4)\dfrac{\pi}{2}+4$,提示:构造封闭曲线,使用格林公式;

   (5)π,提示:挖掉不连续点后使用格林公式;

   (6)-24,提示:使用斯托克斯公式.

10. $(1)4\pi cR^3$,提示:利用对称性及化曲面积分为二重积分求解,也可以直接利用质心坐标求解;

    $(2)(2-\sqrt{2})\pi R^3$; $(3)4\pi\tan1.$

5 多元函数积分学的应用

5.1 内容要点与教学基本要求

一、内容要点

(一)多元函数积分学在几何中的应用

1. 平面图形的面积

设 $D \subset \mathbf{R}^2$ 为 xOy 面上的有界闭区域，$|D|$ 表示区域 D 的面积，则在直角坐标系下有

$$|D| = \iint\limits_{D} \mathrm{d}x\mathrm{d}y;$$

在极坐标系下，$D \to D^*$，有

$$|D| = \iint\limits_{D^*} r\mathrm{d}r\mathrm{d}\theta;$$

在一般的曲线坐标系下，若 $u=u(x,y)$，$v=v(x,y)$，$D \to D^*$，则

$$|D| = \iint\limits_{D^*} \left| \frac{\partial(x,y)}{\partial(u,v)} \right| \mathrm{d}u\mathrm{d}v.$$

2. 立体体积

设 $\Omega \subset \mathbf{R}^3$ 为空间中的有界闭区域，$|\Omega|$ 表示立体 Ω 的体积，则在直角坐标系下有

$$|\Omega| = \iiint\limits_{\Omega} \mathrm{d}x\mathrm{d}y\mathrm{d}z;$$

在柱面坐标系下，$\Omega \to \Omega^*$，有

$$|\Omega| = \iiint\limits_{\Omega^*} r\mathrm{d}r\mathrm{d}\theta\mathrm{d}z;$$

在球面坐标系下，$\Omega \to \Omega^*$，有

$$|\Omega| = \iiint\limits_{\Omega^*} r^2 \sin \varphi \mathrm{d}r\mathrm{d}\theta\mathrm{d}\varphi.$$

3. 曲线的弧长

设 L 为平面或空间中的曲线，$|L|$ 表示曲线 L 的弧长. 若曲线方程为 $x=x(t)$，$y=y(t)$，$x(t),y(t) \in C^1[\alpha,\beta]$，则

$$|L| = \int_L \mathrm{d}s = \int_\alpha^\beta \sqrt{x'^2(t) + y'^2(t)}\mathrm{d}t;$$

若曲线 L 的方程为 $y = y(x) \in C^1[a, b]$，则

$$|L| = \int_a^b \sqrt{1 + y'^2(x)}\, dx;$$

若曲线 L 的方程为 $x = x(y) \in C^1[c, d]$，则

$$|L| = \int_c^d \sqrt{1 + x'^2(y)}\, dy;$$

若曲线 L 的方程为 $r = r(\theta) \in C^1[\alpha, \beta]$，则

$$|L| = \int_\alpha^\beta \sqrt{r^2(\theta) + r'^2(\theta)}\, d\theta;$$

设 Γ 为空间的曲线，$|\Gamma|$ 表示线 Γ 的弧长，曲线 Γ 的参数方程为 $x = x(t), y = y(t),$ $z = z(t) \in C^1[\alpha, \beta]$，则

$$|\Gamma| = \int_\alpha^\beta \sqrt{x'^2(t) + y'^2(t) + z'^2(t)}\, dt$$

4. 曲面面积

设 Σ 为空间 $\mathbf{R}^3$ 中的曲面，$|\Sigma|$ 表示曲面 Σ 的面积. 若曲面方程为 $\Sigma: z = z(x, y) \in C^1(D_{xy})$，则

$$|\Sigma| = \iint_\Sigma dS = \iint_{D_{xy}} \sqrt{1 + z_x'^2 + z_y'^2}\, dx dy;$$

若曲面方程为 $\Sigma: x = x(y, z) \in C^1(D_{yz})$，则

$$|\Sigma| = \iint_\Sigma dS = \iint_{D_{yz}} \sqrt{1 + x_y'^2 + x_z'^2}\, dy dz;$$

若曲面方程为 $\Sigma: y = y(x, z) \in C^1(D_{zx})$，则

$$|\Sigma| = \iint_\Sigma dS = \iint_{D_{zx}} \sqrt{1 + y_z'^2 + y_x'^2}\, dz dx.$$

(二) 多元函数积分学在物理中的应用

1. 物体的质量

设几何形体 Ω 的密度为 $\mu(P)$，质量为 m. 若 Ω 占据平面区域为 D，则

$$m = \int_\Omega \mu(P)\, d\Omega = \iint_D \mu(x, y)\, dx dy;$$

若 Ω 为空间立体，则

$$m = \iiint_\Omega \mu(x, y, z)\, dx dy dz;$$

若 Ω 为平面曲线 L，则

$$m = \int_L \mu(x, y)\, ds;$$

若 Ω 为空间曲线 Γ，则

$$m = \int_\Gamma \mu(x, y, z)\, ds;$$

若 Ω 为曲面 Σ，则

$$m = \iint\limits_{\Sigma} \mu(x,y,z)\mathrm{d}S.$$

2. 质心与形心

若 xOy 面上面密度为 $\mu(x,y)$ 的薄片 D 的质心坐标为 $(\bar{x},\bar{y})$,则

$$\bar{x} = \frac{1}{m}\iint\limits_{D} x\mu(x,y)\mathrm{d}x\mathrm{d}y, \quad \bar{y} = \frac{1}{m}\iint\limits_{D} y\mu(x,y)\mathrm{d}x\mathrm{d}y;$$

若空间 $\mathbf{R}^3$ 中体密度为 $\mu(x,y,z)$ 的立体 Ω 的质心坐标为 $(\bar{x},\bar{y},\bar{z})$,则

$$\bar{x} = \frac{1}{m}\iiint\limits_{\Omega} x\mu(x,y,z)\mathrm{d}x\mathrm{d}y\mathrm{d}z, \quad \bar{y} = \frac{1}{m}\iiint\limits_{\Omega} y\mu(x,y,z)\mathrm{d}x\mathrm{d}y\mathrm{d}z,$$

$$\bar{z} = \frac{1}{m}\iiint\limits_{\Omega} z\mu(x,y,z)\mathrm{d}x\mathrm{d}y\mathrm{d}z;$$

若 xOy 面上线密度为 $\mu(x,y)$ 的曲线 L 的质心坐标为 $(\bar{x},\bar{y})$,则

$$\bar{x} = \frac{1}{m}\int_{L} x\mu(x,y)\mathrm{d}s, \quad \bar{y} = \frac{1}{m}\int_{L} y\mu(x,y)\mathrm{d}s;$$

若空间 $\mathbf{R}^3$ 中面密度为 $\mu(x,y,z)$ 的曲面 $\sum$ 的质心坐标为 $(\bar{x},\bar{y},\bar{z})$,则

$$\bar{x} = \frac{1}{m}\iint\limits_{\Sigma} x\mu(x,y,z)\mathrm{d}S, \quad \bar{y} = \frac{1}{m}\iint\limits_{\Sigma} y\mu(x,y,z)\mathrm{d}S, \quad \bar{z} = \frac{1}{m}\iint\limits_{\Sigma} z\mu(x,y,z)\mathrm{d}S.$$

上述公式中,若密度 $\mu \equiv 1$,则几何形体的质心相应变为形心.

3. 转动惯量

若 xOy 面上的几何形体 Ω 的密度为 $\mu(x,y) \in C(\Omega)$,则 Ω 对 x 轴,y 轴和坐标原点 O 的转动惯量分别为

$$I_x = \int_{\Omega} y^2\mu(x,y)\mathrm{d}\Omega, \quad I_y = \int_{\Omega} x^2\mu(x,y)\mathrm{d}\Omega, \quad I_O = \int_{\Omega} (x^2+y^2)\mu(x,y)\mathrm{d}\Omega;$$

若空间 $\mathbf{R}^3$ 中的几何形体 Ω 的密度为 $\mu(x,y,z) \in C(\Omega)$,则 Ω 对 x 轴,y 轴,z 轴和坐标原点 O 的转动惯量分别为

$$I_x = \int_{\Omega} (y^2+z^2)\mu(x,y,z)\mathrm{d}\Omega, \quad I_y = \int_{\Omega} (x^2+z^2)\mu(x,y,z)\mathrm{d}\Omega,$$

$$I_z = \int_{\Omega} (x^2+y^2)\mu(x,y,z)\mathrm{d}\Omega, \quad I_O = \int_{\Omega} (x^2+y^2+z^2)\mu(x,y,z)\mathrm{d}\Omega.$$

4. 引力

若 xOy 面上几何形体 Ω 的密度为 $\mu(x,y) \in C(\Omega)$,则 Ω 对位于空间中点 $M_0(x_0,y_0,z_0)$ 处质量为 m 的质点的引力 $\boldsymbol{F}$ 在三个坐标轴上的分力的大小分别为

$$F_x = km\int_{\Omega} \frac{x\mu(x,y)}{(x^2+y^2+z^2)^{\frac{3}{2}}}\mathrm{d}\Omega,$$

$$F_y = km\int_{\Omega} \frac{y\mu(x,y)}{(x^2+y^2+z^2)^{\frac{3}{2}}}\mathrm{d}\Omega,$$

$$F_z = km\int_{\Omega} \frac{z\mu(x,y)}{(x^2+y^2+z^2)^{\frac{3}{2}}}\mathrm{d}\Omega,$$

从而引力为 $\boldsymbol{F} = (F_x, F_y, F_z)$;

若空间 $\mathbf{R}^3$ 中几何形体 Ω 的质量密度为 $\mu(x,y,z) \in C(\Omega)$，则 Ω 对位于空间中的点 $M_0(x_0,y_0,z_0)$ 处质量为 m 的质点的引力 $\boldsymbol{F}$ 在三个坐标轴上的分力的大小分别为

$$F_x = km \int_\Omega \frac{(x-x_0)\mu(x,y,z)}{[(x-x_0)^2+(y-y_0)^2+(z-z_0)^2]^{\frac{3}{2}}} d\Omega,$$

$$F_y = km \int_\Omega \frac{(y-y_0)\mu(x,y,z)}{[(x-x_0)^2+(y-y_0)^2+(z-z_0)^2]^{\frac{3}{2}}} d\Omega,$$

$$F_z = km \int_\Omega \frac{(z-z_0)\mu(x,y,z)}{[(x-x_0)^2+(y-y_0)^2+(z-z_0)^2]^{\frac{3}{2}}} d\Omega,$$

从而引力为 $\boldsymbol{F}=(F_x,F_y,F_z)$.

二、教学基本要求

能用重积分、曲线积分及曲面积分来表达一些几何量与物理量(如面积、体积、弧长、质量、质心、转动惯量、引力等)

5.2　释疑解难

1. 化实际问题为多元函数积分问题的"微元法"(也称元素法)与定积分应用中的"微元法"有何异同?

答　定积分与多元函数积分的"微元法"在本质上是一样的,它们可统一记为 $\int_\Omega f(P)d\Omega$,其中 Ω 为积分域,$d\Omega$ 称为积分域微元. 它们在处理方式上都是在积分域内任取一点 P 及含点 P 的一个小邻域. 当此邻域的直径很小时,在此邻域内将非均匀变化近似看成均匀变化(即视 $f(P)$ 在 $d\Omega$ 内不变),便得到所求量的微元 $dQ = f(P)d\Omega$,然后在 Ω 上积分便得所求量 $Q = \int_\Omega f(P)d\Omega$,此表达式在应用数学及工程技术中被广泛采用. 当我们研究的问题是一维空间的情形,即 P 是数轴上的点时,它就是定积分;当研究的是二维或二维以上空间的情形,即 P 是平面或空间点时,它就是多元函数的积分.

然而,定积分与多元函数积分的"微元法"也有很大区别. 例如,定积分的所求量的微元 $dQ = f(x)dx$ 与一元函数 $f(x)$ 的微分是一致的,但对于多元函数来说,所求量的微元 $dQ = f(P)d\Omega$ 与多元函数 $f(P)$ 的全微分是完全不同的.

2. 运用多元函数积分解决实际问题时,如何选择适当的坐标系?

答　选择坐标系的原则是使积分微元和积分域的表达比较简单,从而获得便于计算的积分. 因此,必须具体问题具体分析,边分析边选择. 例如,求半径为 R 的均匀球体(设密度为 1),对球外距离球心为 $a>R$ 的一单位质点 M 的引力. 我们很自然地会选择球心为原点,选择 $\overrightarrow{OM}$ 为 z 轴的正向. 如此选择坐标系的话,就可由球体的对称性得到引力在 x 轴,y 轴上的分力为零,只需求在 z 轴上的分力. 又如,已知球的半径为 R,P 是球内一定点,P 与球心的距离为 $a(a<R)$. 过球面上任一点 Q 作球的切平面,再过 P 点作切平面的垂线,求垂足 M 的轨迹所围成的立体的体积.

由于球心 O 和点 P 是两定点,故取 $\overrightarrow{OP}$ 方向为 z 轴正向(见图 5-1).由 $OQ /\!/ PM$,过 P 点作与 OQ 垂直相交的线段 PT,设 $\angle QOP = \angle MPZ = \varphi$,则 $PM = R - a\cos\varphi$,当 Q 在下半球面时,$\cos\varphi < 0$,此式仍然成立.设 M 的轨迹所围立体为 Ω,其体积为 V,选择 P 点为坐标原点建立坐标系,那么点 M 的轨迹方程为 $r = R - a\cos\varphi$,$\Omega = \{(r,\theta,\varphi) \mid 0 \leqslant \theta \leqslant 2\pi, 0 \leqslant \varphi \leqslant \pi, 0 \leqslant r \leqslant R - \cos\varphi\}$. 故

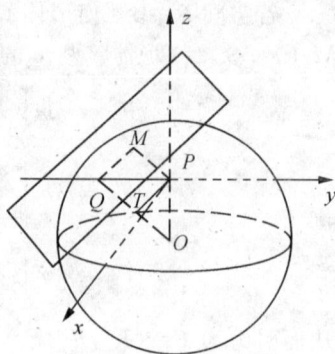

$$V = \iiint_\Omega \mathrm{d}v = \int_0^{2\pi} \mathrm{d}\theta \int_0^\pi \mathrm{d}\varphi \int_0^{R-a\cos\varphi} r^2 \sin\varphi \, \mathrm{d}r$$

$$= \frac{2\pi}{3} \int_0^\pi (R - a\cos\varphi)^3 \sin\varphi \, \mathrm{d}\varphi$$

$$= \frac{4\pi}{3} R(R^2 + a^2).$$

图 5-1

此外,我们没有像通常那样选择球心 O 为原点,而是选择 P 为原点,其原因是如此选择可以使 Ω 的边界面的表达式更简单,从而积分易求.

5.3 典型例题分析和问题讨论

例1 求在第一卦限内由曲线 $\left(\dfrac{x}{a} + \dfrac{y}{b}\right)^3 = xy$ 所围成区域 D 的面积 $A(a>0, b>0)$.

解 作变换:$x = ar\cos^2\theta$,$y = br\sin^2\theta$,则曲线方程化为 $r = \dfrac{ab}{4}\sin^2 2\theta$,$|J| = \left|\dfrac{\partial(x,y)}{\partial(r,\theta)}\right| = abr\sin 2\theta$,且区域 D 化为 $D' = \left\{(r,\theta) \mid 0 \leqslant \theta \leqslant \dfrac{\pi}{2}, 0 \leqslant r \leqslant \dfrac{ab}{4}\sin^2 2\theta\right\}$. 于是

$$A = \iint_D \mathrm{d}x\mathrm{d}y = \iint_{D'} abr\sin 2\theta \, \mathrm{d}r\mathrm{d}\theta = ab\int_0^{\frac{\pi}{2}} \sin 2\theta \, \mathrm{d}\theta \int_0^{\frac{ab}{4}\sin^2 2\theta} r\mathrm{d}r$$

$$= \frac{a^3 b^3}{32} \int_0^{\frac{\pi}{2}} \sin 2\theta \sin^4 2\theta \, \mathrm{d}\theta = -\frac{a^3 b^3}{64} \int_0^{\frac{\pi}{2}} (1 - 2\cos^2 2\theta + \cos^4 2\theta) \mathrm{d}\cos 2\theta$$

$$= \frac{a^3 b^3}{60}.$$

例2 求曲面 $(x^2+y^2+z^2)^2 = x^2 + y^2$ 所围区域 Ω 的体积 V.

解 由于将 $-x$,$-y$,$-z$ 代入方程,方程不变,所以 Ω 关于三个坐标面对称.若设 V_1 是 Ω 在第一卦限部分 Ω_1 的体积,则 $V = 8V_1$. 在球面坐标下,$\Omega_1 = \left\{(r,\theta,\varphi) \mid 0 \leqslant \theta \leqslant \dfrac{\pi}{2}\right.$, $0 \leqslant \varphi \leqslant \dfrac{\pi}{2}$, $\left. 0 \leqslant r \leqslant \sin\varphi\right\}$. 因此

$$V = 8V_1 = 8\int_0^{\frac{\pi}{2}} \mathrm{d}\theta \int_0^{\frac{\pi}{2}} \mathrm{d}\varphi \int_0^{\sin\varphi} r^2 \sin\varphi \, \mathrm{d}r = 4\pi \cdot \frac{1}{3} \int_0^{\frac{\pi}{2}} \sin^4\varphi \, \mathrm{d}\varphi = 4\pi \cdot \frac{1}{3} \cdot \frac{3}{4} \cdot \frac{1}{2} \cdot \frac{\pi}{2} = \frac{\pi^2}{4}.$$

例 3　设半径为 R 的球面 $\sum$ 的球心在定球面 $x^2+y^2+z^2=a^2(a>0)$ 上,问当 R 取何值时,球面 $\sum$ 在定球面内部的那部分的面积最大?

解　以定球球心为坐标原点,两球球心的连线为 z 轴建立直角坐标系(如图 5-2 所示),则球面 $\sum$ 的方程为 $x^2+y^2+(z-a)^2=R^2$,它与定球面的交线为

$$\begin{cases} x^2+y^2+(z-a)^2=R^2, \\ x^2+y^2+z^2=a^2, \end{cases} \quad 即 \begin{cases} x^2+y^2=\dfrac{R^2(4a^2-R^2)}{4a^2}, \\ z=\dfrac{2a^2-R^2}{2a}. \end{cases}$$

该交线在 xOy 面上的投影曲线为

$$\begin{cases} x^2+y^2=\dfrac{R^2(4a^2-R^2)}{4a^2} \quad (0<R<2a), \\ z=0, \end{cases}$$

图 5-2

其所围的平面区域记为 D_{xy}.由于球面 $\sum$ 夹在定球面内的那部分的方程为

$$z=a-\sqrt{R^2-x^2-y^2},$$

所以

$$\frac{\partial z}{\partial x}=-\frac{x}{z-a}, \quad \frac{\partial z}{\partial y}=-\frac{y}{z-a}, \quad \sqrt{1+{z'_x}^2+{z'_y}^2}=\frac{R}{\sqrt{R^2-x^2-y^2}},$$

从而球面 $\sum$ 在定球面内部的那部分面积为

$$S(R)=\iint\limits_{D_{xy}}\sqrt{1+{z'_x}^2+{z'_y}^2}\,\mathrm{d}x\mathrm{d}y=\iint\limits_{D_{xy}}\frac{R}{\sqrt{R^2-x^2-y^2}}\mathrm{d}x\mathrm{d}y=\int_0^{2\pi}\mathrm{d}\theta\int_0^{\frac{R}{2a}\sqrt{4a^2-R^2}}\frac{Rr}{\sqrt{R^2-r^2}}\mathrm{d}r$$

$$=2\pi(-R\sqrt{R^2-r^2})\,\Big|_0^{\frac{R}{2a}\sqrt{4a^2-R^2}}=2\pi\left(R^2-\frac{R^3}{2a}\right).$$

由于 $S'(R)=2\pi\left(2R-\dfrac{3R^2}{2a}\right),S''(R)=2\pi\left(2-\dfrac{3R}{a}\right)$,所以令 $S'(R)=0$ 得 $R_1=\dfrac{4a}{3}$,

$R_2=0$(舍去),$S''(R_1)=S''\left(\dfrac{4a}{3}\right)=-4\pi<0$,故当 $\sum$ 的半径 $R=\dfrac{4a}{3}$ 时,$S(R)$ 取极大值.

由于驻点唯一,故当 $R=\dfrac{4a}{3}$ 时,球面 $\sum$ 在定球内的那部分球面面积最大.

例 4　证明:曲面 $z=1+x^2+y^2$ 上任一点的切平面与曲面 $z=x^2+y^2$ 所围成立体的体积是一定值.

证　曲面 $z=1+x^2+y^2$ 在任意点 (x_0,y_0,z_0) 处的切平面方程为

$$z=z_0+2x_0(x-x_0)+2y_0(y-y_0),即\ z=1-x_0^2-y_0^2+2x_0x+2y_0y.$$

将上式代入 $z=x^2+y^2$,得切平面与曲面 $z=x^2+y^2$ 的交线在 xOy 面上的投影曲线为

$$\begin{cases} (x-x_0)^2+(y-y_0)^2=1, \\ z=0. \end{cases}$$

若其所围的平面区域记为 D_{xy},则上述切平面与曲面 $z=x^2+y^2$ 所围成立体的体积为

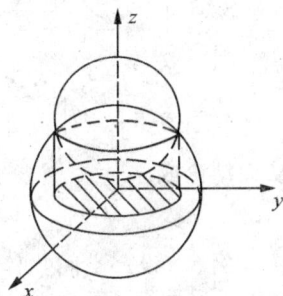

$$V = \iint\limits_{D_{xy}} \left[(1 - x_0^2 - y_0^2 + 2x_0 x + 2y_0 y) - (x^2 + y^2) \right] dx dy$$

$$= \iint\limits_{D_{xy}} \{ 1 - [(x - x_0)^2 + (y - y_0)^2] \} dx dy = \iint\limits_{D_{xy}} dx dy - \iint\limits_{u^2 + v^2 \leqslant 1} (u^2 + v^2) du dv$$

$$= \pi - \int_0^{2\pi} d\theta \int_0^1 r^2 \cdot r dr = \pi - \frac{\pi}{2} = \frac{\pi}{2},$$

从而结论成立.

例 5 设一空间物体由上半球面 $z = \sqrt{4 - x^2 - y^2}$ 及锥面 $z = \sqrt{x^2 + y^2}$ 所围成,且该物体各点处的体密度与此点到球心的距离平方成正比,球面处的体密度为 1,试求该物体的质量.

解 由题设知物体在点 (x, y, z) 处的体密度为

$$\mu(x, y, z) = k(x^2 + y^2 + z^2),$$

又在球面上体密度为 1,得 $k = \frac{1}{4}$,则在球面坐标系下两曲面所围成的立体区域为 $\Omega = \{ (r, \theta, \varphi) \mid 0 \leqslant r \leqslant 2, 0 \leqslant \varphi \leqslant \frac{\pi}{4}, 0 \leqslant \theta \leqslant 2\pi \}$. 因此

$$M = \iiint\limits_{\Omega} \mu(x, y, z) dv = \frac{1}{4} \iiint\limits_{\Omega} (x^2 + y^2 + z^2) dv = \frac{1}{4} \int_0^{2\pi} d\theta \int_0^{\frac{\pi}{4}} d\varphi \int_0^2 r^2 \cdot r^2 \sin\varphi dr$$

$$= \frac{8}{5} (2 - \sqrt{2}) \pi.$$

例 6 设有半径为 R 的球体,P_0 是此球面上的一个定点,球体上任一点的密度与该点到点 P_0 的距离的平方成正比(比例系数 $k > 0$),求该球体的质心位置.

解 方法一 如图 5-3(a) 建立坐标系,则 $P_0(0, 0, -R)$,球面的方程为 $x^2 + y^2 + z^2 = R^2$. 该球体记为 Ω,其质心位置为 $(\bar{x}, \bar{y}, \bar{z})$. 由对称性知质心必在 z 轴,从而 $\bar{x} = 0$, $\bar{y} = 0$. 又密度 $\rho = k[\sqrt{x^2 + y^2 + (z + R)^2}]^2 = k[x^2 + y^2 + (z + R)^2]$,则

$$\bar{z} = \iiint\limits_{\Omega} \rho z dv \Big/ \iiint\limits_{\Omega} \rho dv$$

$$= \iiint\limits_{\Omega} z k[x^2 + y^2 + (z + R)^2] dv \Big/ \iiint\limits_{\Omega} k[x^2 + y^2 + (z + R)^2] dv.$$

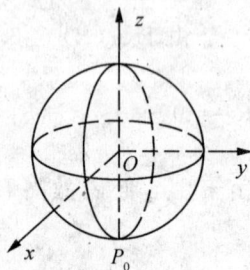

图 5-3(a)

由对称性可得

$$\iiint\limits_{\Omega} [x^2 + y^2 + (z + R)^2] dv = \iiint\limits_{\Omega} (x^2 + y^2 + z^2) dv + \iiint\limits_{\Omega} R^2 dv$$

$$= \int_0^{2\pi} d\theta \int_0^{\pi} \sin\varphi d\varphi \int_0^R r^4 dr + \frac{4}{3} \pi R^5 = \frac{32}{15} \pi R^5,$$

$$\iiint\limits_{\Omega} z[x^2 + y^2 + (z+R)^2]dv = 2R\iiint\limits_{\Omega} z^2 dv = 2R\int_{-R}^{R} z^2 dz \iint\limits_{x^2+y^2 \leqslant R^2-z^2} dx dy = \frac{8}{15}\pi R^6,$$

故 $\bar{z} = \dfrac{R}{4}$. 因此球体 Ω 的质心位置为 $(\bar{x}, \bar{y}, \bar{z}) = \left(0, 0, \dfrac{R}{4}\right)$.

方法二 如图 5-3(b)建立直角坐标系,则球面的方程为 $x^2 + y^2 + z^2 = 2Rz$. 该球体记为 Ω,其质心位置为 $(\bar{x}, \bar{y}, \bar{z})$,由对称性知 $\bar{x} = 0, \bar{y} = 0$,而

$$\bar{z} = \iiint\limits_{\Omega} kz(x^2 + y^2 + z^2)dv \Big/ \iiint\limits_{\Omega} k(x^2 + y^2 + z^2)dv.$$

由于在球面坐标系下,$\Omega = \left\{(r, \theta, \varphi) \,\middle|\, 0 \leqslant \theta \leqslant 2\pi, 0 \leqslant \varphi \leqslant \dfrac{\pi}{2}, 0 \leqslant r \leqslant 2R\cos\varphi\right\}$,所以

$$\iiint\limits_{\Omega}(x^2 + y^2 + z^2)dv = \int_0^{2\pi} d\theta \int_0^{\frac{\pi}{2}} d\varphi \int_0^{2R\cos\varphi} r^4 \sin\varphi dr = \frac{32}{15}\pi R^5,$$

$$\iiint\limits_{\Omega} z(x^2 + y^2 + z^2)dv = \int_0^{2\pi} d\theta \int_0^{\frac{\pi}{2}} d\varphi \int_0^{2R\cos\varphi} r^5 \sin\varphi\cos\varphi dr = \frac{64}{3}\pi R^6 \int_0^{\frac{\pi}{2}} \cos^7\varphi\sin\varphi d\varphi = \frac{8}{3}\pi R^6,$$

图 5-3(b)

故 $\bar{z} = \dfrac{5R}{4}$. 因此,球体 Ω 的质心位置为 $\left(0, 0, \dfrac{5R}{4}\right)$.

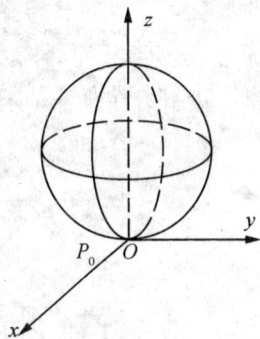

例 7 求密度为 1 的圆柱体 $\Omega = \{(x, y, z) \mid x^2 + y^2 \leqslant a^2, |z| \leqslant h\}$ 对于直线 $x = y = z$ 的转动惯量.

解 求关于直线的转动惯量,首先要求动点 (x, y, z) 到直线的距离平方. 由于直线的参数方程为 $x = t, y = t, z = t$,故令 $\varphi(t) = (x-t)^2 + (y-t)^2 + (z-t)^2$,则 $\varphi'(t) = -2(x-t) - 2(y-t) - 2(z-t)$. 由 $\varphi'(t) = 0$ 得 $t = \dfrac{1}{3}(x+y+z)$. 由此可知,当 $t = \dfrac{1}{3}(x+y+z)$ 时,$\varphi(t)$ 最小,故动点到直线的距离平方为

$$d^2 = \frac{2}{3}(x^2 + y^2 + z^2 - xy - yz - xz).$$

由于圆柱体 Ω 的密度为 1,故由转动惯量的定义得所求转动惯量为

$$I = \iiint\limits_{\Omega} d^2 dv = \iiint\limits_{\Omega} \frac{2}{3}(x^2 + y^2 + z^2 - xy - yz - xz)dv = \frac{2}{3}\iiint\limits_{\Omega}(x^2 + y^2 + z^2)dv$$

$$= \frac{2}{3}\int_{-h}^h dz \iint\limits_{x^2+y^2 \leqslant a^2}(x^2 + y^2)dx dy + \frac{2}{3}\int_{-h}^h z^2 dz \iint\limits_{x^2+y^2 \leqslant a^2} dx dy$$

$$= \frac{2}{3}\int_{-h}^h dz \int_0^{2\pi} d\theta \int_0^a r^2 \cdot r dr + \frac{2}{3}\pi a^2 \cdot \frac{z^3}{3}\Big|_{-h}^h$$

$$= \frac{2}{9}\pi a^2 h(3a^2 + 2h^2).$$

例 8 设有底半径为 a,高为 h,质量均匀分布的圆锥体,其质量为 m,在圆锥顶点处有一单位质量的质点,求该圆锥体对此质点的引力.

109

解 如图 5-4 所示,建立直角坐标系,则顶点为 $A(0,0,h)$.设动点为 $M(x,y,z)$,体密度为 μ,则 $\overrightarrow{MA}=(-x,-y,h-z)$,$\|\overrightarrow{MA}\|=\sqrt{x^2+y^2+(h-z)^2}$,且

$$\mu=\frac{m}{V}=\frac{m}{\frac{1}{3}\pi a^2 h}=\frac{3m}{\pi a^2 h}.$$

设引力在坐标轴上的分力依次为 F_x,F_y,F_z,由对称性知 $F_x=0,F_y=0$,而

$$dF_z=-k\frac{1\cdot\mu dv}{x^2+y^2+(h-z)^2}\cdot\frac{h-z}{\sqrt{x^2+y^2+(h-z)^2}}$$

$$=-k\mu\frac{h-z}{[x^2+y^2+(h-z)^2]^{\frac{3}{2}}}dv.$$

图 5-4

所以

$$F_z=-\iiint\limits_{\Omega}k\mu\frac{h-z}{[x^2+y^2+(h-z)^2]^{\frac{3}{2}}}dv$$

$$=-k\mu\int_0^h dz\iint\limits_{D_z}\frac{h-z}{[x^2+y^2+(h-z)^2]^{\frac{3}{2}}}dxdy$$

$$=-k\mu\int_0^h dz\int_0^{2\pi}d\theta\int_0^{\frac{a}{h}(h-z)}\frac{(h-z)r}{[r^2+(h-z)^2]^{\frac{3}{2}}}dr$$

$$=2\pi k\mu\int_0^h\left(\frac{h}{\sqrt{a^2+h^2}}-1\right)dz=2\pi k\mu h\left(\frac{h}{\sqrt{a^2+h^2}}-1\right)$$

$$=\frac{6km}{a^2}\left(\frac{h}{\sqrt{a^2+h^2}}-1\right).$$

例 9 计算下列各式:

(1) $I_1=\iiint\limits_{\Omega}(lx+my+nz)dv$,其 $\Omega=\left\{(x,y,z)\left|\frac{(x-\bar{x})^2}{a^2}+\frac{(y-\bar{y})^2}{b^2}+\frac{(z-\bar{z})^2}{c^2}\leqslant 1\right.\right\}$;

(2) $I_2=\oint_L\left(x\sin\sqrt{x^2+y^2}+x^2+4y^2-7y\right)dx$,其中 L 是椭圆 $\frac{x^2}{4}+(y-1)^2=1$(设其全长为 l);

(3) $I_3=\oiint\limits_{\Sigma}(ax+by+cz)dS$,其中 $\sum=\{(x,y,z)|x^2+y^2+z^2=2Rz\}$.

解 (1) $I_1=l\iiint\limits_{\Omega}xdv+m\iiint\limits_{\Omega}ydv+n\iiint\limits_{\Omega}zdv$.

注意到立体 Ω 的中心 $(\bar{x},\bar{y},\bar{z})$ 恰是 Ω 的形心,而形心的计算公式是

$$\bar{x}=\frac{\iiint\limits_{\Omega}xdv}{\iiint\limits_{\Omega}dv},\bar{y}=\frac{\iiint\limits_{\Omega}ydy}{\iiint\limits_{\Omega}dv},\bar{z}=\frac{\iiint\limits_{\Omega}zdv}{\iiint\limits_{\Omega}dv},$$

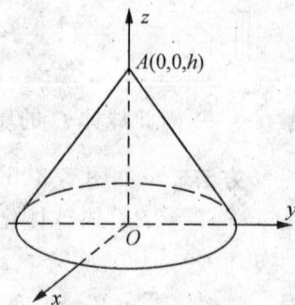

其中 Ω 的体积为 $\iiint\limits_{\Omega} dv = \dfrac{4}{3}\pi abc$，于是有

$$I_1 = l \cdot \dfrac{4}{3}\pi abc \cdot \bar{x} + m \cdot \dfrac{4}{3}\pi abc \cdot \bar{y} + n \cdot \dfrac{4}{3}\pi abc \cdot \bar{z} = \dfrac{4}{3}\pi abc(l\bar{x} + m\bar{y} + n\bar{z}).$$

(2)因为椭圆曲线 L 关于 y 轴对称，而函数 $x\sin\sqrt{x^2 + y^2}$ 关于 x 为奇函数，所以由对称性知 $\oint_L x\sin\sqrt{x^2 + y^2}\,ds = 0$. 将 L 的方程改写为 $x^2 + 4y^2 = 8y$，并代入被积表达式中得

$$I_2 = \int_L y\,ds.$$

由 L 的形心坐标公式得 $\bar{y} = \dfrac{\displaystyle\int_L y\,ds}{\displaystyle\int_L dx} = 1$，于是有

$$I_2 = \int_L y\,ds = \int_L ds = l.$$

(3)由于曲面 $\sum$ 关于 yOz，zOx 面均对称，故 $\oiint\limits_{\sum} x\,dS = \oiint\limits_{\sum} y\,dS = 0$，只需计算 $\oiint\limits_{\sum} z\,dS$.

又由于 $\sum$ 的形心竖坐标 $\bar{z} = R$，$\oiint\limits_{\sum} dS = 4\pi R^2$，以及曲面 $\sum$ 的形心公式 $\bar{z} = \dfrac{\displaystyle\oiint\limits_{\sum} z\,dS}{\displaystyle\oiint\limits_{\sum} dS}$，故有

$$I_3 = c\oiint\limits_{\sum} z\,dS = c\bar{z}\oiint\limits_{\sum} dS = cR \cdot 4\pi R^2 = 4\pi cR^3.$$

5.4　课内练习

1. 求由曲线 $xy = 4$，$xy = 8$，$xy^3 = 5$，$xy^3 = 15$ 所围成的第一卦限部分的闭区域的面积.

2. 求由曲面 $z = \sqrt{5 - x^2 - y^2}$ 和 $x^2 + y^2 = 4z$ 所围成的立体的体积.

3. 求锥面 $z = \sqrt{x^2 + y^2}$ 被柱面 $z^2 = 2x$ 割下的那部分面积.

4. 求介于两个圆 $r = a\cos\theta$，$r = b\cos\theta\,(0 < a < b)$ 之间的均匀薄片的形心.

5. 设平面薄片所占闭区域由抛物线 $y = x^2$ 和直线 $y = x$ 所围成，它在点 (x, y) 处的面密度 $\rho(x, y) = x^2 y$，求该薄片的质心.

6. 一均匀物体(体密度为 ρ)所占有的闭区域 Ω 由曲面 $z = x^2 + y^2$ 和平面 $z = 0$，$|x| = a$，$|y| = a$ 所围成，求：

(1)物体的体积；　(2)物体的质心；　(3)物体关于 z 轴的转动惯量.

7. 求高为 h，半顶角为 α，密度为 ρ 的均匀圆锥体对位于顶点处的一单位质点的引力.

8. 设有一座火山的形状可以用曲面 $z = he^{-\sqrt{x^2 + y^2}/4h}\,(z > 0)$ 来表示，在一次火山爆发后，有体积为 V 的熔岩附在山上，火山仍具有和原来一样的形状，求火山高度 h 变化的百分率.

9. 设有一由 $y=\ln x,y=0,x=e$ 所围成的均匀的薄板,问此薄板绕哪一条垂直于 x 轴的直线旋转的转动惯量最小?

5.5　课内练习解答与提示

1. $2\ln 3$. 提示:利用二重积分的换元法.

2. $\dfrac{2}{3}\pi(5\sqrt{5}-4)$.

3. $\sqrt{2}\pi$.

4. $(\dfrac{a^2+ab+b^2}{2(a+b)},0)$.

5. $(\dfrac{35}{48},\dfrac{35}{54})$.

6. (1) $\dfrac{8}{3}a^4$;　(2) $(0,0,\dfrac{7a^2}{15})$;　(3) $\dfrac{112}{45}\rho a^6$.

7. $2\pi\rho Gh(1-\cos\alpha)$.

8. $\dfrac{1}{h}(h^3+\dfrac{V}{32\pi})^{1/3}-1$.

9. 直线 $x=\dfrac{1}{4}(e^2+1)$.

6 无穷级数[①]

6.1 内容要点与教学基本要求

一、内容要点

(一)常数项级数的概念与基本性质

1. 基本概念

无穷级数:无穷多个数 $u_1, u_2, u_3, \cdots u_n, \cdots$ 依次相加所得到的表达式 $u_1 + u_2 + u_3 + \cdots + u_n + \cdots$ 或记为 $\sum\limits_{n=1}^{\infty} u_n$,称为无穷级数,简称级数,其中 u_n 称为级数的通项或一般项. 例如 $\sum\limits_{n=1}^{\infty} \dfrac{1}{n!}$,$\sum\limits_{n=1}^{\infty} \dfrac{1}{n(n+1)}$ 等均为常数项级数.

级数的部分和:常数项级数的前 n 项的和 $S_n = u_1 + u_2 + u_3 + \cdots + u_n$ 称为级数的部分和.

级数的收敛与发散:如果级数 $\sum\limits_{n=1}^{\infty} u_n$ 的部分和数列 $\{S_n\}$ 有极限 S,即 $\lim\limits_{n \to \infty} S_n = S$,则称级数 $\sum\limits_{n=1}^{\infty} u_n$ 收敛,这时极限 S 称为该级数的和,记为 $\sum\limits_{n=1}^{\infty} u_n = S$,而 $r_n = S - S_n$ 称为级数第 n 项以后的余项;如果 $\{S_n\}$ 没有极限,则称级数 $\sum\limits_{n=1}^{\infty} u_n$ 发散.

2. 基本性质

性质 1 若级数 $\sum\limits_{n=1}^{\infty} u_n$ 收敛,其和为 S,又 k 为常数,则 $\sum\limits_{n=1}^{\infty} k u_n$ 也收敛,且

$$\sum_{n=1}^{\infty} k u_n = k \sum_{n=1}^{\infty} u_n.$$

由性质 1 可知,级数的每一项同乘以一个不为零的常数后,它的收敛性不会改变.

性质 2 若已知两收敛级数 $\sum\limits_{n=1}^{\infty} u_n = s$,$\sum\limits_{n=1}^{\infty} v_n = \sigma$,则 $\sum\limits_{n=1}^{\infty} (u_n \pm v_n) = s \pm \sigma$.

由性质 2 可知,两个收敛级数可以逐项相加与逐项相减,一个收敛级数与一个发散级数的和是发散的.

---

① 此章对应湖南大学数学与计量经济学院组编的教材《大学数学 2》(第三版)中的第七章.

性质 3 增加、删除或改变级数的有限项的值不改变级数的敛散性.

性质 4 收敛级数中的各项(按其原来的次序)任意合并(即加上括号)以后所成的新级数仍然收敛,而且其和不变.

由性质 4 可知,一个级数如果添加括号后所成的新级数发散,那么原级数一定发散.

性质 5 (级数收敛的必要条件)若级数 $\sum\limits_{n=1}^{\infty} u_n$ 收敛,则 $\lim\limits_{n\to\infty} u_n = 0$.

由性质 5 可知,若级数 $\sum\limits_{n=1}^{\infty} u_n$ 的通项 u_n,当 $n\to\infty$ 时不趋于零,则此级数必发散.

(二)正项级数及其判别法

1. 定义及其收敛的充要条件

正项级数:每项均为非负实数的级数称为正项级数.

收敛的充要条件:正项级数 $\sum\limits_{n=1}^{\infty} u_n$ 收敛的充要条件是它的部分和数列 $\{S_n\}$ 有界.

2. 正项级数的判别法

比较判别法:设 $\sum\limits_{n=1}^{\infty} u_n$ 和 $\sum\limits_{n=1}^{\infty} v_n$ 都是正项级数,且存在自然数 N,使得 $n \geqslant N$ 时,有 $u_n \leqslant kv_n(k>0)$ 成立.如果级数 $\sum\limits_{n=1}^{\infty} v_n$ 收敛,则级数 $\sum\limits_{n=1}^{\infty} u_n$ 收敛;如果级数 $\sum\limits_{n=1}^{\infty} u_n$ 发散,则 $\sum\limits_{n=1}^{\infty} v_n$ 发散.

比较判别法的极限形式:设 $\sum\limits_{n=1}^{\infty} u_n$ 和 $\sum\limits_{n=1}^{\infty} v_n$ 都是正项级数,且 $\lim\limits_{n\to\infty}\dfrac{u_n}{v_n}=l$. 若 $0<l<+\infty$,则级数 $\sum\limits_{n=1}^{\infty} u_n$ 与 $\sum\limits_{n=1}^{\infty} v_n$ 敛散性相同;若 $l=0$ 且级数 $\sum\limits_{n=1}^{\infty} v_n$ 收敛,则 $\sum\limits_{n=1}^{\infty} u_n$ 收敛;若 $l=+\infty$ 且级数 $\sum\limits_{n=1}^{\infty} v_n$ 发散,则级数 $\sum\limits_{n=1}^{\infty} u_n$ 发散.

注 常用几何级数和 p 级数等作为比较的级数.

比值判别法(达朗贝尔判别法):设 $\sum\limits_{n=1}^{\infty} u_n$ 为正项级数,若存在自然数 N,使得 $n>N$ 时,有 $\dfrac{u_{n+1}}{u_n} \leqslant q<1(q$ 为某个确定的常数),则级数 $\sum\limits_{n=1}^{\infty} u_n$ 收敛;若存在自然数 N,使得 $n>N$ 时,有 $\dfrac{u_{n+1}}{u_n} \geqslant 1$,则级数 $\sum\limits_{n=1}^{\infty} u_n$ 发散.

比值判别法的极限形式:设 $\sum\limits_{n=1}^{\infty} u_n$ 为正项级数,且 $\lim\limits_{n\to\infty}\dfrac{u_{n+1}}{u_n}=\rho$,则当 $\rho<1$ 时,级数收敛;当 $\rho>1$(或 $\rho=+\infty$)时,级数发散;当 $\rho=1$ 时,级数可能收敛也可能发散.

注 当 u_n 中含有因子 $n!,(2n)!!,(2n-1)!!,n^k,a^n(a>1)$ 时一般采用比值判别法.

根值判别法(柯西判别法):设 $\sum\limits_{n=1}^{\infty} u_n$ 为正项级数,若存在自然数 N,使得 $n>N$ 时,有

$\sqrt[n]{u_n} \leqslant q < 1$($q$ 为某个确定的常数),则级数 $\sum\limits_{n=1}^{\infty} u_n$ 收敛;若存在自然数 N,使得 $n > N$ 时,有 $\sqrt[n]{u_n} \geqslant 1$,则级数 $\sum\limits_{n=1}^{\infty} u_n$ 发散.

　　根值判别法的极限形式:设 $\sum\limits_{n=1}^{\infty} u_n$ 为正项级数,且 $\lim\limits_{n \to \infty} \sqrt[n]{u_n} = \rho$,则当 $\rho < 1$ 时,级数收敛;当 $\rho > 1$(或 $\rho = +\infty$)时,级数发散;当 $\rho = 1$ 时,级数可能收敛也可能发散.

　　注　当 u_n 中含有 n 次幂时一般采用根值判别法.

(三)任意项级数判别法

1. 交错级数与莱布尼茨判别法

交错级数:一个级数的各项如果是正负相间的就称为交错级数.

莱布尼茨判别法:若交错级数 $\sum\limits_{n=1}^{\infty} (-1)^{n-1} u_n$, $u_n > 0$ 满足 $(1) u_n \geqslant u_{n+1}$, $(2) \lim\limits_{n \to \infty} u_n = 0$,则级数 $\sum\limits_{n=1}^{\infty} (-1)^{n-1} u_n$ 收敛,其和 $S \leqslant u_1$,其余项 $|r_n| \leqslant u_{n+1}$.

2. 任意项级数的绝对收敛与条件收敛

绝对收敛:若 $\sum\limits_{n=1}^{\infty} |u_n|$ 收敛,则 $\sum\limits_{n=1}^{\infty} u_n$ 也收敛,并且称 $\sum\limits_{n=1}^{\infty} u_n$ 是绝对收敛的;

条件收敛:若 $\sum\limits_{n=1}^{\infty} u_n$ 收敛而 $\sum\limits_{n=1}^{\infty} |u_n|$ 发散,则称 $\sum\limits_{n=1}^{\infty} u_n$ 是条件收敛的.

(四)函数项级数的概念及收敛域的确定

1. 函数项级数的概念

函数项级数:设 $u_1(x), u_2(x), u_3(x), \cdots, u_n(x), \cdots$ 为定义在某区间 I 中的函数序列,则 $\sum\limits_{n=1}^{\infty} u_n(x) = u_1(x) + u_2(x) + u_3(x) + \cdots + u_n(x) + \cdots$ 称为定义在区间 I 内的函数项级数.

　　收敛域与发散域:设 $x_0 \in I$,若数项级数 $\sum\limits_{n=1}^{\infty} u_n(x_0)$ 收敛(或发散),则称 x_0 为函数项级数 $\sum\limits_{n=1}^{\infty} u_n(x)$ 的收敛点(或发散点). 函数项级数 $\sum\limits_{n=1}^{\infty} u_n(x)$ 的所有收敛点(或发散点)所成集合称为该函数项级数的收敛域(或发散域).

　　和函数:设 $\{S_n(x)\}$ 为函数项级数 $\sum\limits_{n=1}^{\infty} u_n(x)$ 的前 n 项部分和序列,若极限 $\lim\limits_{n \to \infty} S_n(x) = S(x)$,$x \in I$ 存在,则 $S(x)$ 称为级数 $\sum\limits_{n=1}^{\infty} u_n(x)$ 的和函数;$R_n(x) = S(x) - S_n(x) = \sum\limits_{k=n+1}^{\infty} u_k(x)$ 称为级数第 n 项以后的余项.

2. 函数项级数 $\sum\limits_{n=1}^{\infty} u_n(x)$ 收敛域的求法

步骤:(1)用比值法(或根值法)求 $\rho(x)$,即 $\lim\limits_{n\to\infty}\dfrac{|u_{n+1}(x)|}{|u_n(x)|}=\rho(x)$,或 $\lim\limits_{n\to\infty}\sqrt[n]{|u_n(x)|}$

$=\rho(x)$;

    (2)解不等式 $\rho(x)<1$,求出 $\sum\limits_{n=1}^{\infty} u_n(x)$ 的收敛区间 (a,b);

    (3)考察 $x=a$ 和 $x=b$ 时,级数 $\sum\limits_{n=1}^{\infty} u_n(a)$(或 $\sum\limits_{n=1}^{\infty} u_n(b)$)的敛散性;

    (4)写出 $\sum\limits_{n=1}^{\infty} u_n(x)$ 的收敛域.

(五)幂级数的概念及性质

1. 幂级数的定义

幂级数:形如 $\sum\limits_{n=0}^{\infty} a_n x^n=a_0+a_1 x+a_2 x^2+\cdots+a_n x^n+\cdots$ 与 $\sum\limits_{n=0}^{\infty} a_n(x-x_0)^n=a_0+a_1(x-x_0)+a_2(x-x_0)^2+\cdots+a_n(x-x_0)^n+\cdots(x\neq0)$ 的级数均称为幂级数.前者称为在 $x=0$ 处的幂级数(或 x 的幂级数),后者称为在 $x=x_0$ 处的幂级数(或 $x-x_0$ 的幂级数),其中常数 $a_0,a_1,a_2,\cdots,a_n,\cdots$ 称为幂级数的系数.

2. 定理(阿贝尔定理)

定理 1 设有幂级数 $\sum\limits_{n=0}^{\infty} a_n x^n$,若 $x_1\neq0$ 是其收敛点,则 $\sum\limits_{n=0}^{\infty} a_n x^n$ 在一切满足不等式 $|x|<|x_1|$ 的点 x' 处收敛;若 $x_2\neq0$ 是其发散点,则 $\sum\limits_{n=0}^{\infty} a_n x^n$ 在一切满足不等式 $|x|>|x_2|$ 的点 x 处发散.

3. 幂级数收敛半径和收敛区间的定义

收敛半径与收敛区间:由阿贝尔定理,存在常数 $R>0$,使得当 $|x|<R$ 时,幂级数 $\sum\limits_{n=0}^{\infty} a_n x^n$ 绝对收敛;当 $|x|>R$ 时,幂级数 $\sum\limits_{n=0}^{\infty} a_n x^n$ 发散;当 $x=R$ 与 $x=-R$ 时,幂级数可能收敛也可能发散,称正数 R 为幂级数 $\sum\limits_{n=0}^{\infty} a_n x^n$ 的收敛半径,开区间 $(-R,R)$ 为幂级数 $\sum\limits_{n=0}^{\infty} a_n x^n$ 的收敛区间,$(-R,R)\cup\{$收敛的端点$\}$ 为幂级数 $\sum\limits_{n=0}^{\infty} a_n x^n$ 的收敛域.特别地,若 $\forall x\in(-\infty,+\infty)$,幂级数 $\sum\limits_{n=0}^{\infty} a_n x^n$ 均收敛,则记 $R=+\infty$;若当且仅当 $x=0$ 时,幂级数 $\sum\limits_{n=0}^{\infty} a_n x^n$ 收敛,则记 $R=0$.

4. 幂级数收敛半径的确定

定理 2 对于幂级数 $\sum\limits_{n=0}^{\infty} a_n x^n$,若 n 充分大以后都有 $a_n\neq0$,且 $\lim\limits_{n\to\infty}\left|\dfrac{a_{n+1}}{a_n}\right|=\rho$,则

(1)当 $0 < \rho < +\infty$ 时，$R = \dfrac{1}{\rho}$；

(2) 当 $\rho = 0$ 时，$R = +\infty$；

(3) 当 $\rho = +\infty$ 时，$R = 0$.

5. 幂级数的运算

设幂级数 $\displaystyle\sum_{n=0}^{\infty} a_n x^n$ 和 $\displaystyle\sum_{n=0}^{\infty} b_n x^n$ 的收敛半径分别为 R_1 和 R_2，则

加法运算：$\displaystyle\sum_{n=0}^{\infty} a_n x^n \pm \sum_{n=0}^{\infty} b_n x^n = \sum_{n=0}^{\infty} (a_n \pm b_n) x^n, x \in (-R, R)$，其中 $R = \min\{R_1, R_2\}$.

乘法运算：$\left(\displaystyle\sum_{n=0}^{\infty} a_n x^n\right) \cdot \left(\sum_{n=0}^{\infty} b_n x^n\right) = \sum_{n=0}^{\infty} c_n x^n, x \in (-R, R)$，其中 $c_n = \displaystyle\sum_{k=0}^{n} a_k b_{n-k}$，$R = \min\{R_1, R_2\}$.

除法运算：令 $\dfrac{\displaystyle\sum_{n=0}^{\infty} a_n x^n}{\displaystyle\sum_{n=0}^{\infty} b_n x^n} = \displaystyle\sum_{n=0}^{\infty} c_n x^n, (b_0 \neq 0)$，则 $\displaystyle\sum_{n=0}^{\infty} a_n x^n = \left(\sum_{n=0}^{\infty} b_n x^n\right) \cdot \left(\sum_{n=0}^{\infty} c_n x^n\right)$，

运用乘法运算公式及比较系数法可得

$a_0 = b_0 c_0, a_1 = b_1 c_0 + b_0 c_1, a_2 = b_2 c_0 + b_1 c_1 + b_0 c_2, \cdots, a_n = \displaystyle\sum_{k=0}^{n} b_k c_{n-k}, \ldots x \in (-R, R)$，$R \ll \min\{R_1, R_2\}$.

6. 幂级数的解析性质

性质 1 幂级数 $\displaystyle\sum_{n=0}^{\infty} a_n x^n$ 的和函数 $S(x)$ 在其收敛域 I 上连续.

性质 2 幂级数 $\displaystyle\sum_{n=0}^{\infty} a_n x^n$ 的和函数 $S(x)$ 在其收敛域 I 上可积，并有逐项积分公式

$$\int_0^x S(x) \mathrm{d}x = \int_0^x \left(\sum_{n=0}^{\infty} a_n x^n\right) \mathrm{d}x = \sum_{n=0}^{\infty} \int_0^x a_n x^n \mathrm{d}x = \sum_{n=0}^{\infty} \frac{a_n}{n+1} x^{n+1}, \ x \in I,$$

且逐项积分后所得到的幂级数和原级数有相同的收敛半径.

性质 3 幂级数 $\displaystyle\sum_{n=0}^{\infty} a_n x^n$ 的和函数 $S(x)$ 在其收敛区间 $(-R, R)$ 内可导，且有逐项求导公式

$$S'(x) = \left(\sum_{n=0}^{\infty} a_n x^n\right)' = \sum_{n=0}^{\infty} (a_n x^n)' = \sum_{n=1}^{\infty} n a_n x^{n-1}, \ |x| < R,$$

逐项求导后所得到的幂级数和原级数有相同的收敛半径.

(六)函数展开为幂级数

1. 泰勒级数

泰勒级数：设函数 $f(x)$ 在 $x = x_0$ 的某一邻域内具有各阶导数，级数

$$\sum_{n=0}^{\infty} \frac{f^{(n)}(x_0)}{n!}(x-x_0)^n$$

称为 $f(x)$ 在 $x=x_0$ 处的泰勒级数.

麦克劳林级数:当 $x_0=0$ 时,泰勒级数 $\sum_{n=0}^{\infty} \frac{f^{(n)}(0)}{n!}x^n$ 称为 $f(x)$ 的麦克劳林级数.

2. 收敛定理

定理 3 设函数 $f(x)$ 在 $x=x_0$ 的某一邻域内具有各阶导数,则泰勒级数

$$\sum_{n=0}^{\infty} \frac{f^{(n)}(x_0)}{n!}(x-x_0)^n$$

收敛于 $f(x)$ 的充要条件是 $\lim_{n\to\infty} R_n(x)=0$,其中

$$R_n(x)=\frac{f^{(n+1)}[x_0+\theta(x-x_0)]}{(n+1)!}(x-x_0)^{n+1},0<\theta<1.$$

3. 常用函数的展开式

(1) $\dfrac{1}{1-x}=1+x+x^2+\cdots+x^n+\cdots=\sum_{n=0}^{\infty}x^n,\ x\in(-1,1)$;

(2) $\dfrac{1}{1+x}=1-x+x^2-x^3+\cdots+(-1)^nx^n+\cdots=\sum_{n=0}^{\infty}(-1)^nx^n,x\in(-1,1)$;

(3) $e^x=1+x+\dfrac{x^2}{2!}+\cdots+\dfrac{x^n}{n!}+\cdots=\sum_{n=0}^{\infty}\dfrac{x^n}{n!},\ x\in(-\infty,+\infty)$;

(4) $\sin x=x-\dfrac{x^3}{3!}+\dfrac{x^5}{5!}-\cdots+(-1)^{n-1}\dfrac{x^{2n-1}}{(2n-1)!}+\cdots$

$$=\sum_{n=0}^{\infty}(-1)^n\frac{x^{2n+1}}{(2n+1)!},x\in(-\infty,+\infty);$$

(5) $\cos x=1-\dfrac{x^2}{2!}+\dfrac{x^4}{4!}-\cdots+(-1)^n\dfrac{x^{2n}}{(2n)!}+\cdots=\sum_{n=0}^{\infty}(-1)^n\dfrac{x^{2n}}{(2n)!},\ x\in(-\infty,+\infty)$;

(6) $\ln(1+x)=x-\dfrac{x^2}{2}+\dfrac{x^3}{3}-\cdots+(-1)^{n-1}\dfrac{x^{n+1}}{n+1}+\cdots=\sum_{n=0}^{\infty}(-1)^n\dfrac{x^{n+1}}{n+1},\ x\in(-1,1]$;

(7) $(1+x)^a=1+\alpha x+\dfrac{\alpha(\alpha-1)}{2!}x^2+\cdots+\dfrac{\alpha(\alpha-1)\cdots(\alpha-n+1)}{n!}x^n+\cdots,\ x\in(-1,1).$

4. 直接展开法的一般步骤

设函数 $f(x)$ 在 $x=x_0$ 的某一邻域内具有各阶导数,则 $f(x)$ 的幂级数展开步骤为

(1)求 $f(x)$ 的各阶导数;

(2)写出幂级数 $\sum_{n=0}^{\infty} \frac{f^{(n)}(x_0)}{n!}(x-x_0)^n$,且求出其收敛半径 R;

(3)考察余项 $R_n(x)$ 是否趋于零. 如趋于零,则 $f(x)$ 在 $(-R,R)$ 内的幂级数展开式为

$$f(x)=f(x_0)+f'(x_0)(x-x_0)+\frac{f''(x_0)}{2!}(x-x_0)^2+\cdots$$

$$+\frac{f^{(n)}(x_0)}{n!}(x-x_0)^n+\cdots\ (-R<x<R).$$

5. 间接展开法

利用常用函数的展开式，通过适当的变量替换、四则运算、复合以及逐项求导、逐项积分而将一个函数展开成幂级数的方法.

(七)函数展开为傅里叶级数

1. 基本概念

三角函数系的正交性：三角函数系 $1, \cos x, \sin x, \cos 2x, \sin 2x, \cdots, \cos nx, \sin nx,$ $\cdots$ 中任何不同的两个函数的乘积在区间 $[-\pi, \pi]$ 上的积分等于零，即

$$\int_{-\pi}^{\pi} \cos nx \, \mathrm{d}x = 0; \int_{-\pi}^{\pi} \sin nx \, \mathrm{d}x = 0; \int_{-\pi}^{\pi} \sin mx \cos nx \, \mathrm{d}x = 0;$$

$$\int_{-\pi}^{\pi} \sin mx \sin nx \, \mathrm{d}x = 0 \, (m \neq n); \int_{-\pi}^{\pi} \cos mx \cos nx \, \mathrm{d}x = 0 \, (m \neq n),$$

上述性质称为三角函数系的正交性.

傅里叶系数：设函数 $f(x)$ 以 2π 为周期的函数，且在 $[-\pi, \pi]$ 上可积，则

$$a_n = \frac{1}{\pi} \int_{-\pi}^{\pi} f(x) \cos nx \, \mathrm{d}x \, (n = 0, 1, 2, \cdots), b_n = \frac{1}{\pi} \int_{-\pi}^{\pi} f(x) \sin nx \, \mathrm{d}x \, (n = 1, 2, \cdots)$$

称为函数 $f(x)$ 的傅里叶系数.

傅里叶级数：以函数 $f(x)$ 的傅里叶系数为系数的三角级数 $\frac{a_0}{2} + \sum_{n=1}^{\infty} (a_n \cos nx$ $+ b_n \sin nx)$ 称为 $f(x)$ 的傅里叶级数，记作 $f(x) \sim \frac{a_0}{2} + \sum_{n=1}^{\infty} (a_n \cos nx + b_n \sin nx)$.

2. 收敛定理(狄利克雷定理)

定理 4 设 $f(x)$ 是以 2π 为周期的函数，若它在一个周期内满足：

(1)连续或只有有限个第一类间断点；

(2)至多只有有限个极值点，

则 $f(x)$ 的傅里叶级数收敛，且当 x 是 $f(x)$ 的连续点时，该级数收敛于 $f(x)$；当 x 是 $f(x)$ 的间断点时，该级数收敛于 $\frac{1}{2}[f(x-0) + f(x+0)]$.

3. 余弦级数、正弦级数、偶延拓与奇延拓

余弦级数：偶函数的傅里叶级数只含有常数项和余弦项，称为余弦级数，即当 $f(x)$ 是以 2π 为周期的偶函数，则

$$f(x) \sim \frac{a_0}{2} + \sum_{n=1}^{\infty} a_n \cos nx,$$

$$a_n = \frac{2}{\pi} \int_{0}^{\pi} f(x) \cos nx \, \mathrm{d}x \, (n = 0, 1, 2, \cdots), b_n = 0 \, (n = 1, 2, 3, \cdots).$$

正弦级数：奇函数的傅里叶级数只含有正弦项，称为正弦级数，即当 $f(x)$ 是以 2π 为周期的奇函数，则

$$f(x) \sim \sum_{n=1}^{\infty} b_n \sin nx, \, a_n = 0 \, (n = 0, 1, 2, \cdots),$$

$$b_n = \frac{2}{\pi} \int_{0}^{\pi} f(x) \sin nx \, \mathrm{d}x \, (n = 1, 2, 3, \cdots).$$

偶延拓:设 $f(x)$ 为 $[0,\pi]$ 上的非周期函数,令 $F(x)=\begin{cases} f(x), & 0 \leqslant x \leqslant \pi, \\ f(-x), & -\pi \leqslant x < 0, \end{cases}$ 则 $F(x)$

为 $[-\pi,\pi]$ 上的偶函数. 这种延拓称为函数 $f(x)$ 在区间 $[-\pi,\pi]$ 上的偶延拓.

奇延拓:设 $f(x)$ 为 $[0,\pi]$ 上的非周期函数,令 $F(x)=\begin{cases} f(x), & 0 < x \leqslant \pi, \\ -f(-x), & -\pi \leqslant x < 0, \\ 0, & x = 0 \end{cases}$ 则

$F(x)$ 为 $[-\pi,\pi]$ 上的奇函数. 这种延拓称为函数 $f(x)$ 在区间 $[-\pi,\pi]$ 上的奇延拓.

4. 周期为 $2l$ 的周期函数的傅里叶级数

定义 设 $f(x)$ 是以 $2l$ 为周期的函数,且在 $[-l,l]$ 上可积,则以

$$a_n = \frac{1}{l}\int_{-l}^{l} f(x)\cos\frac{n\pi x}{l}\mathrm{d}x(n=0,1,2,\cdots), b_n = \frac{1}{l}\int_{-l}^{l} f(x)\sin\frac{n\pi x}{l}\mathrm{d}x(n=1,2,\cdots)$$

为系数的三角级数 $\frac{a_0}{2} + \sum_{n=1}^{\infty}(a_n\cos\frac{n\pi}{l}x + b_n\sin\frac{n\pi}{l}x)$ 称为 $f(x)$ 以 $2l$ 为周期的函数的傅

里叶级数,记作

$$f(x) \sim \frac{a_0}{2} + \sum_{n=1}^{\infty}(a_n\cos\frac{n\pi}{l}x + b_n\sin\frac{n\pi}{l}x).$$

定理 5 设 $f(x)$ 是以 $2l$ 为周期的函数,若它在 $[-l,l]$ 内满足

(1)连续或只有有限个第一类间断点;

(2)至多只有有限个极值点,

则 $f(x)$ 的傅里叶级数 $\frac{a_0}{2} + \sum_{n=1}^{\infty}(a_n\cos\frac{n\pi}{l}x + b_n\sin\frac{n\pi}{l}x)$ 收敛,且当 x 是 $f(x)$ 的连续点

时,该级数收敛于 $f(x)$;当 x 是 $f(x)$ 的间断点时,该级数收敛于 $\frac{f(x-0)+f(x+0)}{2}$.

二、教学基本要求

(1)理解无穷级数收敛、发散以及收敛级数的和的概念,掌握无穷级数收敛的必要条件和基本性质.

(2)掌握等比级数(几何级数)、调和级数和 p 级数的敛散性.

(3)掌握正项级数的比较判别法,熟练掌握正项级数的比值判别法和根值判别法.

(4)掌握交错级数的莱布尼茨判别法.

(5)了解无穷级数的绝对收敛和条件收敛的概念,以及绝对收敛与收敛的关系.

(6)了解函数项级数收敛域与和函数概念,理解幂级数收敛半径的概念,并熟练掌握较简单的幂级数收敛半径、收敛区间及收敛域的求法.

(7)知道幂级数在其收敛区间内的代数运算性质,了解幂级数在其收敛区间内的解析性质,会求一些幂级数的和函数.

(8)知道函数展开为泰勒级数的充分必要条件.

(9)掌握 e^x,$\sin x$,$\cos x$,$\ln(1+x)$ 和 $(1+x)^a$ 的麦克劳林(Maclaurin)级数展开式,并能利用它们将一些简单的函数间接展开为幂级数.

(10)知道函数展开为傅里叶(Fourier)级数的充分条件. 能将周期函数及定义在

$[-\pi,\pi]$ 和 $[-l,l]$ 上的非周期函数展开为傅里叶级数，能将定义在 $[0,\pi]$ 和 $[0,l]$ 上的函数展开为正弦或余弦级数．会写出傅里叶级数和函数的表达式．

6.2　释疑解难

1. 无穷级数在本课程中的地位与作用如何？

答　无穷级数是数与函数的一种重要表达形式，也是微积分理论研究与实际应用中极其有力的工具．无穷级数在表达函数、研究函数的性质、用数值方法计算函数值以及求微分方程的数值解等方面均有着重要的应用．

2. 有人在讨论级数 $1+2+2^2+\cdots+2^n+\cdots$ 的敛散性时，作出如下解答：设该级数的和为 A，则 $A=1+2+2^2+\cdots+2^n+\cdots=1+2(1+2+2^2+\cdots+2^n+\cdots)=1+2A$，解得 $A=-1$，所以级数 $1+2+2^2+\cdots+2^n+\cdots$ 收敛，且收敛到 -1. 以上解答得到了显然错误的结论，那么问题出在哪？

答　由于发散的级数是没有和的，所以也不能按有限项求和那样处理．只有对经过判定确实收敛的级数才能求和，而问题中所给级数的一般项为 $u_n=2^n$，且 $\lim\limits_{n\to\infty}u_n=\lim\limits_{n\to\infty}2^n=\infty$，所以由级数收敛的必要条件知该级数发散，从而该级数不能求和．

3. 正项级数的判别法的逆命题成立吗？

答　关于正项级数的判别法，包括比较判别法、比较判别法的极限形式、比值判别法、比值判别法的极限形式、根值判别法、根值判别法的极限形式，都只提供了充分条件，未提供必要条件，即它们的逆命题均不一定成立，千万不要当做必要条件使用．例如，比值判别法极限形式指出：若 $\lim\limits_{n\to\infty}\dfrac{u_{n+1}}{u_n}=l<1$，则 $\sum\limits_{n=1}^{\infty}u_n$ 必收敛，但 $l<1$ 不是必要的．如 $\sum\limits_{n=1}^{\infty}\dfrac{1}{n^2}$ 是收敛的，但 $\lim\limits_{n\to\infty}\dfrac{u_{n+1}}{u_n}=1$，不满足比值判别法条件．又如 $\dfrac{1}{2}+\dfrac{1}{3}+\dfrac{1}{2^2}+\dfrac{1}{3^2}+\cdots+\dfrac{1}{2^n}+\dfrac{1}{3^n}+\cdots$ 作为两个收敛的等比级数的和，它是收敛的级数，但由于 $\dfrac{u_{n+1}}{u_n}$ 有两种情形：(1) $\dfrac{1}{3^n}\Big/\dfrac{1}{2^n}=\left(\dfrac{2}{3}\right)^n\to0(n\to\infty)$，(2) $\dfrac{1}{2^{n+1}}\Big/\dfrac{1}{3^n}=\dfrac{1}{2}\left(\dfrac{3}{2}\right)^n\to\infty(n\to\infty)$，所以 $\lim\limits_{n\to\infty}\dfrac{u_{n+1}}{u_n}$ 不存在．由此可见，当 $\lim\limits_{n\to\infty}\dfrac{u_{n+1}}{u_n}=1$ 或 $\lim\limits_{n\to\infty}\dfrac{u_{n+1}}{u_n}$ 不存在时，$\sum\limits_{n=1}^{\infty}u_n$ 均有可能收敛．

4. 比值判别法与根值判别法两者相比，各有什么特点？

答　虽然这两种判别法都是基于把所考察的正项级数与等比级数比较而得到的，但它们又有所差别．首先我们指出：如果 $\lim\limits_{n\to\infty}\dfrac{u_{n+1}}{u_n}=l$，那么 $\lim\limits_{n\to\infty}\sqrt[n]{u_n}=l$（证明略）．按此结论可知，能用比值判别法判定的正项级数，一定可以用根值法判定，但能用根值判别法判定的正项级数,却不一定可以用比值法判定. 例如级数 $\sum\limits_{n=0}^{\infty} 2^{-n-(-1)^n}$, 因为 $\lim\limits_{n\to\infty} \sqrt[n]{u_n} =$ $\lim\limits_{n\to\infty} 2^{-1-\frac{(-1)^n}{n}} = \frac{1}{2} < 1$, 所以由根值判别法知该级数收敛, 但是由于 $\frac{u_{n+1}}{u_n} = 2^{-1+2(-1)^n} =$

$\begin{cases} 2, n \text{ 为偶数}, \\ \dfrac{1}{8}, n \text{ 为奇数}, \end{cases}$ 故 $\lim\limits_{n\to\infty} \dfrac{u_{n+1}}{u_n}$ 不存在, 比值法不能使用. 总之, 一般说来比值判别法在使用上

要方便些, 而根值判别法的应用范围要广一些.

5. 莱布尼茨定理中的条件满足时, 交错级数 $\sum\limits_{n=1}^{\infty} (-1)^{n-1} u_n$ 一定收敛. 如果不满足莱布尼茨定理中的条件 $u_{n+1} \leqslant u_n$, 那么该交错级数是否一定发散呢?

答 不一定. 当条件 $u_{n+1} \leqslant u_n$ 不满足时, 级数可能收敛, 也可能发散. 例如交错级数 $\sum\limits_{n=2}^{\infty} \dfrac{(-1)^n}{\sqrt{n} + (-1)^n}$, 它不满足 $u_{n+1} \leqslant u_n$, 但由于 $\dfrac{(-1)^n}{\sqrt{n} + (-1)^n} = \dfrac{(-1)^n [\sqrt{n} - (-1)^n]}{n-1} =$ $\dfrac{(-1)^n \sqrt{n}}{n-1} - \dfrac{1}{n-1}$ 知, 该级数可以表示为一个收敛级数与一个发散的调和级数之差, 因此该级数发散. 又如交错级数 $\sum\limits_{n=2}^{\infty} \dfrac{(-1)^n}{\sqrt{n + (-1)^n}}$, 它不满足 $u_{n+1} \leqslant u_n$, 但它是收敛的. 事实上, 由 $S_{2n} = \left(\dfrac{1}{\sqrt{3}} - \dfrac{1}{\sqrt{2}}\right) + \left(\dfrac{1}{\sqrt{5}} - \dfrac{1}{\sqrt{4}}\right) + \cdots + \left(\dfrac{1}{\sqrt{2n+1}} - \dfrac{1}{\sqrt{2n}}\right)$ 知 $\{S_{2n}\}$ 是单调减小的数列, 且由 $S_{2n} = -\dfrac{1}{\sqrt{2}} + \left(\dfrac{1}{\sqrt{3}} - \dfrac{1}{\sqrt{4}}\right) + \cdots + \left(\dfrac{1}{\sqrt{2n-1}} - \dfrac{1}{\sqrt{2n}}\right) + \dfrac{1}{\sqrt{2n+1}} > -\dfrac{1}{\sqrt{2}}$ 知 $\{S_{2n}\}$ 有下界, 故 $\lim\limits_{n\to\infty} S_{2n}$ 存在, 设为 S. 又 $\lim\limits_{n\to\infty} u_{2n+1} = 0$, 从而 $\lim\limits_{n\to\infty} S_{2n+1} = \lim\limits_{n\to\infty}(S_{2n} + u_{2n+1}) = S$, 故 $\lim\limits_{n\to\infty} S_n = S$, 即该级数收敛.

6. 收敛的级数加括号不会改变其收敛性, 但重排一个收敛级数, 可以得到一个发散的新级数, 这种说法对吗?

答 对. 例如交错级数 $\sum\limits_{n=1}^{\infty} \dfrac{(-1)^{n+1}}{\sqrt{n}}$, 由莱布尼茨定理知其收敛. 我们对此级数按照先取两项正的, 再取一项负的方式重新排列, 得

$$1 + \frac{1}{\sqrt{3}} - \frac{1}{\sqrt{2}} + \frac{1}{\sqrt{5}} + \frac{1}{\sqrt{7}} - \frac{1}{\sqrt{4}} + \cdots + \frac{1}{\sqrt{4n-3}} + \frac{1}{\sqrt{4n-1}} - \frac{1}{\sqrt{2n}} + \cdots$$

依次取重排后的级数中相邻的两正一负组成新的级数中的一项, 即新级数中的通项为 $u_n = \dfrac{1}{\sqrt{4n-3}} + \dfrac{1}{\sqrt{4n-1}} - \dfrac{1}{\sqrt{2n}}$, 由于 $\dfrac{1}{\sqrt{4n-3}} > \dfrac{1}{\sqrt{4n}}$, $\dfrac{1}{\sqrt{4n-1}} > \dfrac{1}{\sqrt{4n}}$, 所以 $u_n > \dfrac{2}{\sqrt{4n}} - \dfrac{1}{\sqrt{2n}} = \dfrac{\sqrt{2}-1}{\sqrt{2n}} > 0$, 由于 $\sum\limits_{n=1}^{\infty} \dfrac{\sqrt{2}-1}{\sqrt{2}} \cdot \dfrac{1}{\sqrt{n}}$ 发散, 故由比较判别法知重排后的新级数发散.

7. 函数项级数的收敛域是否一定为区间？

答 幂级数的收敛域在收敛半径 $R>0$ 时是一个区间,但并不是所有的函数项级数的收敛域是一个区间.例如,设 $u_n(x)=\begin{cases}1,x\text{为有理点},\\0,x\text{为无理点},\end{cases}$ 则 $\sum\limits_{n=1}^{\infty}u_n(x)$ 的收敛域为集合 $\{x\,|\,x\text{为无理点}\}$,不是区间.

8. 对于幂级数 $\sum\limits_{n=0}^{\infty}\dfrac{2+(-1)^n}{2^n}x^n$,由于 $\left|\dfrac{a_{n+1}}{a_n}\right|=\dfrac{1}{2}\cdot\dfrac{2+(-1)^{n+1}}{2+(-1)^n}=\begin{cases}\dfrac{3}{2},\text{当 }n\text{ 为奇数时},\\[2mm]\dfrac{1}{6},\text{当 }n\text{ 为偶数时},\end{cases}$ 故无法由 $\lim\limits_{n\to\infty}\left|\dfrac{a_{n+1}}{a_n}\right|$ 来确定收敛半径,那么如何确定其收敛半径呢？

答 此时我们可以采用以下几种方法来求其收敛半径.

方法一 (根值判别法)由 $\lim\limits_{n\to\infty}\sqrt[n]{|u_n(x)|}=\lim\limits_{n\to\infty}\sqrt[n]{2+(-1)^n}\dfrac{|x|}{2}=\dfrac{|x|}{2}$,可知当 $|x|<2$ 时幂级数收敛,当 $|x|>2$ 时幂级数发散,所以收敛半径为 2.

方法二 (比较判别法)由于 $\dfrac{1}{2^n}|x|^n\leqslant\dfrac{2+(-1)^n}{2^n}|x|^n\leqslant\dfrac{3}{2^n}|x|^n$,因此,根据正项级数的比较判别法知,当 $\sum\limits_{n=0}^{\infty}\dfrac{3}{2^n}|x|^n$ 收敛时原幂级数收敛;又 $\sum\limits_{n=0}^{\infty}\dfrac{1}{2^n}x^n$ 与 $\sum\limits_{n=0}^{\infty}\dfrac{3}{2^n}x^n$ 的收敛半径均为 2,因此原幂级数的收敛半径也是 2.

方法三 (拆项法)由于 $\sum\limits_{n=0}^{\infty}\dfrac{2+(-1)^n}{2^n}x^n=\sum\limits_{n=0}^{\infty}\dfrac{1}{2^{n-1}}x^n+\sum\limits_{n=0}^{\infty}\dfrac{(-1)^n}{2^n}x^n$,而 $\sum\limits_{n=0}^{\infty}\dfrac{2}{2^n}x^n$ 与 $\sum\limits_{n=0}^{\infty}\dfrac{(-1)^n}{2^n}x^n$ 在 $|x|<2$ 时均收敛,在 $|x|>2$ 时均发散,故原幂级数的收敛半径为 2.

注 由此例可知,当 $\lim\limits_{n\to\infty}\left|\dfrac{a_{n+1}}{a_n}\right|$ 不存在时,不能认为幂级数 $\sum\limits_{n=0}^{\infty}a_nx^n$ 的收敛半径不存在,需通过其他方式求得幂级数的收敛半径.

9. 怎样理解三角函数系的正交性？

答 三角函数系 $\{1,\cos x,\sin x,\cos 2x,\sin 2x,\cdots,\cos nx,\sin nx,\cdots\}$ 是一个无穷集合,对于这个集合中的任意两个元素 α,β,可以规定一种运算: $\alpha\cdot\beta=\dfrac{1}{\pi}\int_{-\pi}^{\pi}\alpha\beta\mathrm{d}x$.若对这个集合中的任意两个不同元素 α,β,有 $\alpha\cdot\beta=0$,则称这个集合中的元素满足正交性.显然三角函数系满足正交性.

由上可知,正交性是集合上元素的一种运算性质,这种运算称为内积.内积在不同的数学门类中有不同定义,例如在线性代数中,向量的内积是对应分量乘积之和.据此定义可知,在三维空间中两正交向量的夹角是 $\dfrac{\pi}{2}$,但一般的集合元素的正交已与夹角无关,只反映一种运算性质.正交性会给运算带来很大的便利.

10. 以 2π 为周期的周期函数 $f(x)$ 的傅里叶级数是否一定以 $f(x)$ 为其和函数?

答 不一定.例如,对于以 2π 为周期的周期函数

$$f(x)=\begin{cases}1,x=0,\\0,x\neq0,\end{cases}\quad x\in[-\pi,\pi],$$

显然其傅里叶系数全为零,故其和函数为零,而不是 $f(x)$.一般地,当一个以 2π 为周期的周期函数 $f(x)$ 满足收敛定理的条件时,就说 $f(x)$ 可以展开为傅里叶级数,但并不是说该傅里叶级数必收敛于 $f(x)$.反之,当 $f(x)$ 不满足收敛定理的条件时,即使 $f(x)$ 的傅里叶级数存在,它也不一定能展开为傅里叶级数.

6.3 典型例题分析和问题讨论

例1 讨论下列级数的敛散性,并对收敛级数求和:

(1) $\displaystyle\sum_{n=1}^{\infty}\left(\cos\frac{2n+1}{2}-\cos\frac{2n-1}{2}\right)$; (2) $\displaystyle\sum_{n=1}^{\infty}\frac{1}{(a+n-1)(a+n)(a+n+1)}$;

(3) $\displaystyle\sum_{n=0}^{\infty}\frac{2^n}{a^{2^n}+1}(a>1)$; (4) $\displaystyle\sum_{n=1}^{\infty}\arctan\frac{2}{n^2}$.

解 (1)因为

$$S_n=\sum_{k=1}^{n}\left(\cos\frac{2k+1}{2}-\cos\frac{2k-1}{2}\right)=\cos\frac{2n+1}{2}-\cos\frac{1}{2},$$

所以 $\displaystyle\lim_{n\to\infty}S_n=\lim_{n\to\infty}\left(\cos\frac{2n+1}{2}-\cos\frac{1}{2}\right)$ 不存在,故原级数发散.

(2)因为

$$u_n=\frac{1}{(a+n-1)(a+n)(a+n+1)}=\frac{1}{2}\left[\frac{1}{(a+n-1)(a+n)}-\frac{1}{(a+n)(a+n+1)}\right],$$

所以

$$S_n=\frac{1}{2}\sum_{k=1}^{n}\left[\frac{1}{(a+k-1)(a+k)}-\frac{1}{(a+k)(a+k+1)}\right]=\frac{1}{2}\left[\frac{1}{a(a+1)}-\frac{1}{(a+n)(a+n+1)}\right],$$

从而 $\displaystyle\lim_{n\to\infty}S_n=\frac{1}{2a(a+1)}$,即

$$\sum_{n=1}^{n}\frac{1}{(a+n-1)(a+n)(a+n+1)}=\frac{1}{2a(a+1)}.$$

(3)因为 $\displaystyle u_n=\frac{2^n}{a^{2^n}+1}=\frac{2^n(a^{2^n}-1)}{a^{2^{n+1}}-1}=\frac{2^n(a^{2^n}+1)-2^{n+1}}{a^{2^{n+1}}-1}=\frac{2^n}{a^{2^n}-1}-\frac{2^{n+1}}{a^{2^{n+1}}-1}$,

所以 $\displaystyle S_n=\sum_{k=0}^{n-1}\frac{2^k}{a^{2^k}+1}=\sum_{k=0}^{n-1}\left(\frac{2^k}{a^{2^k}-1}-\frac{2^{k+1}}{a^{2^{k+1}}-1}\right)=\frac{1}{a-1}-\frac{2^n}{a^{2^n}-1}.$

又因为 $a>1$,所以 $\displaystyle\lim_{n\to\infty}\frac{2^n}{a^{2^n}-1}\xlongequal{}\lim_{x\to+\infty}\frac{x}{a^x-1}\xlongequal{\left(\frac{\infty}{\infty}\right)}\lim_{x\to+\infty}\frac{1}{a^x\ln a}=0$,

从而原级数收敛于和 $\displaystyle S=\lim_{n\to\infty}S_n=\frac{1}{a-1}$.

(4)因为 $\displaystyle\arctan\frac{x-y}{1+xy}=\arctan x-\arctan y(xy\neq-1)$,

所以 $\quad u_n=\arctan\dfrac{2}{n^2}=\arctan\dfrac{(n+1)-(n-1)}{1+(n+1)(n-1)}=\arctan(n+1)-\arctan(n-1)$,

从而 $\quad S_n=\displaystyle\sum_{k=1}^{n}[\arctan(k+1)-\arctan(k-1)]=\arctan(n+1)+\arctan n-\arctan1$

于是 $\displaystyle\lim_{n\to\infty}S_n=\dfrac{\pi}{2}+\dfrac{\pi}{2}-\dfrac{\pi}{4}=\dfrac{3\pi}{4}$,即原级数收敛于 $\dfrac{3\pi}{4}$.

例 2 用级数的基本性质判别下列级数的敛散性:

(1) $\displaystyle\sum_{n=0}^{\infty}\left(\dfrac{1}{5^n}-\dfrac{2^n}{3^n}\right)$;　　　　(2) $\displaystyle\sum_{n=1}^{\infty}\dfrac{(-1)^n}{\sqrt[n]{n}}$;　　　　(3) $\displaystyle\sum_{n=1}^{\infty}\left(\dfrac{1}{3^n}+\dfrac{8}{n}\right)$.

解 因为 $\displaystyle\sum_{n=0}^{\infty}\dfrac{1}{5^n}$, $\displaystyle\sum_{n=0}^{\infty}\dfrac{2^n}{3^n}$ 都是收敛的等比级数,所以由级数的基本性质知,

$\displaystyle\sum_{n=0}^{\infty}\left(\dfrac{1}{5^n}-\dfrac{2^n}{3^n}\right)$ 收敛.

(2)因为 $\displaystyle\lim_{n\to\infty}\left|\dfrac{(-1)^n}{\sqrt[n]{n}}\right|=\lim_{n\to\infty}\left|\dfrac{1}{\sqrt[n]{n}}\right|=1\neq0$,所以根据级数收敛的必要条件知

$\displaystyle\sum_{n=1}^{\infty}\dfrac{(-1)^n}{\sqrt[n]{n}}$ 发散.

(3)因为 $\displaystyle\sum_{n=1}^{\infty}\dfrac{1}{3^n}$ 收敛,$\displaystyle\sum_{n=1}^{\infty}\dfrac{8}{n}$ 发散,所以由级数的基本性质知,$\displaystyle\sum_{n=1}^{\infty}\left(\dfrac{1}{3^n}+\dfrac{8}{n}\right)$ 发散.

例 3 (1)设 $u_n>0(n=1,2,\cdots)$,$S_n=\displaystyle\sum_{k=1}^{n}u_k$,$v_n=\dfrac{1}{S_n}$,若 $\displaystyle\sum_{n=1}^{\infty}v_n$ 收敛,则 $\displaystyle\sum_{n=1}^{\infty}u_n$ 的敛散性是_____;若 $\displaystyle\sum_{n=1}^{\infty}u_n$ 收敛,则 $\displaystyle\sum_{n=1}^{\infty}v_n$ 的敛散性是_____.

(2)若正项级数 $\displaystyle\sum_{n=1}^{\infty}u_n$ 发散,$S_n=\displaystyle\sum_{k=1}^{n}u_k$,则级数 $\displaystyle\sum_{n=1}^{\infty}\dfrac{u_n}{S_n^2}$ 的敛散性是_____.

(3)设正项级数 $\displaystyle\sum_{n=1}^{\infty}u_n$ 和 $\displaystyle\sum_{n=1}^{\infty}v_n$ 都收敛,则级数 $\displaystyle\sum_{n=1}^{\infty}(u_n+v_n)^2$ 的敛散性是_____.

解 (1)由 $\displaystyle\sum_{n=1}^{\infty}v_n$ 收敛得 $\displaystyle\lim_{n\to\infty}v_n=0$,从而 $\displaystyle\lim_{n\to\infty}S_n=\lim_{n\to\infty}\dfrac{1}{v_n}=\infty$,故 $\displaystyle\sum_{n=1}^{\infty}u_n$ 发散.又由

$\displaystyle\sum_{n=1}^{\infty}u_n$ 收敛得 $\displaystyle\lim_{n\to\infty}v_n=\lim_{n\to\infty}\dfrac{1}{S_n}=\dfrac{1}{S}\neq0$,从而 $\displaystyle\sum_{n=1}^{\infty}v_n$ 发散,故两个空均应填发散.

(2)设 $\sigma_n=\displaystyle\sum_{k=2}^{n}\dfrac{u_k}{S_k^2}$,由题设知 $\{S_n\}$ 单调递增,又

$$\dfrac{u_k}{S_k^2}\leqslant\dfrac{S_k-S_{k-1}}{S_kS_{k-1}}\leqslant\dfrac{1}{S_{k-1}}-\dfrac{1}{S_k},k\geqslant2,$$

从而有

$$\sigma_n=\sum_{k=2}^{n}\left(\dfrac{1}{S_{k-1}}-\dfrac{1}{S_k}\right)=\dfrac{1}{S_1}-\dfrac{1}{S_n}\leqslant\dfrac{1}{S_1},$$

即 $\{\sigma_n\}$ 有界,所以由正项级数收敛的必要条件,$\displaystyle\sum_{n=1}^{\infty}\dfrac{u_n}{S_n^2}$ 收敛.故应填收敛.

(3)由于 $\sum\limits_{n=1}^{\infty} u_n$ 和 $\sum\limits_{n=1}^{\infty} v_n$ 均收敛,故 $\sum\limits_{n=1}^{\infty}(u_n+v_n)$ 收敛,且 $\lim\limits_{n\to\infty}(u_n+v_n)=0$. 根据极限的定义,$\forall \varepsilon>0$(不妨取 $\varepsilon=1$),$\exists N$,当 $n>N$ 时,必有 $u_n+v_n<1$. 于是

$$(u_n+v_n)^2<u_n+v_n, n>N,$$

由比较判别法知 $\sum\limits_{n=1}^{\infty}(u_n+v_n)^2$ 收敛. 故应填收敛.

例 4 判断下列级数的敛散性:

(1) $\sum\limits_{n=1}^{\infty} \dfrac{n^{n-1}}{(n+1)^{n+1}}$;　　　　　(2) $\sum\limits_{n=1}^{\infty} \dfrac{p^n \cdot n!}{n^n}$　($p>0$ 为常数);

(3) $\sum\limits_{n=1}^{\infty} \dfrac{a^{\frac{n(n+1)}{2}}}{(1+a)(1+a^2)\cdots(1+a^n)}$　($a>0$ 为常数);　　(4) $\sum\limits_{n=1}^{\infty} \dfrac{\ln n}{n^{3/2}}$;

(5) $\sum\limits_{n=1}^{\infty} \dfrac{\ln n}{2^n \sqrt{n}}$;　　　　(6) $\sum\limits_{n=2}^{\infty} \dfrac{n^{\ln n}}{(\ln n)^n}$;　　　　(7) $\sum\limits_{n=2}^{\infty} \dfrac{1}{(\ln \ln n)^{\ln n}}$;

(8) $\sum\limits_{n=1}^{\infty} \int_0^{\frac{1}{n}} \dfrac{\sqrt{x}}{1+x} dx$;　　(9) $\sum\limits_{n=1}^{\infty} \int_n^{n+1} e^{-\sqrt{x}} dx$;　　(10) $\sum\limits_{n=1}^{\infty} \left(\sqrt{n}\sin\dfrac{1}{\sqrt{n}}\right)^{n^2}$;

(11) $\sum\limits_{n=1}^{\infty} \dfrac{n}{1^a+2^a+\cdots+n^a}$ ($a>0$ 为常数);　　(12) $\sum\limits_{n=1}^{\infty} \int_0^{\frac{\pi}{4}} \cos^n x\, dx$.

解　(1)因为用比值、根值法时,$\rho=1$,判别法失效,所以改用比较法的极限形式. 取 $v_n=\dfrac{1}{n^2}$,有

$$\lim_{n\to\infty} \dfrac{\dfrac{n^{n-1}}{(n+1)^{n+1}}}{\dfrac{1}{n^2}}=\lim_{n\to\infty} \dfrac{n^{n+1}}{(n+1)^{n+1}}=\lim_{n\to\infty} \dfrac{1}{\left(1+\dfrac{1}{n}\right)^{n+1}}=\dfrac{1}{e}<1,$$

而级数 $\sum\limits_{n=1}^{\infty} \dfrac{1}{n^2}$ 收敛,故原级数收敛.

(2)因为一般项含有 $n!$,所以用比值判别法,有

$$\lim_{n\to\infty} \dfrac{u_{n+1}}{u_n}=\lim_{n\to\infty} \dfrac{p^{n+1} \cdot (n+1)!}{(n+1)^{n+1}} \Big/ \dfrac{p^n \cdot n!}{n^n}=\lim_{n\to\infty} \dfrac{pn^n}{(n+1)^n}=\lim_{n\to\infty} \dfrac{p}{\left(1+\dfrac{1}{n}\right)^n}=\dfrac{p}{e}.$$

因此,当 $p<e$ 时,原级数收敛;当 $p>e$ 时,该级数发散. 注意到数列 $\left\{\left(1+\dfrac{1}{n}\right)^n\right\}$ 是单调递增趋于 e 的,所以当 $p=e$ 时,$\dfrac{u_{n+1}}{u_n}=\dfrac{e}{\left(1+\dfrac{1}{n}\right)^n}>1$,即 $\{u_n\}$ 单调递增,故该级数也是发散的. 综上所述,级数 $\sum\limits_{n=1}^{\infty} \dfrac{p^n \cdot n!}{n^n}$,当 $p<e$ 时收敛,$p\geq e$ 时发散.

(3)因为级数的一般项含有 n 个因子的乘积,所以用比值判别法,有

$$\lim_{n\to\infty} \dfrac{u_n}{u_{n-1}}=\lim_{n\to\infty} \dfrac{a^{\frac{n(n+1)}{2}}}{(1+a)(1+a^2)\cdots(1+a^n)} \cdot \dfrac{(1+a)(1+a^2)\cdots(1+a^{n-1})}{a^{\frac{(n-1)n}{2}}}$$

$$=\lim_{n\to\infty}\frac{a^n}{1+a^n}=\begin{cases}0, & a<1,\\[2mm]\dfrac{1}{2}, & a=1,\\[2mm]1, & a>1.\end{cases}$$

因此,当 $a\leqslant 1$ 时,原级数收敛;当 $a>1$ 时,比值法失效.令 $b=\dfrac{1}{a}$,则利用不等式 $e^x>1+x(x>0)$,有

$$u_n=\frac{1}{(1+b)(1+b^2)\cdots(1+b^n)}>\frac{1}{e^b e^{b^2}\cdots e^{b^n}}>\frac{1}{e^{\frac{b}{1-b}}}$$

从而 $\lim\limits_{n\to\infty}u_n\neq 0$,故原级数发散.

(4)因为 $0\leqslant\dfrac{\ln n}{n^{3/2}}=\dfrac{1}{n^{\frac{3}{2}-\frac{1}{4}}}\cdot\dfrac{\ln n}{n^{\frac{1}{4}}}$,且 $\lim\limits_{n\to\infty}\dfrac{\ln n}{n^{\frac{1}{4}}}=\lim\limits_{x\to+\infty}\dfrac{\ln x}{x^{\frac{1}{4}}}=\lim\limits_{x\to+\infty}\dfrac{1}{x\cdot\frac{1}{4}x^{-\frac{3}{4}}}=0$,

所以 $\left\{\dfrac{\ln n}{n^{\frac{1}{4}}}\right\}$ 有界,即 $\exists M>0,\forall n>N$,有 $0\leqslant\dfrac{\ln n}{n^{\frac{1}{4}}}\leqslant M$,从而

$$0\leqslant\frac{\ln n}{n^{\frac{3}{2}}}\leqslant M\frac{1}{n^{\frac{5}{4}}},$$

又 $\sum\limits_{n=1}^{\infty}\dfrac{1}{n^{\frac{5}{4}}}$ 收敛,故 $\sum\limits_{n=1}^{\infty}\dfrac{\ln n}{n^{\frac{3}{2}}}$ 收敛.

注 一般地,当 $p>1$ 时,$\forall q\in R$,级数 $\sum\limits_{n=1}^{\infty}\dfrac{\ln^q n}{n^p}$ 收敛;当 $p<1$ 时,$\forall q\in R$,级数 $\sum\limits_{n=1}^{\infty}\dfrac{\ln^q n}{n^p}$ 发散.

(5)因为 $\lim\limits_{n\to\infty}\dfrac{u_{n+1}}{u_n}=\lim\limits_{n\to\infty}\dfrac{\dfrac{\ln(n+1)}{2^{n+1}\sqrt{n+1}}}{\dfrac{\ln n}{2^n\sqrt{n}}}=\lim\limits_{n\to\infty}\dfrac{\ln(n+1)}{2\ln n}\cdot\sqrt{\dfrac{n}{n+1}}=\dfrac{1}{2}<1$,

所以级数 $\sum\limits_{n=1}^{\infty}\dfrac{\ln n}{2^n\sqrt{n}}$ 收敛.

注 由于 $\lim\limits_{n\to\infty}\dfrac{\ln n}{\sqrt{n}}=0$,因此 $\dfrac{\ln n}{\sqrt{n}}\leqslant M$,从而 $\dfrac{\ln n}{2^n\sqrt{n}}\leqslant M\cdot\dfrac{1}{2^n}$,用比较法也可得此结果.

(6)由于分母含有 n 次方,故用根值判别法,有

$$\lim_{n\to\infty}\sqrt[n]{u_n}=\lim_{n\to\infty}\frac{n^{\frac{\ln n}{n}}}{\ln n}=\lim_{n\to\infty}\frac{e^{\frac{\ln^2 n}{n}}}{\ln n}=0\quad(\text{因为}\lim_{n\to\infty}\frac{\ln^2 n}{n}=0),$$

所以原级数收敛.

(7)当 n 足够大时,有

$$\frac{1}{(\ln\ln n)^{\ln n}}=\frac{1}{e^{\ln n(\ln\ln\ln n)}}=\frac{1}{n^{\ln\ln\ln n}}<\frac{1}{n^2},$$

而 $\sum\limits_{n=1}^{\infty}\dfrac{1}{n^2}$ 收敛,故原级数收敛.

(8)由于
$$u_n = \int_0^{\frac{1}{n}} \frac{\sqrt{x}}{1+x}dx \leqslant \int_0^{\frac{1}{n}} \sqrt{x}dx = \frac{2}{3} \cdot \frac{1}{n^{\frac{3}{2}}},$$

而级数 $\sum_{n=1}^{\infty} \frac{1}{n^{\frac{3}{2}}}$ 收敛,故原级数收敛.

(9)因为 $f(x) = e^{-\sqrt{x}}$ 单调递增,所以
$$0 < u_n = \int_n^{n+1} e^{-\sqrt{x}}dx \leqslant \int_n^{n+1} e^{-\sqrt{n}}dx = e^{-\sqrt{n}}.$$

又由于 $\lim\limits_{n\to\infty} \frac{e^{-\sqrt{n}}}{\frac{1}{n^2}} = \lim\limits_{n\to\infty} \frac{n^2}{e^{\sqrt{n}}} = 0$,故级数 $\sum_{n=1}^{\infty} e^{-\sqrt{n}}$ 收敛,进一步可得原级数也收敛.

注 这个级数也可直接利用定义判别其收敛性,这是因为
$$S_n = \sum_{k=1}^{n} \int_k^{k+1} e^{-\sqrt{x}}dx = \int_1^{n+1} e^{-\sqrt{x}}dx = (-2\sqrt{x}e^{-\sqrt{x}} - 2e^{-\sqrt{x}})\Big|_1^{n+1}$$
$$= 2e^{-1} + 2e^{-1} - 2\sqrt{n+1}e^{-\sqrt{n+1}} - 2e^{-\sqrt{n+1}} = 4e^{-1} - 2(\sqrt{n+1}+1)e^{-\sqrt{n+1}}$$
而且 $\lim\limits_{n\to\infty} S_n = 4e^{-1}$,所以原级数收敛,且其和为 $4e^{-1}$.

(10) $\lim\limits_{n\to\infty} \sqrt[n]{u_n} = \lim\limits_{n\to\infty} \left(\sqrt{n}\sin\frac{1}{\sqrt{n}}\right)^n = \exp\left\{\lim\limits_{n\to\infty} n\ln\left(\sqrt{n}\sin\frac{1}{\sqrt{n}}\right)\right\} = \exp\left\{\lim\limits_{n\to\infty} n\left(\sqrt{n}\sin\frac{1}{\sqrt{n}} - 1\right)\right\}$

$$= \exp\left\{\lim\limits_{n\to\infty} n^{\frac{3}{2}}\left(\sin\frac{1}{\sqrt{n}} - \frac{1}{\sqrt{n}}\right)\right\} = \exp\left\{\lim\limits_{n\to\infty} n^{\frac{3}{2}}\left[-\frac{1}{3!}\left(\frac{1}{\sqrt{n}}\right)^3 + o\left(\left(\frac{1}{\sqrt{n}}\right)^3\right)\right]\right\} = e^{-\frac{1}{6}} < 1,$$

由根值判别法知原级数收敛.

(11)因为
$$\lim\limits_{n\to\infty} \frac{\frac{1}{n^\alpha}}{u_n} = \lim\limits_{n\to\infty} \frac{1^\alpha + 2^\alpha + \cdots + n^\alpha}{n^{\alpha+1}} = \lim\limits_{n\to\infty} \sum_{k=1}^n \left(\frac{k}{n}\right)^\alpha \cdot \frac{1}{n} = \int_0^1 x^\alpha dx = \frac{1}{1+\alpha},$$

所以,由比较判别法的极限形式知,原级数与 p -级数 $\sum_{n=1}^{\infty} \frac{1}{n^\alpha}$ 同敛散,即当 $\alpha > 1$ 时,原级数收敛;当 $0 < \alpha \leqslant 1$ 时,原级数发散.

(12)若令 $a_n = \int_0^{\frac{\pi}{2}} \cos^n x\,dx, b_n = \int_{\frac{\pi}{4}}^{\frac{\pi}{2}} \cos^n x\,dx$,则 $u_n = a_n - b_n$. 由于 $a_n > a_{n+1}$,且
$$a_n \cdot a_{n+1} = \frac{(n-1)!!}{n!!} \cdot \frac{n!!}{(n+1)!!} \cdot \frac{\pi}{2} = \frac{\pi}{2} \cdot \frac{1}{n+1}.$$

因此,$a_n > \sqrt{\frac{\pi}{2}} \cdot \frac{1}{\sqrt{n+1}}$,由级数 $\sum_{n=1}^{\infty} \frac{1}{\sqrt{n+1}}$ 发散及比较判别法知 $\sum_{n=1}^{\infty} a_n$ 发散. 又
$$b_n = \int_{\frac{\pi}{4}}^{\frac{\pi}{2}} \cos^n x\,dx \leqslant \int_{\frac{\pi}{4}}^{\frac{\pi}{2}} \left(\cos\frac{\pi}{4}\right)^n dx \leqslant \left(\frac{1}{\sqrt{2}}\right)^n \cdot \frac{\pi}{4},$$

且 $\sum_{n=1}^{\infty} \left(\frac{1}{\sqrt{2}}\right)^n$ 收敛,所以 $\sum_{n=1}^{\infty} b_n$ 收敛.利用级数收敛的性质知原级数发散.

注 对于正项级数 $\sum_{n=1}^{\infty} u_n$ 的敛散性判别,首先考察 $\lim\limits_{n\to\infty} u_n$. 若 $\lim\limits_{n\to\infty} u_n \neq 0$,则级数发散;

若 $\lim\limits_{n\to\infty}u_n=0$,需进一步判定,此时,应根据一般项的特点选择相应的判别法:

(1)一般项中含有 $n!$ 或是含 n 的 n 个表达式乘积形式,通常采用比值判别法;

(2)一般项中含有以 n 为指数幂的因子,通常采用根值判别法;

(3)一般项中含有形如 n^α(α 可以不是整数)的因子,可采用比较判别法;

(4)利用已知敛散性的结果,结合级数的性质,判别其收敛性;

(5)当各种判别法均失效时,则采用定义,但用定义考察极限 $\lim\limits_{n\to\infty}S_n$ 是否存在时,需结合数列的单调有界收敛准则进行判定;

(6)有时也要注意结合两种以上的判别法判定.

例 5 判别下列级数的敛散性:

(1) $\sum\limits_{n=1}^{\infty}(-1)^n\dfrac{\ln(1+n)}{1+n}$; (2) $\sum\limits_{n=1}^{\infty}\sin(\pi\sqrt{n^2+a^2})$ ($a>0$ 为常数).

解 (1)令 $f(x)=\dfrac{\ln(1+x)}{1+x}$,则 $f'(x)=\dfrac{1-\ln(1+x)}{(1+x)^2}<0$($x$ 取足够大的正数时),从

而 $f(x)$ 单调减小.于是 $u_n=\dfrac{\ln(1+n)}{1+n}\geqslant u_{n+1}(n=1,2,\cdots)$,且 $\lim\limits_{n\to\infty}u_n=0$,故由莱布尼茨判

别法,原级数收敛.

(2) $\sin(\pi\sqrt{n^2+a^2})=\sin[n\pi+(\sqrt{n^2+a^2}-n)\pi]=(-1)^n\sin\dfrac{\pi a^2}{\sqrt{n^2+a^2}+n}$.又当 n 充分

大时,$0<\dfrac{\pi a^2}{\sqrt{n^2+a^2}+n}<\dfrac{\pi}{2}$,$\sin x$ 在 $\left[0,\dfrac{\pi}{2}\right]$ 上单调递增,故有

$$u_n=\sin\dfrac{\pi a^2}{\sqrt{n^2+a^2}+n}>u_{n+1}=\sin\dfrac{\pi a^2}{\sqrt{(n+1)^2+a^2}+(n+1)},$$

又 $\lim\limits_{n\to\infty}u_n=\lim\limits_{n\to\infty}\sin\dfrac{\pi a^2}{\sqrt{n^2+a^2}+n}=0$,故由莱布尼茨判别法知原级数收敛.

例 6 判别级数 $\sum\limits_{n=1}^{\infty}\sin\dfrac{n^2+n\alpha+\beta}{n}\pi$ 的敛散性,其中 α,β 为常数.

解 令 $u_n=\sin\dfrac{n^2+n\alpha+\beta}{n}\pi=\sin\left[n\pi+\left(\alpha+\dfrac{\beta}{n}\right)\pi\right]=(-1)^n\sin\left(\alpha+\dfrac{\beta}{n}\right)\pi$,则

(1)当 α 为整数时,$u_n=(-1)^{n+\alpha}\sin\dfrac{\beta}{n}\pi$.若 $\beta\neq0$,由 $|u_n|\sim\dfrac{|\beta|}{n}\pi$,由莱布尼茨判法知

原级数条件收敛;当 $\beta=0$ 时,$u_n=0$,则原级数绝对收敛.

(2)当 α 不为整数时,$\lim\limits_{n\to\infty}|u_n|=|\sin\alpha\pi|\neq0$,故原级数发散.

例 7 判别级数 $\sum\limits_{n=1}^{\infty}\dfrac{(-1)^n}{n}\cdot\dfrac{a}{1+a^n}$($a>0$)是绝对收敛,条件收敛还是发散.

解 先考虑其绝对值级数 $\sum\limits_{n=1}^{\infty}\dfrac{1}{n}\cdot\dfrac{a}{1+a^n}$.

当 $a>1$ 时, $\frac{1}{n}\cdot\frac{a}{1+a^n}<\frac{a}{a^n}$,而级数 $\sum\limits_{n=1}^{\infty}\frac{1}{a^{n-1}}$ 收敛,故原级数绝对收敛;

当 $a\leqslant1$ 时, $\frac{1}{n}\cdot\frac{a}{1+a^n}<\frac{1}{n}\cdot\frac{a}{2}$,可得 $\sum\limits_{n=1}^{\infty}\frac{1}{n}\cdot\frac{1}{1+a^n}$ 发散,现讨论其是否条件收敛.

令 $f(x)=x(1+a^x)$,则 $f'(x)=1+a^x+xa^x\ln a$,从而当 x 充分大时, $f'(x)>0,f(x)$ 单调递增,所以当 n 充分大时, $\frac{a}{n(1+a^n)}$ 单调递减,且 $\lim\limits_{n\to\infty}\frac{a}{n(1+a^n)}=0$,由莱布尼茨判别法知, $\sum\limits_{n=1}^{\infty}\frac{(-1)^n}{n}\cdot\frac{a}{1+a^n}$ 收敛,即原级数条件收敛.

例 8 求下列函数项级数的收敛域:

(1) $\sum\limits_{n=1}^{\infty}\frac{1}{1+x^n}$; (2) $\sum\limits_{n=1}^{\infty}\frac{2^n\sin^n x}{n^2}$; (3) $\sum\limits_{n=3}^{\infty}\frac{(-1)^n}{(n^2-3n+2)^x}$.

解 (1)用比值法. 由于

$$\lim_{n\to\infty}\frac{|u_{n+1}(x)|}{|u_n(x)|}=\lim_{n\to\infty}\frac{|1+x^n|}{|1+x^{n+1}|}=\begin{cases}\dfrac{1}{|x|}, & |x|>1,\\ 1, & |x|<1,\\ \text{不存在}, & |x|=1,\end{cases}$$

当 $|x|>1$ 时, $\sum\limits_{n=1}^{\infty}u_n(x)$ 收敛;

当 $|x|<1$ 时,比值法失效,但由于 $\lim\limits_{n\to\infty}\frac{1}{1+x^n}=1\neq0$,故 $\sum\limits_{n=1}^{\infty}u_n(x)$ 发散;

当 $x=1$ 时,由于 $u_n(x)=\frac{1}{2}\not\to0(n\to\infty)$,故 $\sum\limits_{n=1}^{\infty}u_n(x)$ 发散;

当 $x=-1$ 时,比值法失效,但由于 $\lim\limits_{n\to\infty}u_n(x)$ 不存在,故 $\sum\limits_{n=1}^{\infty}u_n(x)$ 发散.

综上所述,可得原级数的收敛域为 $(-\infty,-1)\bigcup(1,+\infty)$.

(2)用根值法. 令 $u_n=\frac{2^n\sin^n x}{n^2}$,则 $\lim\limits_{n\to\infty}\sqrt[n]{|u_n|}=\lim\limits_{n\to\infty}\sqrt[n]{\left|\frac{2^n\sin^n x}{n^2}\right|}=2|\sin x|$.

当 $0\leqslant2|\sin x|<1$ 时,即 $k\pi-\frac{\pi}{6}<x<k\pi+\frac{\pi}{6}$ (k 为整数),级数绝对收敛;

当 $2|\sin x|=1$,即 $x=k\pi\pm\frac{\pi}{6}$ 时,原级数为 $\sum\limits_{n=1}^{\infty}\frac{1}{n^2}$,故绝对收敛.

综上所述,原级数的绝对收敛域为 $k\pi-\frac{\pi}{6}\leqslant x\leqslant k\pi+\frac{\pi}{6}$ ($k\in z$).

(3)令 $u_n(x)=\frac{(-1)^n}{(n^2-3n+2)^x}$ $(n\geqslant3)$,则

当 $x\leqslant0$ 时, $u_n(x)\to\infty(n\to\infty)$,从而原级数发散;

当 $x>0$ 时,由于 $\lim\limits_{n\to\infty}\frac{|u_n(x)|}{\frac{1}{n^{2x}}}=1$,因此

①当 $x>\dfrac{1}{2}$ 时,因为级数 $\displaystyle\sum_{n=1}^{\infty}\dfrac{1}{n^{2x}}$ 收敛,所以原级数绝对收敛;

②当 $0<x\leqslant\dfrac{1}{2}$ 时,因为级数 $\displaystyle\sum_{n=1}^{\infty}\dfrac{1}{n^{2x}}$ 发散,所以原级数非绝对收敛,但 $\lim\limits_{n\to\infty}|u_n(x)|=0$,且

$$|u_{n+1}(x)|-|u_n(x)|=\dfrac{1}{(n^2-n)^x}-\dfrac{1}{(n^2-3n+2)^x}<0,$$

故由莱布尼茨判别法知原级数条件收敛.

综上所述,原级数的条件收敛域为 $\left(0,\dfrac{1}{2}\right]$,绝对收敛域为 $\left(\dfrac{1}{2},+\infty\right)$.

注 求函数项级数 $\displaystyle\sum_{n=1}^{\infty}u_n(x)$ 收敛域的基本方法是:

(1)用比值法(或根值法)求 $\rho(x)$,即 $\lim\limits_{n\to\infty}\dfrac{|u_{n+1}(x)|}{|u_n(x)|}=\rho(x)$($\text{或}\lim\limits_{n\to\infty}\sqrt[n]{|u_n(x)|}=\rho(x)$);

(2)解不等式方程 $\rho(x)<1$,求出 $\displaystyle\sum_{n=1}^{\infty}u_n(x)$ 的收敛区间 (a,b);

(3)判别 $x=a$ 及 $x=b$ 时的级数的敛散性;

(4)确定收敛域 $(a,b)\bigcup\{\text{收敛端点}\}$.

有时根据具体问题要用比较法来确定收敛域.

例9 求下列幂级数的收敛域:

(1) $\displaystyle\sum_{n=1}^{\infty}\left(1+\dfrac{1}{2}+\dfrac{1}{3}+\cdots+\dfrac{1}{n}\right)x^n$; (2) $\displaystyle\sum_{n=1}^{\infty}\dfrac{1}{3^n+(-2)^n}\cdot\dfrac{x^n}{n}$;

(3) $\displaystyle\sum_{n=1}^{\infty}\left(\dfrac{a^n}{n}+\dfrac{b^n}{n^2}\right)x^n(a>0,b>0)$; (4) $\displaystyle\sum_{n=1}^{\infty}\dfrac{(-1)^n}{n4^n}(x-1)^{2n-1}$.

解 (1)令 $a_n=1+\dfrac{1}{2}+\dfrac{1}{3}+\cdots+\dfrac{1}{n}$,则

$$1<\left|\dfrac{a_{n+1}}{a_n}\right|=\dfrac{1+\dfrac{1}{2}+\dfrac{1}{3}+\cdots+\dfrac{1}{n}+\dfrac{1}{n+1}}{1+\dfrac{1}{2}+\dfrac{1}{3}+\cdots+\dfrac{1}{n}}=1+\dfrac{\dfrac{1}{n+1}}{1+\dfrac{1}{2}+\cdots+\dfrac{1}{n}}<1+\dfrac{1}{n+1},$$

而 $\lim\limits_{n\to\infty}\left(1+\dfrac{1}{n+1}\right)=1$,由夹逼定理知 $\lim\limits_{n\to\infty}\left|\dfrac{a_{n+1}}{a_n}\right|=1$,故 $R=1$.

当 $x=1$ 时,级数为 $\displaystyle\sum_{n=1}^{\infty}\left(1+\dfrac{1}{2}+\dfrac{1}{3}+\cdots+\dfrac{1}{n}\right)$,由于 $\lim\limits_{n\to\infty}\left(1+\dfrac{1}{2}+\dfrac{1}{3}+\cdots+\dfrac{1}{n}\right)\neq0$,

级数发散.同理 $x=-1$ 时,级数也发散.故原级数的收敛域为 $(-1,1)$.

(2)因为 $\lim\limits_{n\to\infty}\left|\dfrac{a_{n+1}}{a_n}\right|=\lim\limits_{n\to\infty}\dfrac{[3^n+(-2)^n]n}{[3^{n+1}+(-2)^{n+1}](n+1)}=\lim\limits_{n\to\infty}\dfrac{1+\left(-\dfrac{2}{3}\right)^n}{3\left[1+\left(-\dfrac{2}{3}\right)^{n+1}\right]}=\dfrac{1}{3}$,

所以收敛半径为 $R=3$,收敛区间为 $(-3,3)$.

当 $x=3$ 时,所给幂级数成为正项级数 $\displaystyle\sum_{n=1}^{\infty}\dfrac{3^n}{3^n+(-2)^n}\cdot\dfrac{1}{n}$. 由 $\dfrac{3^n}{3^n+(-2)^n}\cdot\dfrac{1}{n}=$

$\dfrac{1}{1+\left(-\dfrac{2}{3}\right)^n} \cdot \dfrac{1}{n} \sim \dfrac{1}{n}$知,该幂级数在 $x=3$ 处发散.

当 $x=-3$ 时,所给幂级数成为变号级数 $\displaystyle\sum_{n=1}^{\infty} \dfrac{(-3)^n}{3^n+(-2)^n} \cdot \dfrac{1}{n}$,其一般项

$$\dfrac{(-3)^n}{3^n+(-2)^n} \cdot \dfrac{1}{n} = \dfrac{(-1)^n[3^n+(-2)^n]-2^n}{3^n+(-2)^n} \cdot \dfrac{1}{n} = (-1)^n \dfrac{1}{n} - \dfrac{2^n}{3^n+(-2)^n} \cdot \dfrac{1}{n}.$$

由于 $\displaystyle\sum_{n=1}^{\infty} (-1)^n \dfrac{1}{n}$ 收敛,又由

$$\lim_{n\to\infty} \left| \dfrac{2^{n+1}}{3^{n+1}+(-2)^{n+1}} \cdot \dfrac{1}{n+1} \bigg/ \dfrac{2^n}{3^n+(-2)^n} \cdot \dfrac{1}{n} \right|$$

$$= 2\lim_{n\to\infty} \left[\dfrac{3^n+(-2)^n}{3^{n+1}+(-2)^{n+1}} \cdot \dfrac{n}{n+1} \right]$$

$$= \dfrac{2}{3} \lim_{n\to\infty} \left[\dfrac{1+\left(-\dfrac{2}{3}\right)^n}{1+\left(-\dfrac{2}{3}\right)^{n+1}} \right] = \dfrac{2}{3} < 1,$$

知 $\displaystyle\sum_{n=1}^{\infty} \dfrac{2^n}{3^n+(-2)^n} \cdot \dfrac{1}{n}$ 收敛,故原幂级数在 $x=-3$ 处收敛. 因此,所给幂级数的收敛域为 $[-3,3)$.

(3)因为 $\displaystyle\lim_{n\to\infty} \sqrt[n]{\left(\dfrac{a^n}{n}+\dfrac{b^n}{n^2}\right)|x|^n} = \begin{cases} a|x|, & a\geqslant b, \\ b|x|, & a<b, \end{cases}$ 所以若 $a\geqslant b$,则

①当 $a|x|<1$ 即 $-\dfrac{1}{a}<x<\dfrac{1}{a}$ 时,所给幂级数收敛;

②当 $x=-\dfrac{1}{a}$ 时,所给幂级数成为 $\displaystyle\sum_{n=1}^{\infty} (-1)^n \left[\dfrac{1}{n}+\left(\dfrac{b}{a}\right)^n \dfrac{1}{n^2} \right]$,为收敛级数;

③当 $x=\dfrac{1}{a}$ 时,所给幂级数成为 $\displaystyle\sum_{n=1}^{\infty} \left[\dfrac{1}{n}+\left(\dfrac{b}{a}\right)^n \dfrac{1}{n^2} \right]$,为发散级数.

故在 $a\geqslant b$ 时,所给幂级数的收敛域为 $\left[-\dfrac{1}{a}, \dfrac{1}{a}\right)$.

若 $a<b$,则

①当 $b|x|<1$ 即 $-\dfrac{1}{b}<x<\dfrac{1}{b}$ 时,所给幂级数收敛;

②当 $x=\dfrac{1}{b}$ 时,所给幂级数成为 $\displaystyle\sum_{n=1}^{\infty} \left[\left(\dfrac{a}{b}\right)^n \dfrac{1}{n}+\dfrac{1}{n^2} \right]$,为收敛级数;

③当 $x=-\dfrac{1}{b}$ 时,所给幂级数成为 $\displaystyle\sum_{n=1}^{\infty} (-1)^n \left[\left(\dfrac{a}{b}\right)^n \dfrac{1}{n}+\dfrac{1}{n^2} \right]$,也为收敛级数.

故在 $a<b$ 时,所给幂级数的收敛域为 $\left[-\dfrac{1}{b}, \dfrac{1}{b}\right]$.

(4)**方法一** 因为 $\displaystyle\sum_{n=1}^{\infty} \dfrac{(-1)^n}{n4^n}(x-1)^{2n-1} = (x-1)\sum_{n=1}^{\infty} \dfrac{(-1)^n}{n4^n}(x-1)^{2n-2}$,所以令

$(x-1)^2=y$,并考虑幂级数 $\displaystyle\sum_{n=1}^{\infty} \dfrac{(-1)^n}{n4^n}y^{n-1}$. 由 $\displaystyle\lim_{n\to\infty} \left| \dfrac{a_{n+1}}{a_n} \right| = \lim_{n\to\infty} \dfrac{n4^n}{(n+1)4^{n+1}} = \dfrac{1}{4}$ 得收敛半

径为 4，因而 $(x-1)^2 < 4$，即 $-1 < x < 3$ 时，所给幂级数收敛.

当 $x=3$ 时，原级数化为 $\sum\limits_{n=1}^{\infty}\dfrac{(-1)^n}{2n}$；当 $x=-1$ 时，原级数化为 $\sum\limits_{n=1}^{\infty}\dfrac{(-1)^{n-1}}{2n}$. 两级数皆为收敛的莱布尼茨级数，故所给幂级数的收敛域为 $[-1,3]$.

方法二 $\lim\limits_{n\to\infty}\left|\dfrac{u_{n+1}(x)}{u_n(x)}\right|=\lim\limits_{n\to\infty}\left|\dfrac{n\cdot 4^n(x-1)^{2n+1}}{(n+1)4^{n+1}\cdot(x-1)^{2n-1}}\right|=\dfrac{(x-1)^2}{4}$，

由比值判别法知当 $\dfrac{(x-1)^2}{4}<1$ 即 $-1<x<3$ 时，幂级数收敛.下同方法一，略.

注 对一般情形 $(a_n\neq0)$ 的幂级数，一般采用公式 $\lim\limits_{n\to\infty}\left|\dfrac{a_{n+1}}{a_n}\right|=\rho$ 来求幂级数的收敛半径 $R\left(R=\dfrac{1}{\rho}\right)$，由此得到收敛区间，而两个端点的收敛性则需根据常数项级数的收敛性来判定；对于缺偶次(或缺奇次)幂项的幂级数，可以采用变量代换转化为不缺项的幂级数来求，也可用正项级数的比值法(或根值法)，先求 $\lim\limits_{n\to\infty}\left|\dfrac{u_{n+1}(x)}{u_n(x)}\right|=\rho(x)\left(\lim\limits_{n\to\infty}\sqrt[n]{|u_n(x)|}=\rho(x)\right)$，再令 $\rho(x)<1$ 得收敛区间，进而得到其收敛域.

例 10 求下列幂级数的和函数：

(1) $\sum\limits_{n=1}^{\infty}\dfrac{x^{n-1}}{n2^n}$； (2) $\sum\limits_{n=1}^{\infty}\left(1+\dfrac{1}{2}+\cdots+\dfrac{1}{n}\right)x^n$； (3) $\sum\limits_{n=1}^{\infty}\dfrac{1}{4n-3}x^n(x\geqslant0)$；

(4) $\sum\limits_{n=1}^{\infty}\dfrac{(-1)^n(2n^2+1)}{(2n)!}x^{2n}$； (5) $\sum\limits_{n=1}^{\infty}\dfrac{(2n)!!}{(2n+1)!!}x^{2n+1}$.

解 (1)收敛半径为 $R=\lim\limits_{n\to\infty}\left|\dfrac{a_n}{a_{n+1}}\right|=\lim\limits_{n\to\infty}\dfrac{(n+1)2^{n+1}}{n2^n}=2$.

当 $x=2$ 时，级数为 $\sum\limits_{n=1}^{\infty}\dfrac{1}{2n}$，发散；当 $x=-2$ 时，级数为 $\sum\limits_{n=1}^{\infty}\dfrac{(-1)^{n-1}}{2n}$，收敛.故原幂级数收敛域为 $[-2,2)$.

令 $S(x)=\sum\limits_{n=1}^{\infty}\dfrac{x^{n-1}}{n2^n}$，则 $xS(x)=\sum\limits_{n=1}^{\infty}\dfrac{1}{n}\left(\dfrac{x}{2}\right)^n$，于是

$$[xS(x)]'=\sum\limits_{n=1}^{\infty}\left[\dfrac{1}{n}\left(\dfrac{x}{2}\right)^n\right]'=\sum\limits_{n=1}^{\infty}\dfrac{1}{2}\left(\dfrac{x}{2}\right)^{n-1}=\dfrac{1}{2}\cdot\dfrac{1}{1-\dfrac{x}{2}}=\dfrac{1}{2-x},$$

两边积分得 $xS(x)=\displaystyle\int_0^x\dfrac{1}{2-x}\mathrm{d}x=-\ln(2-x)+\ln2$，

即得和函数 $S(x)=\begin{cases}-\dfrac{1}{x}\ln\left(1-\dfrac{x}{2}\right), & -2\leqslant x<2\ \text{且}\ x\neq0, \\[2mm] \dfrac{1}{2}, & x=0.\end{cases}$

(2)由例 9(1)知，所给幂级数的收敛域为 $(-1,1)$.

令 $S(x)=\sum\limits_{n=1}^{\infty}\left(1+\dfrac{1}{2}+\cdots+\dfrac{1}{n}\right)x^n$，则

$$xS(x) = \sum_{n=1}^{\infty} \left(1 + \frac{1}{2} + \cdots + \frac{1}{n}\right) x^{n+1} = \sum_{n=1}^{\infty} \left(1 + \frac{1}{2} + \cdots + \frac{1}{n+1}\right) x^{n+1} - \sum_{n=1}^{\infty} \frac{1}{n+1} x^{n+1}$$

$$= S(x) - x - \int_0^x \sum_{n=1}^{\infty} x^n \mathrm{d}x = S(x) - x + \int_0^x \frac{1-x-1}{1-x} \mathrm{d}x = S(x) - x + x + \ln(1-x)$$

$$= S(x) + \ln(1-x),$$

所以
$$S(x) = \frac{\ln(1-x)}{x-1}, \quad -1 < x < 1.$$

(3)因为 $\left(\sum_{n=1}^{\infty} \frac{1}{4n-3} t^{4n-3}\right)' = \sum_{n=1}^{\infty} t^{4n-4} = \frac{1}{1-t^4} (|t| < 1)$,所以

$$\sum_{n=1}^{\infty} \frac{1}{4n-3} t^{4n-3} = \int_0^t \frac{1}{1-t^4} \mathrm{d}t = \frac{1}{2}\left(\arctan t + \frac{1}{2}\ln\frac{1+t}{1-t}\right)(|t| < 1).$$

令 $t = \sqrt[4]{x}$,可得

$$\sum_{n=1}^{\infty} \frac{1}{4n-3} x^n = x^{\frac{3}{4}} \sum_{n=1}^{\infty} \frac{x^{n-\frac{3}{4}}}{4n-3} = \frac{1}{2} x^{\frac{3}{4}} \left(\arctan \sqrt[4]{x} + \frac{1}{2}\ln\frac{1+\sqrt[4]{x}}{1-\sqrt[4]{x}}\right), \quad 0 \leqslant x < 1.$$

(4)容易求得所给幂级数的收敛域为 $(-\infty, +\infty)$.

$$S(x) = \sum_{n=0}^{\infty} \frac{(-1)^n (2n^2+1)}{(2n)!} x^{2n} = \sum_{n=0}^{\infty} (-1)^n \frac{\frac{1}{2}(4n^2 - 2n + 2n + 2)}{(2n)!} x^{2n}$$

$$= \frac{1}{2} \sum_{n=0}^{\infty} (-1)^n \frac{2n(2n-1) + 2n + 2}{(2n)!} x^{2n}$$

$$= \frac{1}{2}\left[\sum_{n=0}^{\infty} (-1)^n \frac{x^{2n}}{(2n-2)!} + \sum_{n=0}^{\infty} \frac{(-1)x^{2n}}{(2n-1)!} + 2\sum_{n=0}^{\infty} \frac{(-1)^n x^{2n}}{(2n)!}\right]$$

$$= -\frac{1}{2} x^2 \sum_{n=1}^{\infty} (-1)^{n-1} \frac{x^{2n-2}}{(2n-2)!} - \frac{1}{2} x \sum_{n=0}^{\infty} \frac{(-1)^{n-1}}{(2n-1)!} x^{2n-1} + \sum_{n=0}^{\infty} \frac{(-1)^n}{(2n)!} x^{2n}$$

$$= -\frac{1}{2} x^2 \cos x - \frac{1}{2} x \sin x + \cos x = \left(1 - \frac{x^2}{2}\right) \cos x - \frac{x}{2} \sin x, \quad x \in (-\infty, +\infty).$$

(5)容易求得所给幂级数的收敛域为 $(-1, 1)$.设和函数为 $S(x)$,则

$$S'(x) = 1 + \sum_{n=1}^{\infty} \frac{(2n)!!}{(2n-1)!!} \frac{x^{2n}}{} = 1 + x \sum_{n=1}^{\infty} \frac{2n(2n-2)!!}{(2n-1)!!} \frac{x^{2n-1}}{}$$

$$= 1 + x\left[\sum_{n=1}^{\infty} \frac{(2n-2)!!}{(2n-1)!!} \frac{x^{2n}}{}\right]' = 1 + x[xS(x)]'$$

从而
$$\begin{cases} (1-x^2)S'(x) - xS(x) = 1, \\ S(0) = 0. \end{cases}$$

解此线性微分方程得

$$S(x) = \mathrm{e}^{\int \frac{x}{1-x^2}\mathrm{d}x}\left[\int \frac{1}{1-x^2} \mathrm{e}^{-\int \frac{x}{1-x^2}\mathrm{d}x} \mathrm{d}x + C\right] = \frac{1}{\sqrt{1-x^2}}\left[\int \frac{1}{\sqrt{1-x^2}} \mathrm{d}x + C\right]$$

$$= \frac{1}{\sqrt{1-x^2}}(\arcsin x + C).$$

由 $S(0) = 0$,得 $C = 0$.因此 $S(x) = \dfrac{\arcsin x}{\sqrt{1-x^2}}, \quad -1 < x < 1.$

注　求幂级数的和函数的步骤为：

(1)求出幂级数的收敛域；

(2)将所求幂级数与已知的幂级数作比较,分析其特点,然后采取变量代换、代数运算或分析运算(即逐项积分或逐项微分)等将幂级数化为常见函数的展开式形式,从而得到新幂级数的和函数；

(3)对所得到的和函数作与(2)中相反的变换或运算,便可得到原级数的和函数.

例 11　求下列常数项级数的和：

(1) $\displaystyle\sum_{n=0}^{\infty} \frac{2^n(n+1)}{n!}$；　　(2) $\displaystyle\sum_{n=0}^{\infty} (-1)^n \frac{n^2-n+1}{2^n}$；　　(3) $\displaystyle\sum_{n=1}^{\infty} \frac{(-1)^{n-1}n}{(2n-1)!}$.

解　(1)构造幂级数 $\displaystyle\sum_{n=0}^{\infty} \frac{2^n(n+1)}{n!}x^n$,则其收敛域为 $(-\infty,+\infty)$. 若记其和函数为 $S(x)$,则

$$S(x) = \left[\int_0^x S(x)\mathrm{d}x\right]' = \left[\sum_{n=0}^{\infty} \frac{2^n}{n!}x^{n+1}\right]' = \left[x\sum_{n=0}^{\infty} \frac{(2x)^n}{n!}\right]' = (xe^{2x})' = e^{2x}(1+2x).$$

故所求常数项级数的和为 $S(1)=3e^2$.

(2)构造幂级数 $\displaystyle\sum_{n=0}^{\infty} (n^2-n+1)x^n$,则其收敛域为 $(-1,1)$,若记其和函数为 $S(x)$,则

$$S(x) = \sum_{n=0}^{\infty} n(n-1)x^n + \sum_{n=0}^{\infty} x^n = x^2 \left(\sum_{n=0}^{\infty} x^n\right)'' + \sum_{n=0}^{\infty} x^n$$

$$= x^2 \left(\frac{1}{1-x}\right)'' + \frac{1}{1-x} = \frac{2x^2}{(1-x)^3} + \frac{1}{1-x}, \quad -1<x<1.$$

故所求常数项级数的和为 $S\left(-\dfrac{1}{2}\right)=\dfrac{22}{27}$.

(3)因为

$$\sum_{n=1}^{\infty} \frac{(-1)^{n-1}n}{(2n-1)!} = \frac{1}{2}\sum_{n=1}^{\infty} \frac{(-1)^{n-1}[(2n-1)+1]}{(2n-1)!} = \frac{1}{2}\left[\sum_{n=1}^{\infty} \frac{(-1)^{n-1}}{(2n-2)!} + \sum_{n=1}^{\infty} \frac{(-1)^{n-1}}{(2n-1)!}\right],$$

而

$$\sum_{n=1}^{\infty} \frac{(-1)^{n-1}}{(2n-2)!} = \sum_{n=0}^{\infty} \frac{(-1)^n}{(2n)!} = \sum_{n=0}^{\infty} \frac{(-1)^n x^{2n}}{(2n)!}\bigg|_{x=1} = \cos 1,$$

$$\sum_{n=1}^{\infty} \frac{(-1)^{n-1}}{(2n-1)!} = \sum_{n=1}^{\infty} \frac{(-1)^{n-1} x^{2n-1}}{(2n-1)!}\bigg|_{x=1} = \sin 1,$$

所以所求常数项级数的和为 $\dfrac{1}{2}(\cos 1 + \sin 1)$.

注　利用幂级数求常数项级数 $\displaystyle\sum_{n=1}^{\infty} u_n$ 的和,通常按如下步骤进行：

(1)找一个幂级数 $\displaystyle\sum_{n=0}^{\infty} a_n x^n$,使得 $a_n x_0^n = u_n$；

(2)求 $\displaystyle\sum_{n=0}^{\infty} a_n x^n$ 的收敛域,若 $\displaystyle\sum_{n=0}^{\infty} a_n x_0^n$ 发散,则 $\displaystyle\sum_{n=0}^{\infty} u_n$ 发散；

(3)若 $\displaystyle\sum_{n=0}^{\infty} a_n x_0^n$ 收敛,则求出 $\displaystyle\sum_{n=0}^{\infty} a_n x^n$ 的和函数 $S(x)$；

(4) $\sum\limits_{n=0}^{\infty} u_n = S(x_0)$.

例 12 将下列函数展开成 x 的幂级数:

(1) $f(x) = \arctan \dfrac{1+x}{1-x}$;　　(2) $f(x) = \ln(1+x^2+x^4)$;　　(3) $f(x) = \dfrac{\mathrm{d}}{\mathrm{d}x}\left(\dfrac{e^{x^2}-1}{x^2}\right)$.

解　因为　　　　$f'(x) = \dfrac{1}{1+x^2} = \sum\limits_{n=0}^{\infty} (-1)^n x^{2n}$　$-1 < x < 1$;

所以　　　$f(x) - f(0) = \int_0^x f'(x)\mathrm{d}x = \int_0^x \sum\limits_{n=0}^{\infty} (-1)^n x^{2n}\mathrm{d}x = \sum\limits_{n=0}^{\infty} \dfrac{(-1)^n}{2n+1}x^{2n+1}$,

而　　　$f(0) = \arctan 1 = \dfrac{\pi}{4}$,所以 $\arctan\dfrac{1+x}{1-x} = \dfrac{\pi}{4} + \sum\limits_{n=0}^{\infty} \dfrac{(-1)^n}{2n+1}x^{2n+1}$, $-1 \leqslant x < 1$.

(2) 因为　　　　　$\ln(1+x^2+x^4) = \ln(1-x^6) - \ln(1-x^2)$,

而　　　$\ln(1-x^6) = \sum\limits_{n=1}^{\infty} \dfrac{x^{6n}}{n}, \ln(1-x^2) = \sum\limits_{n=1}^{\infty} \dfrac{x^{2n}}{n}, -1 < x < 1$,

所以　　　$\ln(1+x^2+x^4) = \sum\limits_{n=1}^{\infty} \dfrac{x^{2n}}{n} - \sum\limits_{n=1}^{\infty} \dfrac{x^{6n}}{n} = \sum\limits_{n=1}^{\infty} a_n x^n, |x| < 1$,

其中　　　$a_{2k+1} = 0, a_{2k} = \begin{cases} \dfrac{1}{k}, & k \neq 3m, \\[2mm] -\dfrac{2}{k}, & k = 3m. \end{cases}$

(3) 在等式 $\dfrac{e^{x^2}-1}{x^2} = \sum\limits_{n=1}^{\infty} \dfrac{x^{2n-2}}{n!}, x \in (-\infty, +\infty)$ 两边对 x 求导,并由幂级数的逐项求导公式有

$$f(x) = \sum\limits_{n=1}^{\infty} \dfrac{(2n-2)}{n!} x^{2n-3}, x \in (-\infty, +\infty).$$

例 13 将下列函数在 x_0 点展开成泰勒级数.

(1) $f(x) = \cos x, x_0 = -\dfrac{\pi}{3}$;　　　　　　(2) $f(x) = \dfrac{1}{x^2+3x+2}, x_0 = -3$.

解　(1) $\cos x = \cos\left[\left(x+\dfrac{\pi}{3}\right) - \dfrac{\pi}{3}\right] = \cos\left(x+\dfrac{\pi}{3}\right)\cos\dfrac{\pi}{3} + \sin\left(x+\dfrac{\pi}{3}\right)\sin\dfrac{\pi}{3}$

$$= \dfrac{1}{2}\cos\left(x+\dfrac{\pi}{3}\right) + \dfrac{\sqrt{3}}{2}\sin\left(x+\dfrac{\pi}{3}\right)$$

$$= \dfrac{1}{2}\sum\limits_{n=0}^{\infty} (-1)^n \dfrac{\left(x+\dfrac{\pi}{3}\right)^{2n}}{(2n)!} + \dfrac{\sqrt{3}}{2}\sum\limits_{n=0}^{\infty} (-1)^n \dfrac{\left(x+\dfrac{\pi}{3}\right)^{2n+1}}{(2n+1)!}, -\infty < x < +\infty.$$

(2) $\dfrac{1}{x^2+3x+2} = \dfrac{1}{x+1} - \dfrac{1}{x+2} = \dfrac{1}{(x+3)-2} - \dfrac{1}{(x+3)-1}$

$$= \dfrac{1}{1-(x+3)} - \dfrac{1}{2} \cdot \dfrac{1}{1-\dfrac{x+3}{2}} = \sum\limits_{n=0}^{\infty} (x+3)^n - \dfrac{1}{2}\sum\limits_{n=0}^{\infty} \dfrac{1}{2^n}(x+3)^n$$

$$= \sum_{n=0}^{\infty} \left[1 - \frac{1}{2^{n+1}}\right](x+3)^n, \quad -4 < x < -2.$$

例 14 已知 $\sum_{n=1}^{\infty} \frac{1}{n^2} = \frac{\pi^2}{6}$，$\sum_{n=1}^{\infty} \frac{(-1)^{n-1}}{n^2} = \frac{\pi^2}{12}$，求：

(1) $\int_0^{+\infty} \frac{x}{1+e^x} dx$；　　　　　　　　(2) $\int_0^{+\infty} \frac{dx}{x^3(e^{\pi/x}-1)}$.

解 (1) $\int_0^{+\infty} \frac{x}{1+e^x} dx = -\int_0^{+\infty} x d\ln(1+e^{-x}) = -x\ln(1+e^{-x})\Big|_0^{+\infty} + \int_0^{+\infty} \ln(1+e^{-x}) dx$

$$= \int_0^{+\infty} \ln(1+e^{-x}) dx = \int_0^{+\infty} \sum_{n=1}^{\infty} \frac{(-1)^{n-1}}{n} e^{-nx} dx = \sum_{n=1}^{\infty} \frac{(-1)^{n-1}}{n} \int_0^{+\infty} e^{-nx} dx$$

$$= \sum_{n=1}^{\infty} \frac{(-1)^{n-1}}{n^2} = \frac{\pi^2}{12}.$$

(2) 令 $t = \frac{\pi}{x}$，则

$$\int_0^{+\infty} \frac{dx}{x^3(e^{\pi/x}-1)} = \frac{1}{\pi^2} \int_0^{+\infty} \frac{t dt}{e^t - 1} = \frac{1}{\pi^2} \int_0^{+\infty} t d\ln(1-e^{-t})$$

$$= \frac{1}{\pi^2} \left[t\ln(1-e^{-t})\Big|_0^{+\infty} - \int_0^{+\infty} \ln(1-e^{-t}) dt \right] = -\frac{1}{\pi^2} \int_0^{+\infty} t d\ln(1-e^{-t}) dt$$

$$= \frac{1}{\pi^2} \int_0^{+\infty} \sum_{n=1}^{\infty} \frac{1}{n} e^{-nt} dt = \frac{1}{\pi^2} \sum_{n=1}^{\infty} \frac{1}{n} \int_0^{+\infty} e^{-nx} dx = \frac{1}{\pi^2} \sum_{n=1}^{\infty} \frac{1}{n^2} = \frac{1}{6}.$$

例 15 设函数 $f(x) = \begin{cases} x, & 0 < x < \pi, \\ x+2\pi, & -\pi < x < 0 \end{cases}$ 展成傅里叶级数为 $\frac{a_0}{2} + \sum_{n=1}^{\infty} (a_n \cos nx + b_n \sin nx)$.

(1) 求系数 a_0，并证明 $a_n = 0, n = 1, 2, \cdots$，指出 a_n 必为 0 的理由；

(2) 求傅里叶级数的和函数 $S(x)$ 及 $S(2\pi)$ 的值.

解 (1) 根据定义，$a_0 = \frac{1}{\pi} \int_{-\pi}^{\pi} f(x) dx = \frac{1}{\pi} \left(\int_{-\pi}^{0} (x+2\pi) dx + \int_0^{\pi} x dx \right)$

$$= 2\int_{-\pi}^{0} dx + \frac{1}{\pi} \int_{-\pi}^{\pi} x dx = 2\pi,$$

$$a_n = \frac{1}{\pi} \int_{-\pi}^{\pi} f(x)\cos nx \, dx = \frac{1}{\pi} \left[\int_{-\pi}^{0} (x+2\pi)\cos nx \, dx + \int_0^{\pi} x\cos nx \, dx \right]$$

$$= \frac{1}{\pi} \int_{-\pi}^{\pi} x\cos nx \, dx + 2\int_{-\pi}^{0} \cos nx \, dx = 0.$$

从另外一个角度看，$f(x) - \frac{a_0}{2} = f(x) - \pi = \begin{cases} x-\pi, & 0 < x < \pi, \\ x+\pi, & -\pi < x < 0 \end{cases}$ 为奇函数，而

$\sum_{n=1}^{\infty} (a_n \cos nx + b_n \sin nx)$ 实际上就是奇函数 $f(x) - \frac{a_0}{2}$ 的傅里叶级数展开式，所以 $a_n = 0$.

(2) 由收敛定理，得 $\quad S(x) = \begin{cases} x, & 0 < x \leqslant \pi, \\ \pi, & x = 0, \\ x+2\pi, & -\pi \leqslant x < 0. \end{cases}$

137

此外，$S(2\pi) = S(0) = \pi$.

例 16 将 $f(x) = 2\sin\dfrac{x}{3}(-\pi < x < \pi)$ 展开成傅里叶级数.

解 将 $f(x)$ 周期延拓成以 2π 为周期的函数 $F(x)$，由于在 $(-\pi, \pi)$ 内，$F(x) = f(x)$ $= 2\sin\dfrac{x}{3}$ 为奇函数，故 $a_n = 0(n = 0,1,2,\cdots)$，而

$$b_n = \frac{2}{\pi}\int_0^\pi 2\sin\frac{x}{3}\sin nx\,\mathrm{d}x = \frac{2}{\pi}\int_0^\pi\left[\cos\left(\frac{1}{3} - n\right)x - \cos\left(\frac{1}{3} + n\right)x\right]\mathrm{d}x$$

$$= \frac{2}{\pi}\left[\frac{\sin\left(n - \frac{1}{3}\right)\pi}{n - \frac{1}{3}} - \frac{\sin\left(n + \frac{1}{3}\right)\pi}{n + \frac{1}{3}}\right] = \frac{6}{\pi}\left[-\frac{\frac{\sqrt{3}}{2}\cos n\pi}{3n - 1} - \frac{\frac{\sqrt{3}}{2}\cos n\pi}{3n + 1}\right]$$

$$= (-1)^{n+1}\frac{18\sqrt{3}}{\pi}\cdot\frac{n}{9n^2 - 1},$$

所以 $\qquad f(x) = \dfrac{18\sqrt{3}}{\pi}\displaystyle\sum_{n=1}^\infty(-1)^{n+1}\dfrac{n}{9n^2 - 1}\sin nx \quad (-\pi < x < \pi).$

例 17 将 $f(x) = x - 1(0 \leqslant x \leqslant 2)$ 展开成周期为 4 的余弦函数.

解 如图 6-1 所示，将 $f(x)$ 进行偶延拓.

$$b_n = 0(n = 1,2,\cdots), a_0 = \frac{2}{2}\int_0^2(x - 1)\mathrm{d}x = 0,$$

$$a_n = \frac{2}{2}\int_0^2(x - 1)\cos\frac{n\pi}{2}x\,\mathrm{d}x$$

$$= \left[(x - 1)\frac{2}{n\pi}\sin\frac{n\pi}{2}x + \frac{4}{n^2\pi^2}\cos\frac{n\pi}{2}x\right]\Big|_0^2$$

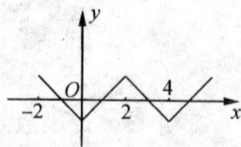
图 6-1

$$= \frac{4}{n^2\pi^2}[(-1)^n - 1] = \begin{cases} 0, & n = 2k, \\ -\dfrac{8}{(2k-1)^2\pi^2}, & n = 2k - 1, \end{cases} (k = 1,2,\cdots),$$

故 $\qquad f(x) = -\dfrac{8}{\pi^2}\displaystyle\sum_{k=1}^\infty\dfrac{1}{(2k-1)^2\pi^2}\cos\dfrac{(2k-1)\pi}{2}x, x \in [0,2].$

例 18 在 $(-\pi, \pi)$ 上将 $f(x) = \pi^2 - x^2$ 展开成傅里叶级数，并由此求级数 $\displaystyle\sum_{n=1}^\infty\dfrac{(-1)^{n+1}}{n^2}$ 的和.

解 因为 $f(x) = \pi^2 - x^2$ 为 $(-\pi, \pi)$ 上的偶函数，所以

$$b_n = 0(n = 1,2,\cdots), a_0 = \frac{2}{\pi}\int_0^\pi(\pi^2 - x^2)\mathrm{d}x = \frac{4}{3}\pi^2,$$

$$a_n = \frac{2}{\pi}\int_0^\pi(\pi^2 - x^2)\cos nx\,\mathrm{d}x = -\frac{2}{\pi}\int_0^\pi x^2\cos nx\,\mathrm{d}x = 4\cdot\frac{(-1)^{n+1}}{n^2}(n = 1,2,\cdots),$$

$$f(x) = \pi^2 - x^2 = \frac{2}{3}\pi^2 + 4\sum_{n=1}^\infty\frac{(-1)^{n+1}}{n^2}\cos nx(-\pi \leqslant x \leqslant \pi).$$

令 $x=0$，得

$$\pi^2=\frac{2}{3}\pi^2+4\sum_{n=1}^{\infty}\frac{(-1)^{n+1}}{n},$$

故

$$\sum_{n=1}^{\infty}\frac{(-1)^{n+1}}{n^2}=\frac{\pi^2}{12}.$$

6.4　课内练习

1. 判别下列级数的敛散性：

(1) $\displaystyle\sum_{n=1}^{\infty}\frac{(n!)^2}{2^{n^2}}$；

(2) $\displaystyle\sum_{n=1}^{\infty}\frac{1}{(an^2+bn+c)^{\beta}}(a>0,b>0)$；

(3) $\displaystyle\sum_{n=1}^{\infty}2^n\sin\frac{\pi}{3^n}$；

(4) $\displaystyle\sum_{n=1}^{\infty}\left(\frac{1}{n}-\ln\frac{n+1}{n}\right)$；

(5) $\displaystyle\sum_{n=1}^{\infty}\left(\frac{n}{3n-1}\right)^{2n-1}$.

2. 判别下列级数的敛散性，若收敛，则求其和：

(1) $\displaystyle\sum_{n=2}^{\infty}\left(\frac{1}{\sqrt{n-1}}-\frac{1}{\sqrt{n+1}}\right)$；

(2) $\displaystyle\sum_{n=1}^{\infty}(-1)^{n-1}\frac{2n-1}{2^{n-1}}$；

(3) $\displaystyle\sum_{n=1}^{\infty}\frac{n}{n+1}\cdot\frac{1}{3^n}$；

(4) $\displaystyle\sum_{n=1}^{\infty}\left(\frac{1}{3^n}+\frac{1}{7^n}\right)$.

3. 求下列级数的收敛域：

(1) $\displaystyle\sum_{n=1}^{\infty}\frac{1}{n(n+1)}(x^2+x+1)^n$；

(2) $\displaystyle\sum_{n=1}^{\infty}(\sqrt{n-1}-\sqrt{n})2^n x^{2n}$；

(3) $\displaystyle\sum_{n=1}^{\infty}\frac{(x+1)^n}{(n+1)\ln^2(n+1)}$；

(4) $\displaystyle\sum_{n=1}^{\infty}\left[\frac{(-1)^n}{2^n}x^n+3^n x^n\right]$.

4. 将下列函数展开成 x 的幂级数：

(1) $f(x)=\ln(2+x-3x^2)$；

(2) $f(x)=\displaystyle\int\frac{e^x-1}{x}dx$.

5. 将下列函数在 x_0 点展开成泰勒级数：

(1) $f(x)=\sqrt[3]{x},x_0=-1$；

(2) $f(x)=\dfrac{x}{x^2-2x-3},x_0=-4$.

6. 将 $f(x)=|\sin x|(-\pi<x<\pi)$ 展开为傅里叶级数.

7. 将 $f(x)=|x|+2(-1\leqslant x\leqslant1)$ 展开成以 2 为周期的傅里叶级数，并求级数 $\displaystyle\sum_{n=1}^{\infty}\frac{1}{n^2}$ 的和.

8. 设 $f(x)$ 是 $[-\pi,\pi]$ 上的可积函数，且是以 2π 为周期的周期函数，其傅里叶系数为 $a_n(n=0,1,2,\cdots),b_n(n=1,2,\cdots)$，求 $f(x+\alpha)(\alpha>0$ 为常数) 的傅里叶系数 A_n,B_n.

6.5　课内练习解答与提示

1. (1) 由比值判别法得到级数收敛；

(2)当 $\beta > \dfrac{1}{2}$ 时,级数收敛,当 $\beta \leqslant \dfrac{1}{2}$ 时,级数发散;

(3)由比较判别法得到级数收敛;

(4)由比较判别法得到级数收敛;

(5)由根值判别法得到级数收敛.

2.(1)发散; (2)收敛于 $\dfrac{2}{9}$; (3)收敛于 $\dfrac{3}{2} - 3\ln 2$; (4)收敛于 $\dfrac{2}{3}$.

3.(1)$[-1, 0)$; (2)$\left(-\dfrac{\sqrt{2}}{2}, \dfrac{\sqrt{2}}{2}\right)$; (3)$[-2, 0]$; (4)$\left(-\dfrac{1}{3}, \dfrac{1}{3}\right)$.

4. (1)$f(x) = \ln 2 - \displaystyle\sum_{n=1}^{\infty} \dfrac{1 + \left(-\dfrac{3}{2}\right)^{n}}{n} x^{n}, \ -\dfrac{2}{3} < x \leqslant \dfrac{2}{3}$;

(2)$f(x) = \displaystyle\sum_{n=1}^{\infty} \dfrac{x^{n}}{n \cdot n!} + C, \ x \in (-\infty, +\infty)$,其中 C 是任意常数.

5. (1)$f(x) = -1 - \dfrac{x+1}{3} + \displaystyle\sum_{n=1}^{\infty} \dfrac{2 \cdot 5 \cdot 8 \cdots (3n-4)}{3^{n} n!} (x+1)^{n}, \ x \in [-2, 0]$;

(2)$f(x) = \dfrac{1}{4} \displaystyle\sum_{n=0}^{\infty} \left(\dfrac{1}{3^{n-1}} + \dfrac{3}{7^{n-1}}\right)(x+4)^{n}, \ x \in (-7, -1)$.

6. $|\sin x| = \dfrac{2}{\pi} + \dfrac{4}{\pi} \displaystyle\sum_{n=0}^{\infty} \dfrac{1}{1-4n^{2}} \cos 2nx, \ x \in (-\pi, \pi]$.

7. $f(x) = \dfrac{5}{2} - \dfrac{4}{\pi^{2}} \displaystyle\sum_{n=0}^{\infty} \dfrac{\cos(2n+1)\pi x}{(2n+1)^{2}}, \ x \in [-1, 1]$; $\displaystyle\sum_{n=1}^{\infty} \dfrac{1}{n^{2}} = \dfrac{\pi^{2}}{6}$.

8. $A_{0} = a_{0}; A_{n} = a_{n} \cos n\alpha + b_{n} \sin n\alpha; B_{n} = b_{n} \cos n\alpha - a_{n} \sin n\alpha$.

参考文献

[1]肖萍,孟益民,全志勇.大学数学(第三版).北京:高等教育出版社,2015.

[2]同济大学应用数学系.高等数学(第五版)(下册).北京:高等教育出版社,2002.

[3]李运樵,敖武峰,裘北泰.微积分标准化试题集.长沙:国防科技大学出版社,1992.

[4]毛纲源.考研数学(数学一)常考题型及其解题方法技巧归纳.武汉:华中科技大学出版社,2004.

[5]刘裔宏,刘碧玉,秦宣云.高等数学辅导与应试训练(下册).长沙:中南大学出版社,2001.

[6]孙清华,孙昊.高等数学疑难分析与解题方式(下).武汉:华中科技大学出版社,2009.

[7]陈文灯,黄先开.考研数学复习指南.北京:北京理工大学出版社,2012.

[8]马柏林,孟益民.大学数学学习辅导与习题选解(上).北京:高等教育出版社,2004.

[9]湖南大学数学与计量经济学院.大学数学习题册.长沙:湖南大学出版社,2004.

[10]湛少锋,桂晓凤,王孝礼.高等数学学习指南(下册).武汉:武汉大学出版社,2013.

[11]杨志和.微积分学习指导.成都:四川大学出版社,2004.

[12]龚成通.高等数学例题与习题.上海:华东理工大学出版社,2005.

[13]高等学校工科数学课程教学指导委员会本科组.高等数学释疑解难.北京:高等教育出版社,1992.

[14]高军安,王香柯.高等数学学习指导.北京:人民邮电出版社,2012.

[15]李心灿,蔡燧林,徐兵.高等数学学习辅导书(本科使用)(第二版).北京:高等教育出版社,2003.

大学数学系列课程

高等数学 下

课后习题及综合测试

第二版

湖南大学数学与计量经济学院 组 编

肖 萍 李永群 全志勇 主 编

湖南大学出版社

目　次

课后习题及综合测试

1 向量代数与空间解析几何

习题 1.1 向量的概念及向量的表示

一、判断题（正确的打"√"，错误的打"×"）

1. 任意两个非零的自由向量必定相交. （ ）

2. 向量在某一轴上的投影是有向线段的长. （ ）

3. 非零向量 a, b 满足 $\|a+b\| = \|a\| + \|b\|$ 的充要条件 $a /\!/ b$. （ ）

4. 空间直角坐标系是由原点都在点 O 的三个相互垂直的数轴构成. （ ）

二、填空题

1. 已知梯形 $OABC$ 中，$\overrightarrow{CB} /\!/ \overrightarrow{OA}$，且 $\|\overrightarrow{CB}\| = \dfrac{1}{2} \|\overrightarrow{OA}\|$. 设 $\overrightarrow{OA} = a, \overrightarrow{OC} = b$，则 $\overrightarrow{AB} =$

＿＿＿＿＿＿.

2. 设 $\|a\| = 4$，且 a 与 u 轴的夹角为 $\dfrac{\pi}{6}$，则 $\mathrm{Prj}_u a =$ ＿＿＿＿＿＿.

3. $\|i+j\| k =$ ＿＿＿＿＿＿，$\|i+k\| j =$ ＿＿＿＿＿＿.

4. 已知向量 $\overrightarrow{AB}$ 的终点 $B(2, -1, 7)$，它在 x, y, z 轴上的投影依次为 $4, -4, 7$，则 $\overrightarrow{AB}$ 的起点坐标为＿＿＿＿＿＿.

5. 当向量 a 的方向角 α, β, γ 满足 $\cos \alpha = 1$ 时，a 垂直于＿＿＿＿＿＿坐标面.

三、求点 (a, b, c) 分别关于：(1) 各坐标面；(2) 各坐标轴；(3) 坐标原点的对称点的坐标.

四、过点 (a, b, c) 分别作各坐标面和各坐标轴的垂线，写出各垂足的坐标，进而求出该点到各坐标面和各坐标轴的距离.

五、设 $a=2i-j+k,b=i+2j-k,c=2i-11j+7k$，求向量 $l=4a+3b-c$ 在 x 轴上的投影及其在 y 轴上的投影向量.

六、设一物体运动速度 v 的大小为 5，方向指向 xOy 的上方，并与 x 轴、y 轴正向的夹角分别为 $\dfrac{\pi}{3},\dfrac{\pi}{4}$，试写出 v 的坐标表达式.

七、已知三角形三顶点坐标分别为 $P_1(2,5,0),P_2(11,3,8),P_3(5,1,12)$，求三角形质心的坐标.

八、已知三个非零向量 a,b,c 中任意两个向量都不平行，但 $a+b$ 平行于 $c,b+c$ 平行于 a，求证：$a+b+c=0$.

练习 1.2　向量的内积、叉积与混合积

一、判断题(正确的打"√",错误的打"×")

1. 非零向量 a,b,c 满足 $(a \cdot b)c = a(b \cdot c)$. （　）

2. 非零向量 a,b 满足 $|a \cdot b| \leqslant \|a\| \|b\|$. （　）

3. $a \times b$ 的几何意义是由 a 与 b 两向量构成的平行四边形的面积. （　）

4. 若 $a°,b°$ 为单位向量, 则 $a° \times b°$ 也为单位向量. （　）

5. 非零向量 $a=b$ 的充要条件为存在非零向量 c, 有 $a \cdot c = b \cdot c, a \times c = b \times c$. （　）

二、填空题

1. 设 $a=(3,2,1)$, $b=(2,\frac{4}{3},k)$, 若 $a \perp b$, 则 $k=$ _____;若 $a /\!/ b$, 则 $k=$ _____.

2. 设 $a=(3,-4,0)$, $b=(-1,y,-5)$, 则使得 $\mathrm{Prj}_a b=-3$ 的 y 的值为_____.

3. 已知 $\|a\|=5$, $\|b\|=8$, a,b 的夹角为 $\frac{\pi}{3}$, 则 $\|a-b\|=$ _____.

4. 已知 $\|a\|=3$, $\|b\|=26$, $\|a \times b\|=72$, 则 $a \cdot b=$ _____.

5. 设向量 d 垂直于向量 $a=(2,3,1)$ 和 $b=(1,-1,3)$, 且与 $c=(2,0,2)$ 的数量积为 -10, 则 $d=$ _____.

三、选择题

1. 设 a,b 均为非零向量, 且 $a \perp b$, 则必有（　）.

A. $\|a+b\| = \|a\| + \|b\|$ 　　　　B. $\|a-b\| = \|a\| - \|b\|$

C. $\|a+b\| = \|a-b\|$ 　　　　D. $a+b=a-b$

2. 设三向量 a,b,c 满足关系式 $a+b+c=0$, 则 $a \times b=$（　）.

A. $c \times b$ 　　B. $b \times c$ 　　C. $a \times c$ 　　D. $b \times a$

3. 若向量 $(a+3b) \perp (7a-5b)$, $(a-4b) \perp (7a-2b)$, 则 $\langle a,b \rangle=$（　）.

A. $\frac{\pi}{6}$ 　　B. $\frac{\pi}{2}$ 　　C. $\frac{\pi}{4}$ 　　D. $\frac{\pi}{3}$

四、设 $a=3i-j-2k$, $b=i+2j-k$, 求:

(1) $a \cdot b$ 及 $a \times b$; 　　(2) $(-a) \cdot (4b)$ 及 $2a \times b$; 　　(3) $\cos\langle a,b \rangle$.

五、已知点 $O(0,0,0)$, $A(1,-1,2)$, $B(3,3,1)$ 及 $C(3,1,3)$, 求:

(1) $\overrightarrow{AB}$, $\| \overrightarrow{AB} \|$ 及 $\overrightarrow{AB}$ 的方向余弦; (2) $\triangle ABC$ 的面积; (3) 四面体 $OABC$ 的体积.

六、利用向量证明不等式 $\sqrt{a_1^2+a_2^2+a_3^2} \cdot \sqrt{b_1^2+b_2^2+b_3^2} \geqslant |a_1b_1+a_2b_2+a_3b_3|$, 其中 a_1, b_1, a_2, b_2, a_3, b_3 为任意实数, 并指出等号成立的条件.

七、设向量 a,b,c 不共面, 即它们的混合积 $[a,b,c] \neq 0$, 试证明: 若对向量 r 成立等式 $r=x_1a+x_2b+x_3c$, 则必有 $x_1=\dfrac{[r,b,c]}{[a,b,c]}$, $x_2=\dfrac{[a,r,c]}{[a,b,c]}$, $x_3=\dfrac{[a,b,r]}{[a,b,c]}$ (这一结论在线性代数中称为三元线性齐次方程组求解的克拉默(Cramer)法则).

练习 1.3　平面及其方程

一、判断题（正确的打"√"，错误的打"×"）

1. 若向量 n 垂直于平面上的向量 $\overrightarrow{M_0M}$，则 n 必为该平面的法线向量.　　（　　）

2. 方程 $y+2z-3=0$ 表示 yOz 面上的一条直线.　　（　　）

3. 设两平面 $\Pi_1:A_1x+B_1y+C_1z+D_1=0$，$\Pi_2:A_2x+B_2y+C_2z+D_2=0$，则 $\Pi_1\parallel\Pi_2$ 的充要条件为 $\dfrac{A_1}{A_2}=\dfrac{B_1}{B_2}=\dfrac{C_1}{C_2}=\dfrac{D_1}{D_2}$.　　（　　）

4. 点 $(1,1,2)$ 和点 $(1,1,3)$ 在平面 $x+2y-z-2=0$ 的同一侧.　　（　　）

5. 两平面 $Ax+By+Cz+D_1=0$，$Ax+By+Cz+D_2=0$ 之间的距离为 $d=\dfrac{|D_2-D_1|}{\sqrt{A^2+B^2+C^2}}$.　　（　　）

二、填空题

1. 设一平面经过原点及点 $(6,-3,2)$ 且与平面 $4x-y+2z=8$ 垂直，则此平面方程为_____.

2. 两平面 $x+2y-z-1=0$ 与 $x+2y+z+1=0$ 间所夹二面角的角平分面方程为_____.

三、选择题

1. 在空间直角坐标系中，$x=0$ 表示（　　）.

A. x 轴　　　　B. 坐标原点　　　　C. yOz 面　　　　D. 以上说法都不对

2. 两平面 $2x-y+z-7=0$ 与 $x+y+2z-11=0$ 的夹角为（　　）.

A. $30°$　　　　B. $60°$　　　　C. $90°$　　　　D. $150°$

四、求满足下列条件的平面方程：(1) 过 $(1,1,-1)$，$(-2,-2,2)$ 和 $(1,-1,2)$ 三点；(2) 过点 $(5,1,7)$，$(4,0,-2)$ 且平行于 z 轴；(3) 垂直平分连接两点 $(4,3,-1)$，$(2,5,3)$ 的线段.

五、过点$(1,-1,1)$作一平面与平面$x-y+z-1=0$和平面$2x+y+z+1=0$都垂直,求此平面方程.

六、在平面$x-y-2z=0$上求与点$(2,1,5)$,$(4,-3,1)$及$(-2,-1,3)$等距离的点P的坐标.

七、求z轴上到两平面$12x+9y+20z-19=0$和$16x-12y+15z-9=0$等距离的点的坐标.

练习 1.4 空间直线及其方程

一、填空题

1. 直线 $\begin{cases} 3x+2z=0, \\ 5x-1=0 \end{cases}$ 平行于_____轴.

2. 直线 $\begin{cases} x+2y-z-2=0, \\ x+y-3z-7=0 \end{cases}$ 的方向余弦为_____.

3. 设两直线 $x-1=\dfrac{y+1}{2}=\dfrac{z-1}{\lambda}$ 与 $x+1=y-1=z$ 相交于一点，则 $\lambda=$_____.

4. 直线 $\begin{cases} x+y+3z=0, \\ x-y-z=0 \end{cases}$ 与平面 $x-y+z+1=0$ 的夹角为_____.

5. 原点到直线 $x-2=\dfrac{y-10}{2}=\dfrac{z+7}{-2}$ 的距离为_____.

二、选择题

1. 设空间直线的对称式方程是 $\dfrac{x}{0}=y=\dfrac{z}{2}$，则该直线过原点且（   ）.

A. 垂直于 x 轴
B. 垂直于 y 轴，但不平行 x 轴
C. 垂直于 z 轴，但不平行 x 轴
D. 平行于 x 轴

2. 直线 $\Gamma: \dfrac{x+3}{-2}=\dfrac{y+4}{-7}=\dfrac{z}{3}$ 与平面 $\Pi: 4x-2y-2z-3=0$ 的关系是（   ）.

A. 平行 B. 垂直相交 C. Γ 在 Π 上 D. 相交但不垂直

3. 设有直线 $\Gamma_1: x-1=\dfrac{5-y}{-2}=z+8$ 与 $\Gamma_2: \begin{cases} x-y=6, \\ 2y+z=3, \end{cases}$ 则 Γ_1 与 Γ_2 的夹角为（   ）.

A. 30° B. 45° C. 60° D. 90°

三、求 B,D 的值，使直线 $\begin{cases} x-2y+z-9=0, \\ 3x+By+z-D=0 \end{cases}$ 在 xOy 面上.

四、一直线在 zOx 坐标面上，且过原点又垂直于直线 $\dfrac{x-2}{3}=\dfrac{y+1}{-2}=z-5$，求它的对称式方程.

五、求满足下列条件的直线方程:

(1)在平面 $x+y+z=1$ 上,且与直线 $\begin{cases} y=1, \\ z=-1 \end{cases}$ 垂直相交; (2)过点 $A(2,-3,4)$ 且和 z 轴垂直相交.

六、求直线 $\begin{cases} x-y+z+2=0, \\ 2x+y+z=0 \end{cases}$ 的对称式方程与参数方程.

七、求点 $P(-1,2,0)$ 分别在平面 $\Pi: x+2y-z+1=0$ 和直线 $\Gamma: x-1=\dfrac{y}{2}=\dfrac{z-3}{3}$ 上的投影点.

八、求直线 $\Gamma: \begin{cases} 3x-y+z+8=0, \\ x+y+2z-3=0 \end{cases}$ 在平面 $\Pi: x-y+1=0$ 上的投影直线的方程.

练习 1.5 曲面、空间曲线及其方程

一、填空题

1. 过球面 $x^2+y^2+z^2-6x+2y=15$ 上一点 $P(3,3,3)$，且与该球面相切的平面方程为_____.

2. 方程 $y^2=1-z$ 表示的曲面是母线平行于_____轴的_____柱面.

3. 将 zOx 面上的抛物线 $z^2=5x$ 绕 x 轴旋转而成的曲面方程是_____.

4. 圆锥 $x^2+y^2=3z^2$ 的半顶角 $\alpha=$_____.

5. 曲线 $x=a\cos\theta,y=a\sin\theta,z=b\theta$ 在 xOy 面上的投影曲线是_____.

6. $x-y=1$ 在平面及空间中分别表示_____和_____；$\begin{cases}5x-y+1=0,\\2x-y-3=0\end{cases}$ 在平面及空间中分别表示_____和_____；$x^2-y^2=1$ 在平面及空间中分别表示_____和_____.

二、求下列柱面方程：

(1) 准线为 $\begin{cases}y^2=2z,\\x=0,\end{cases}$ 母线平行于 x 轴； (2) 准线为 $\begin{cases}7-2z=x^2+y^2,\\2x+2y+2z=1,\end{cases}$ 母线平行于 z 轴.

三、指出下列方程所表示的曲面哪些是旋转曲面，以及这些旋转曲面是怎样形成的：

(1) $x+y^2+z^2=1$； (2) $x^2+2y^2+4z^2=1$；

(3) $x^2-\dfrac{y^2}{4}+z^2=1$.

四、一动点 $P(x,y,z)$ 到原点的距离等于它到平面 $z=4$ 的距离，试求动点 P 的轨迹，并判定它的曲面类型.

五、求直线 $\Gamma: x-1=\dfrac{y}{2}=z-1$ 绕 y 轴旋转一周所生成的旋转曲面的方程.

六、画出下列曲线在第一卦限的图形：

(1) $\begin{cases} z=\sqrt{1-x^2-y^2}, \\ y=x; \end{cases}$ 　　　　　　(2) $\begin{cases} x^2+y^2=1, \\ x^2+z^2=1. \end{cases}$

七、把下列曲线的一般式方程转化为参数式方程：

(1) $\begin{cases} x^2+y^2+z^2=1, \\ x+y=0; \end{cases}$
(2) $\begin{cases} z=\sqrt{4-x^2-y^2}, \\ (x-1)^2+y^2=1. \end{cases}$

八、求下列曲面所围成的立体在 xOy 面上的投影：

(1) $x^2+y^2+z^2=R^2$, $x^2+y^2+(z-R)^2=R^2$；

(2) $z=\sqrt{x^2+y^2-1}$, $x^2+y^2=4$ 及 $z=0$.

练习 1.6　二次曲面的标准方程

一、判断题(正确的打"√",错误的打"×")

1. 曲面方程 $F(x,y,z)=0$ 与二元函数 $z=f(x,y)$ 等价.　　　　　(　)

2. 凡三元二次方程都表示空间一曲面.　　　　　　　　　　　　(　)

3. 圆柱面 $x^2+y^2=18$ 被平面 $x-y=0$ 相截,截痕为空间的椭圆曲线.　(　)

4. 通过椭球面 $x^2+y^2+2z^2=1$ 和圆锥面 $y^2=x^2+z^2$ 的交线,且母线平行于 z 轴的柱面必为双曲柱面 $3y^2-x^2=1$.　　　　　　　　　　(　)

5. 方程 $x^2-y^2-z^2-2yz=0$ 表示两个相交的平面.　　　　　(　)

二、指出下列方程所表示的曲面类型:

(1) $\dfrac{x^2}{9}+\dfrac{y^2}{4}+z^2=1$;　　　　　　　　(2) $\dfrac{z}{3}=\dfrac{x^2}{4}+\dfrac{y^2}{9}$;

(3) $x^2+y^2=z^2$;　　　　　　　　(4) $x^2-y^2-z^2=4$.

三、问在 xOy 面中的方程 $xy=h$(h 是或正,或负,或为零的常数)表示怎样的曲线?在空间直角坐标系中 $xy=z$ 表示什么曲面?试用截面法研究它的图形.

2 多元函数微分学

习题 2.1 多元函数的基本概念

一、填空题

1. 平面点集 $E=\{(r\cos\theta, r\sin\theta)\,|\,0<r<1, 0<\theta<2\pi\}$ 的边界是_____.

2. 函数 $z=\arccos\ln(x+y)$ 的定义域为_____，值域为_____.

3. 已知 $f(\dfrac{y}{x})=\dfrac{\sqrt{x^2+y^2}}{y}(y>0)$，则 $f(x)=$_____.

4. 设 $F(x,y)=\sqrt{y}+f(\sqrt{x}-1)$，且 $F(x,1)=x$，则 $f(x)=$_____，$F(x,y)=$_____.

二、选择题

1. $z=\arcsin\dfrac{1}{x^2+y^2}+\ln(1-x^2-y^2)$ 的定义域为（　　　）.

A. 空集 $\varnothing$ 　　　　　　　　　　B. $\{(x,y)\,|\,1<x^2+y^2\leqslant1\}$

C. $\{(0,0)\}$ 　　　　　　　　　　　D. $\{(x,y)\,|\,x^2+y^2=1\}$

2. 下列点集中既是开集又是无界集的是（　　　）.

A. $\{(x,y)\,|\,y^2<x<1\}$ 　　　　　　B. $\{(x,y)\,|\,1<x^2+y^2<3\}$

C. $\{(x,y)\,|\,y<x^2\}$ 　　　　　　　D. $\{(x,y)\,|\,x\leqslant y^2\}$

3. 点集 $E=\{(x,y)\,|\,0<x^2+y^2<1\}\cup\{2\}$ 的聚点为（　　　）.

A. $\{(x,y)\,|\,0<x^2+y^2<1\}\cup\{(0,2)\}$ 　　B. $\{(x,y)\,|\,x^2+y^2\leqslant1\}$

C. $\{(x,y)\,|\,0<x^2+y^2<1\}$ 　　　　　　D. $\{(x,y)\,|\,x^2+y^2\leqslant1\}\cup\{(0,2)\}$

4. 设函数 $z_1=x+y$，$z_2=(\sqrt{x+y})^2$，$z_3=\sqrt{(x+y)^2}$，则（　　　）.

A. z_1 与 z_2 是相同的函数 　　　　　B. z_1 与 z_3 是相同的函数

C. z_2 与 z_3 是相同的函数 　　　　　D. 其中任何两个都不是相同的函数

5. 设 $E=\{(x,y)\,|\,xy>0\}$，则 E 是平面中的（　　　）.

A. 开集 　　　　　　B. 闭集 　　　　　　C. 区域 　　　　　　D. 有界集

三、求下列函数的定义域,并画出定义域的图形:

$(1)z=\sqrt{x-\sqrt{y}}$;

$(2)z=\dfrac{1}{\sqrt{2x-y}}+\arccos\dfrac{y}{3}+\ln(y-x-1)$.

习题 2.2　多元函数的极限与连续性

一、判断题（正确的打"√"，错误的打"×"）

1. 若点 P 沿无穷多条路径趋于点 P_0 时，函数 $z=f(P)$ 的极限值都为 A，则 $\lim\limits_{P\to P_0}f(P)=A$.

（　　）

2. 从 $\lim\limits_{x\to 0}f(x,0)=0$ 和 $\lim\limits_{x\to 0}f(x,3x)=1$，知 $\lim\limits_{\substack{x\to 0\\y\to 0}}f(x,y)$ 不存在. （　　）

3. 若函数 $f(x,y)$ 在点 (x_0,y_0) 沿每条射线都连续，即 $\lim\limits_{\rho\to 0^+}f(x_0+\rho\cos\theta,y_0+\rho\sin\theta)$ $=f(x_0,y_0)$，则 $f(x,y)$ 在点 (x_0,y_0) 连续. （　　）

二、选择题

1. $\lim\limits_{\substack{x\to 0\\y\to 0}}(1+xy)^{\frac{1}{x}}$ 的值为（　　）.

A. e　　　　　　B. 0　　　　　　C. y　　　　　　D. 1

2. 设函数 $f(x,y)=\begin{cases}\dfrac{\sin(x^2+y^2)}{x^2+y^2}, & x^2+y^2\neq 0\\ 0, & x^2+y^2=0,\end{cases}$ 则它在 $(0,0)$ 处（　　）.

A. 无定义　　　B. 无极限　　　C. 有极限但不连续　　　D. 连续

3. 函数 $f(x,y)=\begin{cases}x\sin\dfrac{1}{y}, & y\neq 0,\\ 0, & y=0\end{cases}$ 的不连续点集 E 是（　　）.

A. $\{(x,0)\,|\,x\neq 0,x\in\mathbf{R}\}$　　　　　B. $\{(x,0)\,|\,x\in\mathbf{R}\}$

C. $\mathbf{R}^2$ 中的闭集　　　　　　　　　D. $\mathbf{R}^2$ 中的开集

4. 下列结论错误的是（　　）

A. 按等价无穷小的替换原则，有 $\lim\limits_{\substack{x\to 0\\y\to 0}}\dfrac{\sin(x^2+y^2)}{x^2+y^2}=\lim\limits_{\substack{x\to 0\\y\to 0}}\dfrac{x^2+y^2}{x^2+y^2}=1$

B. 按无穷大量与无穷小量的关系，有 $\lim\limits_{\substack{x\to 0\\y\to 0}}\dfrac{xy}{x+y}=\lim\limits_{\substack{x\to 0\\y\to 0}}\dfrac{1}{\dfrac{1}{y}+\dfrac{1}{x}}=0$

C. 按变量代换的方法，有 $\lim\limits_{\substack{x\to 0\\y\to 0}}\dfrac{x+y}{\mathrm{e}^x\mathrm{e}^y-1}=\lim\limits_{t\to 0}\ln(1+t)^{\frac{1}{t}}-1$，此处 $t=\mathrm{e}^x\mathrm{e}^y\ \ 1$

D. 按根式有理化方法，有 $\lim\limits_{\substack{x\to 0\\y\to 0}}\dfrac{1-\sqrt{1-xy}}{xy}=\lim\limits_{\substack{x\to 0\\y\to 0}}\dfrac{1}{1+\sqrt{1-xy}}=\dfrac{1}{2}$

三、求下列极限,若不存在,说明理由.

(1)$\lim\limits_{\substack{x\to 2\\y\to 0}}\dfrac{\tan(xy)}{y}$;

(2)$\lim\limits_{\substack{x\to 0\\y\to 0}}\dfrac{1-\cos(x^2+y^2)}{(x^2+y^2)\mathrm{e}^{x^2+y^2}}$;

(3)$\lim\limits_{\substack{x\to 0\\y\to 0}}\dfrac{\sqrt{xy+1}-1}{x+y}$;

(4)$\lim\limits_{\substack{x\to 0\\y\to 0}}\dfrac{x^2y^2}{x^2y^2+(x-y)^2}$.

习题 2.3　偏导数

一、判断题(正确的打"√",错误的打"×")

1. 若在平面区域 D 内,函数 $f(x,y)$ 的偏导数 f_x', f_y' 都存在,则 $f(x,y)$ 在 D 内必连续.　　　　　　　　　　　　　　　　　　　　　　　　　　　　(　　)

2. 若函数 $f(x,y)$ 在点 P 处连续,则 $f(x,y)$ 在点 P 处的偏导数一定存在.　(　　)

3. 若函数 $f(x,y)$ 在平面区域 D 的偏导数 f_x', f_y' 都有界,则 $f(x,y)$ 在 D 上连续.　(　　)

4. 函数 $f(x,y)$ 在点 P 处的连续性与该函数在 P 点处的偏导数是否存在无关.　(　　)

二、填空题

1. 设函数 $f(x,y)=\begin{cases}0, & xy=0,\\ 1, & xy\neq0,\end{cases}$ 则 $f_x'(0,0)=$＿＿＿＿＿＿; $f_y'(0,0)=$＿＿＿＿＿＿.

2. 设 $z=\mathrm{e}^{xy}(x+y)$,则 $\dfrac{\partial z}{\partial x}=$＿＿＿＿＿＿; $\dfrac{\partial z}{\partial y}=$＿＿＿＿＿＿.

3. 设 $u=x^{\frac{y}{z}}$,则 $\dfrac{\partial u}{\partial x}=$＿＿＿＿＿; $\dfrac{\partial u}{\partial y}=$＿＿＿＿＿; $\dfrac{\partial u}{\partial z}=$＿＿＿＿＿.

4. 曲线 $\begin{cases}z=\dfrac{1}{4}(x^2+y^2),\\ y=4\end{cases}$ 在点 $(2,4,5)$ 处的切线与 x 轴正向所成的夹角为＿＿＿＿＿＿.

5. 设 $z=\ln(\sqrt[n]{x}+\sqrt[n]{y})$,则 $x\dfrac{\partial z}{\partial x}+y\dfrac{\partial z}{\partial y}=$＿＿＿＿＿＿.

三、选择题

1. 设函数 $f(x,y)=|x-y|g(x,y)$,其中 $g(x,y)$ 在点 $(0,0)$ 连续,且 $g(0,0)=0$,则(　　).

A. $f_x'(0,0), f_y'(0,0)$ 都不存在

B. $f_x'(0,0)=0, f_y'(0,0)=0$

C. $f_x'(0,0), f_y'(0,0)$ 存在但不为 0

D. $f_x'(0,0), f_y'(0,0)$ 只有一个存在

2. 设函数 $f(x,y)=\sqrt{|xy|}$,则在原点处 $f(x,y)$(　　).

A. 连续,偏导数存在

B. 连续,偏导数不存在

C. 不连续,偏导数存在

D. 不连续,偏导数不存在

四、求下列函数的一阶偏导数：

(1)$z = \sin(xy) + \cos^2(xy)$；

(2)$u = \arctan(x-y)^z$；

(3)$u = x^y y^z$；

(4)$F(x,y) = \displaystyle\int_y^{xy} f(s)\mathrm{d}s + \int_0^1 e^{x^2}\mathrm{d}x$.

五、设 $f(x,y) = \begin{cases} x^2 \arctan \dfrac{y}{x} - y^2 \arctan \dfrac{x}{y}, & xy \neq 0, \\ 0, & xy = 0, \end{cases}$ 求 $f_x'(x,y)$.

习题 2.4 全微分

一、判断题(正确的打"√",错误的打"×")

1. 若 $f(x,y)$ 在 (x_0,y_0) 的邻域内连续,且 $f'_x(x,y)$,$f'_y(x,y)$ 有界,则 $f(x,y)$ 在点 (x_0,y_0) 可微. ( )

2. 若 $f(x,y)$ 在 (x_0,y_0) 可微,则其偏导数 $f'_x(x,y)$,$f'_y(x,y)$ 在点 (x_0,y_0) 处连续. ( )

3. 若 $f(x,y)$ 在 (x_0,y_0) 处的两个混合偏导数 $f''_{xy}(x_0,y_0)$,$f''_{yx}(x_0,y_0)$ 都存在,则它们必相等. ( )

二、选择题

1. 下列必定不是某个二元函数的全微分的是( ).

A. $y\mathrm{d}x+x\mathrm{d}y$ B. $y\mathrm{d}x-x\mathrm{d}y$ C. $x\mathrm{d}x+y\mathrm{d}y$ D. $x\mathrm{d}x-y\mathrm{d}y$

2. 下列命题中正确的是( ).

A. 若 $z=f(x,y)$ 可微,则其必存在连续的一阶偏导数

B. 若 $z=f(x,y)$ 作为任一变量 x 或 y 的一元函数都连续,则 $z=f(x,y)$ 必连续

C. 若 $z=f(x,y)$ 的一阶偏导数均存在,则其必连续

D. 若 $z=f(x,y)$ 连续,则作为任一变量 x 或 y 的一元函数必连续

3. 使 $\mathrm{d}f=\Delta f$ 的函数 f 为( ).

A. $ax+by+c$ B. $\sin xy$ C. $\mathrm{e}^x+\mathrm{e}^y$ D. x^2+y^2

4. 设函数 $f(x,y,z)=\sqrt[z]{\dfrac{x}{y}}$,则 $\mathrm{d}f(1,1,1)=($).

A. $\mathrm{d}x+\mathrm{d}y$ B. $\mathrm{d}x-\mathrm{d}y$ C. $\mathrm{d}x+\mathrm{d}y+\mathrm{d}z$ D. $\mathrm{d}x-\mathrm{d}y+\mathrm{d}z$

三、求下列函数的全微分:

(1) $z=\mathrm{e}^x y\sin(x+y)$ (2) $u=x\mathrm{e}^{yz}+\mathrm{e}^{-z}+y$ 在点 $(1,2,1)$ 处.

四、设 $f(x,y)=\begin{cases}\dfrac{x^2y^2}{(x^2+y^2)^{3/2}}, & x^2+y^2\neq 0,\\ 0, & x^2+y^2=0,\end{cases}$ 证明：$f(x,y)$ 在点 $(0,0)$ 处连续且偏导数存在，但不可微.

五、设 $f(x,y)=|x-y|\varphi(x,y)$，其中 $\varphi(x,y)$ 在点 $(0,0)$ 的邻域内连续，求：

(1)$\varphi(x,y)$ 在什么条件下，偏导数 $f'_x(0,0)$，$f'_y(0,0)$ 存在？

(2)$\varphi(x,y)$ 满足什么条件可使 $f(x,y)$ 在点 $(0,0)$ 处可微？

习题 2.5　多元复合函数的求导法则

一、填空题

1. 设 $z=f(x+y,x-y)$，其中 $f(x,y)$ 可微，则 $\dfrac{\partial z}{\partial x}=$_____，$\dfrac{\partial z}{\partial y}=$_____.

2. 设 $z=x^n f\left(\dfrac{y}{x^2}\right)$，其中 $f(x,y)$ 可微，则 $x\dfrac{\partial z}{\partial x}+2y\dfrac{\partial z}{\partial y}=$_____.

3. 设 $z=f(x,y)$，$x=\rho\cos\theta$，$y=\rho\sin\theta$，其中 $f(x,y)$ 可微，则 $\dfrac{\partial z}{\partial\theta}=$_____.

4. 设 $z=x^2+\sin y$，$x=\cos t$，$y=t^3$，则 $\dfrac{\mathrm{d}z}{\mathrm{d}t}=$_____.

二、选择题

1. 设 $u=xyf\left(\dfrac{x+y}{xy}\right)$，$f(t)$ 可微，且满足 $x^2\dfrac{\partial u}{\partial x}-y^2\dfrac{\partial u}{\partial y}=G(x,y)u$，则 $G(x,y)=($　　$)$.

A. $x+y$　　　　　　B. $x+y$　　　　　　C. x^2-y^2　　　　　　D. $(x+y)^2$

2. 利用变量替换 $u=x$，$v=\dfrac{y}{x}$ 可以把方程 $x\dfrac{\partial z}{\partial x}+y\dfrac{\partial z}{\partial y}=z$ 化为新的方程 $($　　$)$.

A. $u\dfrac{\partial z}{\partial v}=z$　　　B. $v\dfrac{\partial z}{\partial v}=z$　　　C. $u\dfrac{\partial z}{\partial u}=z$　　　D. $v\dfrac{\partial z}{\partial u}=z$

3. 设 $z=\arctan\dfrac{x}{y}$，而 $x=u+v$，$y=u-v$，则 $\dfrac{\partial z}{\partial u}+\dfrac{\partial z}{\partial v}=($　　$)$.

A. $\dfrac{u-v}{u^2+v^2}$　　　B. $\dfrac{u+v}{u^2+v^2}$　　　C. $\dfrac{u-v}{u+v}$　　　D. $\dfrac{u+v}{u-v}$

三、设 $z=u\mathrm{e}^{\frac{v}{u}}$，$u=x^2+y^2$，$v=xy$，求 $\dfrac{\partial z}{\partial x}$，$\dfrac{\partial z}{\partial y}$.

四、设 $z=\arcsin(x-y)$，$x=3t$，$y=4t^3$，求全导数 $\dfrac{\mathrm{d}z}{\mathrm{d}t}$.

五、设 $z = e^y \varphi(y e^{\frac{x^2}{2y^2}})$，其中 φ 具有一阶连续偏导数，求 $(x^2 - y^2)\dfrac{\partial z}{\partial x} + xy\dfrac{\partial z}{\partial y}$.

六、设 $z = xy + xF(u)$，$u = \dfrac{y}{x}$，$F(u)$ 为可导函数，求证：$x\dfrac{\partial z}{\partial x} + y\dfrac{\partial z}{\partial y} = z + xy$.

七、设函数 $z = f(x, y)$ 在点 $(1,1)$ 可微，且 $f(1,1) = 1$，$\dfrac{\partial f}{\partial x}\Big|_{(1,1)} = 2$，$\dfrac{\partial f}{\partial y}\Big|_{(1,1)} = 3$，$\varphi(x) = f(x, f(x,x))$，求 $\dfrac{\mathrm{d}}{\mathrm{d}x}\varphi^3(x)\Big|_{x=1}$.

习题 2.6　隐函数的导数

一、填空题

1. 设 $\dfrac{x}{z}=\varphi\left(\dfrac{y}{z}\right)$，其中 φ 可微，则 $x\dfrac{\partial z}{\partial x}+y\dfrac{\partial z}{\partial y}=$＿＿＿＿＿＿＿＿＿＿＿＿＿．

2. 由方程 $x+2y+z+\sqrt{x^2+y^2+z^2}=\sqrt{2}$ 确定的函数 $z=z(x,y)$ 在点 $(1,0,-1)$ 处的全微分 $\mathrm{d}z=$＿＿＿＿＿＿＿＿＿＿＿＿＿．

3. 设 $u=xy^2z^3$，其中 $z=z(x,y)$ 是由 $x^2+y^2+z^2-3xyz=0$ 确定的隐函数，则 $\dfrac{\partial u}{\partial x}\Big|_{(1,1,1)}=$＿＿＿＿＿＿＿＿＿＿．

4. 设 $u=xy^2z^3$，其中 $y=y(x,z)$ 是由 $x^2+y^2+z^2-3xyz=0$ 确定的隐函数，则 $\dfrac{\partial u}{\partial x}\Big|_{(1,1,1)}=$＿＿＿＿＿＿＿＿＿＿．

5. 设 $z=f(x,y,z)$，$y=\mathrm{e}^x$，则 $\dfrac{\mathrm{d}z}{\mathrm{d}x}=$＿＿＿＿＿＿＿＿＿＿＿＿＿．

6. 设 $F(x,y,z)$ 可微，且 F'_x,F'_y,F'_z 均不为零，若由 $F(x,y,z)=0$ 所确定的三个隐函数分别为 $x=x(y,z),y=y(x,z)$，$z=z(x,y)$，则 $\dfrac{\partial x}{\partial y}\dfrac{\partial y}{\partial z}\dfrac{\partial z}{\partial x}=$＿＿＿＿＿＿＿＿＿＿＿．

二、设 $\ln\sqrt{x^2+y^2}=\arctan\dfrac{y}{x}$ 确定 y 为 x 的函数，用两种方法求 $\dfrac{\mathrm{d}y}{\mathrm{d}x}$．

三、由 $\mathrm{e}^{x+y}\sin(x+z)=1$ 确定 z 是 x,y 的函数，求 $\mathrm{d}z$．

四、设 $\begin{cases} x=u\cos\dfrac{v}{u}, \\ y=u\sin\dfrac{v}{u}, \end{cases}$ 求 $\dfrac{\partial u}{\partial x},\dfrac{\partial u}{\partial y},\dfrac{\partial v}{\partial x},\dfrac{\partial v}{\partial y}.$

五、设 $u=f(x,y,z),\varphi(x^2,\mathrm{e}^y,z)=0,y=\sin x,$ 其中 f,φ 都具有一阶连续偏导数，且 $\dfrac{\partial\varphi}{\partial z}\neq0,$ 求 $\dfrac{\mathrm{d}u}{\mathrm{d}x}.$

六、设 $F\left(x+\dfrac{z}{y},y+\dfrac{z}{x}\right)=0$ 确定 $z=z(x,y)$，且 $F(u,v)$ 具有连续偏导数，证明：$x\dfrac{\partial z}{\partial x}+y\dfrac{\partial z}{\partial y}=z-xy.$

习题 2.7 高阶偏导数,高阶微分及泰勒公式

一、填空题

1. 设 $z = \arctan \dfrac{y}{x}$,则 $\dfrac{\partial^2 z}{\partial x^2} =$ _____, $\dfrac{\partial^2 z}{\partial x \partial y} =$ _____, $\dfrac{\partial^2 z}{\partial y^2}$ $=$ _____.

2. 设 $u = (\dfrac{x}{y})^z$,则 $\dfrac{\partial^2 u}{\partial x \partial y} =$ _____.

3*. 设 $u = xyz$,则 $\mathrm{d}^3 u =$ _____.

4. 设 $f(x,y) = \displaystyle\int_0^{xy} \mathrm{e}^{-t^2} \mathrm{d}t$,则 $\dfrac{x}{y} \dfrac{\partial^2 f}{\partial x^2} - 2 \dfrac{\partial^2 f}{\partial x \partial y} + \dfrac{y}{x} \dfrac{\partial^2 f}{\partial y^2} =$ _____.

二、选择题

1. 设 $\varphi(x), \psi(y)$ 为任意的可微函数,若已知 $\dfrac{\partial^2 F}{\partial x \partial y} \neq \dfrac{\partial^2 f}{\partial x \partial y}$,则 $F(x,y)$ 是( ).

A. $f(x,y) + \varphi(x)$ 　　　　　　 B. $f(x,y) + \psi(y)$

C. $f(x,y) + \varphi(x) + \psi(y)$ 　　　 D. $f(x,y) + \varphi(x)\psi(y)$

2. 设 $u = f(x+y, xz)$ 有二阶连续偏导数,则 $\dfrac{\partial^2 u}{\partial x \partial z} =$ ( ).

A. $f_2' + x f_{11}'' + (x+z) f_{12}'' + xz f_{22}''$ 　　 B. $f_2' + xz f_{22}''$

C. $f_2' + x f_{12}'' + xz f_{22}''$ 　　　　　　 D. $x f_{12}'' + xz f_{22}''$

三、 设 $z = x\ln(xy)$,求 $\dfrac{\partial^3 z}{\partial x^2 \partial y}$ 和 $\dfrac{\partial^3 z}{\partial x \partial y^2}$.

四、 设函数 $z = f(x,y)$,有 $\dfrac{\partial^2 f}{\partial y^2} = 2$,且 $f(x,0) = 1, f_y'(x,0) = x$,求 $f(x,y)$ 的表达式.

五、设 $z=\dfrac{1}{x}f(xy)+yf(x+y)$，求 $\dfrac{\partial^2 z}{\partial x \partial y}$.

六、设方程 $xy+yz+zx=1$ 确定了隐函数 $z=z(x,y)$，试求 $\dfrac{\partial^2 z}{\partial x^2}$，$\dfrac{\partial^2 z}{\partial y^2}$.

七、* 设 $u=\ln(x^x y^y z^z)(x>0,y>0,z>0)$，求 $\mathrm{d}^4 u$.

八、* 求函数 $f(x,y)=e^x\ln(1+y)$ 在点 $(0,0)$ 处的三阶泰勒公式.

习题 2.8　方向导数与梯度

一、判断题（正确的打"√"，错误的打"×"）

1. $\left.\dfrac{\partial f}{\partial x}\right|_{(x_0,y_0)}$ 为 $f(x,y)$ 在点 (x_0,y_0) 处沿 x 轴的方向导数．　　　　　　（　　）

2. 若 $f(x,y)$ 在点 (x_0,y_0) 沿任意方向都存在方向导数，则 $f(x,y)$ 在 (x_0,y_0) 必可微．

　　　　　　　　　　　　　　　　　　　　　　　　　　　　　　　　（　　）

3. 若 $f(x,y)$ 在 (x_0,y_0) 处可微，则 $f(x,y)$ 沿任何方向的方向导数均存在．　（　　）

4. 函数 $u=x^2-xy+y^2$ 在 $(1,1)$ 处沿 $\left(\dfrac{1}{4},\dfrac{1}{4}\right)$ 方向的变化率为最大．　　（　　）

二、填空题

1. 函数 $z=x^2+y^2$ 在点 $(1,2)$ 处沿从点 $(1,2)$ 到点 $(2,2+\sqrt{3})$ 的方向的方向导数为_____．

2. 设 $f(x,y,z)=x^2+2y^2+3z^2+xy+3x-2y-6z$，则 **grad** $f(0,0,0)=$_____．

3. 已知场 $u(x,y,z)=\dfrac{x^2}{a^2}+\dfrac{y^2}{b^2}+\dfrac{z^2}{c^2}$，则 u 沿场的梯度方向的方向导数是_____．

4. 函数在某点的梯度是这样一个向量，它的方向与_____，而它的模为方向导数的_____．

三、选择题

1. 函数 $u=\ln(x+\sqrt{y^2+z^2})$ 在点 $A(1,0,1)$ 处沿点 A 指向点 $B(3,-2,2)$ 方向的方向导数为（　　）．

A. $\left(\dfrac{1}{2},0,\dfrac{1}{2}\right)$　　　　　　B. $\dfrac{1}{2}$　　　　　　C. $\left(\dfrac{2}{3},-\dfrac{2}{3},\dfrac{1}{3}\right)$　　　　　　D. 2

2. 函数 $f(x,y)=\arctan\dfrac{x}{y}$ 在点 $(0,1)$ 处的梯度等于（　　）．

A. $\boldsymbol{i}$　　　　　　B. $\boldsymbol{j}$　　　　　　C. $\boldsymbol{1}$　　　　　　D. $\boldsymbol{0}$

四、求二元函数 $u=x^2-xy+y^2$ 在 $(-1,1)$ 处沿方向 $\boldsymbol{l}=\dfrac{1}{\sqrt{5}}(2,1)$ 的方向导数及梯度，并指出 u 在该点沿哪个方向减少得最快？沿哪个方向 u 的值不变？

五、求 $u=\dfrac{x^2}{a^2}+\dfrac{y^2}{b^2}+\dfrac{z^2}{c^2}$ 在点 $M(x_0,y_0,z_0)$ 处沿点的向径 $\boldsymbol{r}$ 的方向导数,问 a,b,c 满足什么关系时,此方向导数等于梯度的模?

六、设 $f(x,y)$ 在点 P_0 处可微,$\boldsymbol{l}_1=(\dfrac{\sqrt{2}}{2},\dfrac{\sqrt{2}}{2})$,$\boldsymbol{l}_2=(-\dfrac{\sqrt{2}}{2},\dfrac{\sqrt{2}}{2})$,$\left.\dfrac{\partial f}{\partial l_1}\right|_{P_0}=1$,$\left.\dfrac{\partial f}{\partial l_2}\right|_{P_0}=0$,确定方向 $\boldsymbol{l}$,使得 $\left.\dfrac{\partial f}{\partial l}\right|_{P_0}=\dfrac{7}{5\sqrt{2}}$.

七、设 u,v 都是 x,y,z 的函数,u,v 的偏导数都存在且连续,证明:$\mathbf{grad}(uv)=v\,\mathbf{grad}\,u+u\,\mathbf{grad}\,v$.

3 多元函数微分学的应用

习题 3.1—3.2 微分学在几何上的应用

一、判断题（正确的打"√"，错误的打"×"）

1. 若 $\boldsymbol{n}$ 为曲面 $\sum$ 在 M_0 处的法向量，则 $-\boldsymbol{n}$ 也为法向量. （　　）

2. 曲面 $z=f(x,y)$ 一般有两个法方向，法向量 $\boldsymbol{n}=(-f'_x,-f'_y,1)$ 一定指向曲面的下侧. （　　）

3. 空间曲线 $\Gamma: x=x(t), y=y(t), z=z(t)$ 在 $M_0(x(t_0), y(t_0), z(t_0))$ 处的一个切向量为 $(x'(t_0), y'(t_0), z'(t_0))$（这里 $x'(t_0), y'(t_0), z'(t_0)$ 不全为 0）. （　　）

二、填空题

1. 曲线 $x=a\cos t, y=a\sin t, z=t$ 在点 $t=0$ 处的切向量 $\boldsymbol{\tau}=$＿＿＿＿＿＿＿＿＿.

2. 曲面 $x^2+2y^2+3z^2=6$ 在点 $(1,1,1)$ 处的切平面方程为＿＿＿＿＿＿＿＿＿，法线方程为＿＿＿＿＿＿＿＿＿.

3. 曲线 $\begin{cases} x^2+z^2=10, \\ y^2+z^2=10 \end{cases}$ 在点 $(1,1,3)$ 处的切线方程为＿＿＿＿＿＿＿＿＿，法平面方程为＿＿＿＿＿＿＿＿＿.

4. 由 xOy 面上的曲线 $3x^2+2y^2=15$ 绕 y 轴旋转一周得到的旋转曲面在点 $(0,\sqrt{3}, \sqrt{3})$ 处的指向外侧的单位法向量为＿＿＿＿＿＿＿.

三、选择题

1. 函数 $f(x,y)=(1+x)^m(1+y)^n$ 在点 $(0,0)$ 处的标准线性近似式为（　　）.

A. $mx+ny$ 　　　　B. $1+mx-ny$ 　　　　C. $1+mx+ny$ 　　　　D. $mx-ny$

2. 若曲面 $x^2+2y^2+3z^2=21$ 的切平面平行于平面 $x-4y+6z+25=0$，则切点为（　　）.

A. $(\pm1, \mp2, \pm2)$ 　　B. $(\pm1, \pm2, \pm2)$ 　　C. $(\pm1, 2, 2)$ 　　　　D. $(\pm1, \pm2, 2)$

四、 求曲线 $\Gamma: \begin{cases} x-2y+z=0, \\ \dfrac{x^2}{4}+\dfrac{y^2}{4}+\dfrac{z^2}{2}=1 \end{cases}$ 在点 $M_0(1,1,1)$ 处的切线方程和法平面方程.

五、求曲线 $\Gamma: x = \dfrac{t}{1+t}, y = \dfrac{1+t}{t}, z = t^2$ 在 $t=1$ 处的切线方程和法平面方程.

六、求曲面 $x^2 + y^2 + z^2 = 4$ 过直线 $4x+2y+3z=6, 2x+y=0$ 的切平面方程.

七、求星形线 $x^{\frac{2}{3}} + y^{\frac{2}{3}} = a^{\frac{2}{3}}(a>0)$ 上任一点 (x_0, y_0) 处的切线方程,并证明这些切线被坐标轴所截取的线段等长.

八、设 $M(1, -1, 2)$ 为曲面 $z^2 = f(x, y)$ 上的一点,且 $f'_x(1, -1) = 2, f'_y(1, -1) = -2$,求曲面在点 M 处的切平面指向该曲面下侧的法向量 $\boldsymbol{n}$ 与 x 轴正向的夹角的余弦.

习题 3.3 无约束极值与有约束极值

一、填空题

1. 函数 $z=xy^2(1-x-y)$ 的极大值是_____.

2. 函数 $z=xy$ 在约束条件 $x+y=1$ 下的极_____值为_____.

3. 方程 $x^2+y^2+z^2-2x-4y-6z-2=0$ 所确定的函数 $z=f(x,y)$ 的极大值是_____,极小值是_____.

4. 函数 $z=x^2+y^2-12x+16y$ 在 $D=\{(x,y)\mid x^2+y^2\leqslant 25\}$ 上的最大值是_____,最小值是_____.

二、选择题

1. 设 α,β,γ 为平面三角形的内角,则 $y=\cos\alpha\cos\beta\cos\gamma$ 的极大值为(   ).

A. $\dfrac{1}{2}$ 　　　　B. $\dfrac{1}{4}$ 　　　　C. $\dfrac{1}{8}$ 　　　　D. $\dfrac{1}{12}$

2. 已知函数 $f(x,y)$ 在点 $(0,0)$ 的某邻域内连续,且 $\lim\limits_{\substack{x\to 0\\ y\to 0}}\dfrac{f(x,y)-xy}{(x^2+y^2)^2}=1$,则(   ).

A. 点 $(0,0)$ 不是 $f(x,y)$ 的极值点

B. 点 $(0,0)$ 是 $f(x,y)$ 的极大值点

C. 点 $(0,0)$ 是 $f(x,y)$ 的极小值点

D. 根据所给条件无法判断点 $(0,0)$ 是否为 $f(x,y)$ 的极值点

三、求函数 $f(x,y)=e^{2x}(x+y^2+2y)$ 的极值点及极值.

四、求函数 $z=x^2+y^2-xy+x+y$ 在 $D=\{(x,y)\mid x\leqslant 0,y\leqslant 0,x+y\geqslant -3\}$ 上的最大值与最小值.

五、抛物面 $z=x^2+y^2$ 被平面 $x+y+z=1$ 截得一椭圆，求这椭圆上的点到原点的距离的最大值与最小值.

六、形状为椭球 $4x^2+y^2+4z^2\leqslant16$ 的空间探测器进入地球大气层，其表面开始受热，一小时后在探测器的点 (x,y,z) 处的温度是 $T=8x^2+4yz-16z+600$，求探测器表面最热的点.

七、已知曲线 $\Gamma:\begin{cases}x^2+y^2-2z^2=0,\\x+y+3z=5,\end{cases}$ 求曲线 Γ 距离 xOy 面最远的点和最近的点.

4 多元函数积分学

练习 4.1 (1)　二重积分的概念与性质

一、判断题（正确的打"√"；错误的打"×"）：

1. 设函数 $f(x,y) \in R(D)$，则 $f(x,y)$ 在 D 上有界.　　　　　（　　）

2. 设函数 $f(x,y) \in R(D)$，则 $f(x,y) \in C(D)$.　　　　　（　　）

3. 设函数 $|f(x,y)| \in R(D)$，则 $f(x,y) \in R(D)$.　　　　　（　　）

4. 设 $f(x,y) \in R(D)$，则 $\exists (\xi,\eta) \in D$，使得 $\iint\limits_{D} f(x,y)\mathrm{d}x\mathrm{d}y = f(\xi,\eta)|D|$，其中 $|D|$ 为 D 的面积.　　　　　（　　）

5. 设 $f(x,y) \in C(D)$，若对于 D 中任意子区域 D_1，都有 $\iint\limits_{D_1} f(x,y)\mathrm{d}x\mathrm{d}y = 0$，则 $f(x,y) = 0,(x,y) \in D$.　　　　　（　　）

二、填空题

1. 设 $D = \{(x,y) \mid x^2 + y^2 \leqslant 4\}$，则由估值不等式得 _____ $\leqslant \iint\limits_{D}(x^2 + 4y^2 + 9)\mathrm{d}x\mathrm{d}y \leqslant$ _____.

2. 设 $D = \{(x,y) \mid x^2 + y^2 \leqslant 1\}$，$D_1$ 是 D 在第一卦限内的部分区域，则由二重积分的几何意义得到 $\iint\limits_{D}(x^2 + y^2)\mathrm{d}x\mathrm{d}y$ 是 $\iint\limits_{D_1}(x^2 + y^2)\mathrm{d}x\mathrm{d}y$ 的 _____ 倍.

3. 设 D 由 x 轴、y 轴及直线 $x + y = \dfrac{1}{2}$、$x + y = 1$ 围成，$I_1 = \iint\limits_{D}[\ln(x+y)]^3\mathrm{d}\sigma$，$I_2 = \iint\limits_{D}(x+y)^3\mathrm{d}\sigma$，$I_3 = \iint\limits_{D}[\sin(x+y)]^3\mathrm{d}\sigma$，则 I_1,I_2,I_3 的值的大小关系为 _____.

三、利用二重积分的几何意义计算：

(1) $\iint\limits_{D}\sqrt{a^2 - x^2 - y^2}\,\mathrm{d}\sigma$，其中 D 为圆域 $x^2 + y^2 \leqslant a^2$；

(2) 设 D 是由直线 $x + y = 1$，$x - y = 1$，$x = 0$ 所围成的闭区域，求 $\iint\limits_{D} y\,\mathrm{d}\sigma$.

四、比较下列积分的大小：

(1) $I_1 = \iint\limits_{D} (x+y)^2 \, \mathrm{d}\sigma$ 与 $I_2 = \iint\limits_{D} (x+y)^3 \, \mathrm{d}\sigma$，其中 $D = \{(x,y) \mid (x-2)^2 + (y-1)^2 \leqslant 2\}$；

(2) $I_1 = \iint\limits_{D} \ln(x+y) \, \mathrm{d}\sigma$ 与 $I_2 = \iint\limits_{D} [\ln(x+y)]^2 \, \mathrm{d}\sigma$，其中 $D = \{(x,y) \mid 3 \leqslant x \leqslant 5, 0 \leqslant y \leqslant 1\}$.

五、估计积分 $I = \iint\limits_{D} \mathrm{e}^{(x^2+y^2)} \, \mathrm{d}\sigma$ 的值，其中 $D = \{(x,y) \mid \dfrac{x^2}{a^2} + \dfrac{y^2}{b^2} \leqslant 1\}$.

六、计算 $\lim\limits_{R \to 0} \dfrac{1}{\pi R^2} \iint\limits_{x^2+y^2 \leqslant R^2} \mathrm{e}^{x^2-y^2} \cos(x+y) \, \mathrm{d}\sigma$，其中 $D = \{(x,y) \mid x^2 + y^2 \leqslant R^2\}$.

练习 4.1 (2) 二重积分的计算(1)——在直角坐标系下

一、判断题(正确的打"√";错误的打"×")

1. 设 $D = \{(x,y) \mid a \leqslant x \leqslant b, a \leqslant y \leqslant b\}$, $f(x)$ 为连续函数, 则 $\iint\limits_D f(x)f(y)\mathrm{d}x\mathrm{d}y = (\int_a^b f(x)\mathrm{d}x)^2$. ( )

2. 设 $D = \{(x,y) \mid a \leqslant x \leqslant b, c \leqslant y \leqslant d\}$, $f(x,y) \in R(D)$, 但不连续, 则三个积分 $\iint\limits_D f(x,y)\mathrm{d}x\mathrm{d}y, \int_a^b \mathrm{d}x\int_c^d f(x,y)\mathrm{d}y, \int_c^d \mathrm{d}y\int_a^b f(x,y)\mathrm{d}x$ 必不相等. ( )

3. 设 D 是以点 $A(1,1), B(-1,1), C(-1,-1)$ 为顶点的三角形区域, D_1 是 D 在第一卦限的部分, 则二重积分 $\iint\limits_D (xy + \cos x\sin y)\mathrm{d}\sigma = 2\iint\limits_{D_1} \cos x\sin y\mathrm{d}\sigma.$ ( )

二、填空题

1. 交换 $\int_1^2 \mathrm{d}x\int_{2-x}^{\sqrt{2x-x^2}} f(x,y)\mathrm{d}y$ 的次序为_____.

2. 设 $f(x) = \int_1^x \mathrm{e}^{-t^2}\mathrm{d}t$, 则 $\int_0^1 f(x)\mathrm{d}x =$ _____.

3. 函数 $f(x,y) = \sin^2 x\sin^2 y$ 在区域 $D = \{(x,y) \mid 0 \leqslant x \leqslant \pi, 0 \leqslant y \leqslant \pi\}$ 上的平均值是_____.

4. 设 $D = \{(x,y) \mid 1 \leqslant x^2 + y^2 \leqslant 4\}$, 化二重积分 $\iint\limits_D f(x,y)\mathrm{d}\sigma$ 为先 y 后 x 的二次积分为_____.

三、计算题:

(1) $\iint\limits_D \mathrm{d}x\mathrm{d}y$, 其中 D 是以 $O(0,0), A(1,2), B(2,1)$ 为顶点的三角形区域.

(2) $\iint\limits_D xy\mathrm{d}x\mathrm{d}y$, 其中 D 是由曲线 $x = R\cos^3 t, y = R\sin^3 t(0 \leqslant t \leqslant \frac{\pi}{2})$ 与 x 轴围成的闭区域.

35

(3) $\iint\limits_{D} | y - x^2 | \, d\sigma$，其中 $D = \{(x,y) \mid 0 \leqslant x \leqslant 1, 0 \leqslant y \leqslant 1\}$.

(4) $\iint\limits_{D} x^2 \, d\sigma$，其中 D 是由 $xy = 2, y = x - 1, y = x + 1$ 所围成的闭区域.

(5) $\iint\limits_{D} f(x,y) \, d\sigma$，其中 $f(x,y) = \begin{cases} e^{-(x+y)}, & y > 0, \\ 0, & \text{其他} \end{cases}$，$D$ 是由直线 $x + y = a, x + y = b$，$y = a + b (0 < a < b)$ 所围成的闭区域.

四、已知 $f(x) \in C([0,a])$. 试证：$2\int_0^a \mathrm{d}x \int_x^a f(x)f(y)\mathrm{d}y = \left[\int_0^a f(x)\mathrm{d}x\right]^2$.

五、设 $f(x) \in C([a,b])$，试用二重积分证明：$\left[\int_a^b f(x)\mathrm{d}x\right]^2 \leqslant (b-a)\int_a^b f^2(x)\mathrm{d}x$.

练习 4.1 (3)　二重积分的计算(2)——在极坐标系下

一、填空题

1. 二次积分 $\int_0^1 \mathrm{d}x \int_{1-x}^{\sqrt{1-x^2}} f(x,y)\mathrm{d}y$ 化为极坐标形式的二次积分为_____.

2. 设 $D = \{(x,y) \mid x^2 + y^2 \leqslant 2x\}$,则 $\iint\limits_D f(\sqrt{x^2 + y^2})\mathrm{d}x\mathrm{d}y$ 的极坐标形式的二次积分为_____.

3. 设 $f(x,y)$ 在 xOy 面上的闭区域 D 上连续,变换 $T: \begin{cases} x = x(u,v), \\ y = y(u,v) \end{cases}$ 将 uOv 面上的闭区域 D' 变换成 xOy 面上的闭区域 D,则有 $\iint\limits_D f(x,y)\mathrm{d}x\mathrm{d}y = \iint\limits_{D'} f[x(u,v),y(u,v)] \, |J(u,v)|\mathrm{d}u\mathrm{d}v$,其中 $J(u,v) = $_____.

二、选择题

1. 设 $f(x)$ 为连续函数,则二重积分 $I = \iint\limits_{|x|+|y|\leqslant 1} f(x+y)\mathrm{d}x\mathrm{d}y$ 可化为(　　).

A. $\int_{-1}^1 f(u)\mathrm{d}u$

B. $2\int_{-1}^1 f(u)\mathrm{d}u$

C. $-\int_{-1}^1 f(u)\mathrm{d}u$

D. $\dfrac{1}{2}\int_{-1}^1 f(u)\mathrm{d}u$

2. 设 $D = \{(x,y) \mid x^2 + (y+a)^2 \leqslant a^2, x+y \geqslant 0\}$,则二重积分 $\iint\limits_D x\mathrm{d}\sigma = $(　　).

A. $\int_{-\frac{\pi}{4}}^0 \mathrm{d}\theta \int_0^{-2a\sin\theta} r\cos\theta\mathrm{d}r$

B. $\int_{-\frac{\pi}{4}}^0 \mathrm{d}\theta \int_0^{2a\sin\theta} r^2\cos\theta\mathrm{d}r$

C. $\int_{-\frac{\pi}{4}}^0 \mathrm{d}\theta \int_0^{-2a\sin\theta} r^2\cos\theta\mathrm{d}r$

D. $\int_{\frac{7\pi}{4}}^{2\pi} \mathrm{d}\theta \int_0^{-a\sin\theta} r\cos\theta\mathrm{d}r.$

三、在极坐标系下计算:

(1) $\iint\limits_D \sqrt{x^2 + y^2}\mathrm{d}x\mathrm{d}y$,其中 $D = \{(x,y) \mid 0 \leqslant y \leqslant x, x^2 + y^2 \leqslant 2x\}$.

$(2)\iint\limits_{D}y\mathrm{d}\sigma$,其中 D 是由曲线 $x=-\sqrt{2y-y^{2}}$,直线 $y=0,y=2$ 和 $x=-2$ 所围成的闭区域.

$(3)\iint\limits_{D}(\sqrt{x^{2}+y^{2}}+y)\mathrm{d}x\mathrm{d}y$,其中 D 是由圆 $x^{2}+y^{2}=a^{2}$ 和 $(x-\dfrac{a}{2})^{2}+y^{2}=\dfrac{a^{2}}{4}$ 所围成的闭区域.

$(4)\iint\limits_{D}(x+y)\mathrm{d}x\mathrm{d}y$,其中 $D=\{(x,y)\mid x^{2}+y^{2}\leqslant x+y+1\}$.

四、经适当变换后，求下列积分：

(1) $\iint\limits_{D} (\dfrac{x^2}{a^2} + \dfrac{y^2}{b^2}) \mathrm{d}x\mathrm{d}y$，其中 $D = \{(x,y) \mid x^2 + y^2 \leqslant R^2\}$；

(2) $\iint\limits_{D} (x-y)^2 \sin^2(x+y) \mathrm{d}x\mathrm{d}y$，其中 D 是以 $(\pi,0)$，$(2\pi,\pi)$，$(\pi,2\pi)$，$(0,\pi)$ 为顶点平行四边形区域；

(3) $\iint\limits_{D} \mathrm{e}^{\frac{y}{x+y}} \mathrm{d}x\mathrm{d}y$，其中 D 是由 x 轴、y 轴和直线 $x+y=1$ 所围成的闭区域.

练习 4.2 (1)　三重积分的概念及直角坐标系下的计算

一、判断题(正确的打"√";错误的打"×")

1. 三重积分 $\iiint\limits_{\Omega} f(x,y,z)\mathrm{d}v$ 表示立体 Ω 的体积. 　　　　　　　　( )

2. 设 Ω 是由球面 $x^2 + y^2 + z^2 = 1$ 所围成的闭区域,则 $\iiint\limits_{\Omega} f(x^2 + y^2 + z^2)\mathrm{d}v = \iiint\limits_{\Omega} f(1)\mathrm{d}v$. 　　　　　　　　( )

3. 设 Ω 关于 yOz 面对称,且 f 关于变量 x 为偶函数,则 $\iiint\limits_{\Omega} f(x,y,z)\mathrm{d}v = 2\iiint\limits_{\Omega_1} f(x,y,z)\mathrm{d}v$,其中 Ω_1 是 Ω 在 yOz 面的右侧的子区域. 　( )

二、填空题

1. 设 Ω 是由曲面 $z = x^2 + 2y^2$ 与 $z = 2 - x^2$ 所围成的闭区域,则 $I = \iiint\limits_{\Omega} f(x,y,z)\mathrm{d}v$ 在直角坐标系下的三次积分形式为_____.

2. 设 Ω 是由曲面 $cz = xy, \dfrac{x^2}{a^2} + \dfrac{y^2}{b^2} = 1, z = 0 (a,b,c > 0)$ 所围成的在第一卦限内的闭区域,则 $I = \iiint\limits_{\Omega} f(x,y,z)\mathrm{d}v$ 在直角坐标系下的三次积分形式为_____.

三、计算下列三重积分(用"先一后二"法,即"投影法"):

(1) $\iiint\limits_{\Omega} y\sin(x+z)\mathrm{d}v$,其中 $\Omega = \{(x,y,z) \mid 0 \leqslant y \leqslant \sqrt{x}, x + z \leqslant \dfrac{\pi}{2}, z \geqslant 0\}$.

(2) $\iiint\limits_{\Omega} xyz\,\mathrm{d}v$,其中 Ω 是由球面 $x^2 + y^2 + z^2 = 1$ 与三个坐标面所围成的在第一卦限内的闭区域.

四、计算下列三重积分(用"先二后一"法,即"截面法"):

(1) $\iiint\limits_{\Omega} z^2 \mathrm{d}v$,其中 Ω 是由两球面 $x^2 + y^2 + z^2 = 2Rz$ 和 $x^2 + y^2 + z^2 = R^2$ 所围成的闭区域.

(2) $\iiint\limits_{\Omega} (y^2 + z^2) \mathrm{d}v$,其中 Ω 是由 xOy 面上曲线 $y^2 = 2x$ 绕 x 轴旋转而成的曲面与 $x = 1$ 所围成的闭区域.

五、计算 $\iiint\limits_{\Omega}\left(\dfrac{x^2}{a^2}+\dfrac{y^2}{b^2}+\dfrac{z^2}{c^2}\right)\mathrm{d}v$,其中 Ω 是由椭球面 $\dfrac{x^2}{a^2}+\dfrac{y^2}{b^2}+\dfrac{z^2}{c^2}=1$ 所围成的闭区域.

练习 4.2 (2) 利用柱面坐标和球面坐标计算三重积分

一、判断题(正确的打"√";错误的打"×")

1. 设 Ω 是由曲面 $x^2 + y^2 + z^2 = 4$ 及 $x^2 + y^2 = 3z$ 所围成的闭区域,则 $\iiint\limits_{\Omega} z \mathrm{d}v$ 在柱面

坐标下的三次积分计算式为 $\int_0^{2\pi} \mathrm{d}\theta \int_0^3 r\mathrm{d}r \int_{\frac{r^2}{3}}^{\sqrt{4-r^2}} z\mathrm{d}z.$ ( )

2. 设 Ω 为球体 $x^2 + y^2 + z^2 \leqslant R^2$,则 $\iiint\limits_{\Omega} \sqrt{x^2 + y^2 + z^2}\, \mathrm{d}v = \int_0^{2\pi} \mathrm{d}\theta \int_0^{2\pi} \mathrm{d}\varphi \int_0^R Rr^2 \sin\varphi\, \mathrm{d}r.$

( )

二、填空题

1. 设 $f(x,y,z)$ 在空间区域 Ω 上连续,变换 $T: \begin{cases} x = x(u,v,w), \\ y = y(u,v,w), \\ z = z(u,v,w) \end{cases}$ 将空间 $Ouvw$ 的闭区

域 Ω' 变换成空间 $Oxyz$ 的区域 Ω. 则有 $\iiint\limits_{\Omega} f(x,y,z)\mathrm{d}x\mathrm{d}y\mathrm{d}z = \iiint\limits_{\Omega'} f[x(u,v,w), y(u,v,w),$ $z(u,v,w)] |J(u,v,w)| \mathrm{d}u\mathrm{d}v\mathrm{d}w.$ 其中 $J(u,v,w) =$ _____.

2. 设 Ω 是由 $z = \sqrt{2 - x^2 - y^2}$ 与 $z = x^2 + y^2$ 所围成的闭区域,试将 $I = \iiint\limits_{\Omega} z^2 \mathrm{d}v$ 化

为三种坐标下的三次积分:

(1) 在直角坐标系下,$I =$ _____,

(2) 在柱面坐标系下,$I =$ _____,

(3) 在球面坐标系下,$I =$ _____.

三、利用柱面坐标系计算下列三重积分:

(1) $\iiint\limits_{\Omega} z\, \mathrm{d}v$,其中 Ω 是由曲面 $z = \sqrt{2 - x^2 - y^2}$ 和 $z = x^2 + y^2$ 所围成的闭区域;

(2) $\iiint\limits_{\Omega} \dfrac{e^z}{\sqrt{x^2+y^2}} dv$,其中 Ω 是由曲面 $z=\sqrt{x^2+y^2}$ 和两平面 $z=1, z=2$ 所围成的闭区域.

四、利用球面坐标系计算下列三重积分:

(1) $\iiint\limits_{\Omega} \sqrt{x^2+y^2+z^2} dv$,其中 $\Omega = \{(x,y,z) \mid x^2+y^2+z^2 \leqslant z\}$;

(2) $\iiint\limits_{\Omega} z dv$,其中 $\Omega = \{(x,y,z) \mid x^2+y^2+(z-a)^2 \leqslant a^2, x^2+y^2 \leqslant z^2\}$.

五、用适当的坐标系计算下列三重积分 $I = \iiint\limits_{\Omega} (x^2 + y^2) \mathrm{d}v$，其中：

(1)Ω 是由曲面 $4z^2 = 25(x^2 + y^2)$ 和平面 $z = 5$ 所围成的闭区域；

(2)$\Omega = \{(x, y, z) \mid 0 < a \leqslant \sqrt{x^2 + y^2 + z^2} \leqslant A, z \geqslant 0\}$.

六、设 $f(x)$ 有连续导数，Ω 是由 $0 \leqslant z \leqslant h$ 和 $x^2 + y^2 \leqslant t^2$ 所围成的闭区域，$F(t) = \iiint\limits_{\Omega} [f(x^2 + y^2) + z^2] \mathrm{d}v$. 求 $\dfrac{\mathrm{d}F}{\mathrm{d}t}$ 和 $\lim\limits_{t \to 0^+} \dfrac{F(t)}{t^2}$.

练习 4.3 反常二重积分(略)

练习 4.4 第一型曲线积分

一、填空题

1. 设 L 为曲线 $|x|+|y|=1$,则 $\oint_L xy\,\mathrm{d}s = $ _____.

2. 设 L 为圆周 $x^2 + y^2 = R^2$ 的右半部分,则曲线积分 $\int_L \sqrt{x^2 + y^2}\,\mathrm{d}s = $ _____.

3. 设曲线 L 的极坐标方程为 $r = r(\theta)(\alpha \leqslant \theta \leqslant \beta)$,则 $\int_L f(x,y)\,\mathrm{d}s = $ _____.

4. 设 Γ 为折线 $ABCD$,其中 A,B,C,D 依次为点 $(0,0,0),(0,0,2),(1,0,2),(1,3,2)$,则 $\int_\Gamma x^2 yz\,\mathrm{d}s = $ _____.

二、计算下列对弧长的曲线积分:

(1) $\oint_L (2x^2 + 3y^2)\,\mathrm{d}s$,其中 L 为曲线 $x^2 + y^2 = 2(x + y)$;

(2) $\oint_L (x^2 + y^2)\,\mathrm{d}s$,其中 L 为曲线 $x = a(\cos t + t\sin t), y = a(\sin t - t\cos t)(0 \leqslant t \leqslant 2\pi)$.

(3) $\int_L y^2\,\mathrm{d}s$,其中 L 为摆线 $x = a(t - \sin t), y = a(1 - \cos t)(0 \leqslant t \leqslant 2\pi)$ 的一拱.

三、计算下列对弧长的曲线积分：

(1) $\oint_L |y|\,\mathrm{d}s$，其中 L 为双纽线 $(x^2+y^2)^2=a^2(x^2-y^2)$；

(2) $\oint_\Gamma [(x+2)^2+(y-3)^2+z]\mathrm{d}s$，其中 Γ 为球面 $x^2+y^2+z^2=R^2$ 与平面 $x+y+z=0$ 的交线.

四、求 $\oint_L (x^{\frac{4}{3}}+y^{\frac{4}{3}})\mathrm{d}s$，其中 L 为星形线 $x^{\frac{2}{3}}+y^{\frac{2}{3}}=a^{\frac{2}{3}}$.

练习 4.5 第二型曲线积分

一、填空题

1. 设曲线 L 为抛物线 $y = x^2$ 上从点 $(0,0)$ 到点 $(1,1)$ 的一段弧，则 $\int_L (2x^2 + 2xy + 3y)\mathrm{d}x - (x + y + 1)\mathrm{d}y = $ _____.

2. 设 L 为上半圆周 $y = \sqrt{2x - x^2}$ 上由点 $(0,0)$ 到点 $(2,0)$ 的一段弧，则 $\int_L x\mathrm{d}x + ye^{2x-x^2}\mathrm{d}y = $ _____.

3. 设 z 轴与重力的方向一致，则质量为 m 的质点从位置 $A(x_1, y_1, z_1)$ 沿直线移到 $A(x_2, y_2, z_2)$ 时重力所做的功为 _____.

二、计算下列对坐标的曲线积分：

(1) 计算 $\int_L (x^2 + y^2)\mathrm{d}y$，其中 L 是从点 $(0,0)$ 沿曲线 $x = \sqrt{y}$ 到点 $(1,1)$，再沿直线 $x = 2 - y$ 到点 $(0,2)$.

(2) 计算 $\oint_L xy\mathrm{d}x$，其中 L 为圆周 $(x - a)^2 + y^2 = a^2 (a > 0)$ 和 x 轴围成的在第一卦限部分区域的正向边界.

(3) 计算 $\int_\Gamma y^2\mathrm{d}x + xy\mathrm{d}y + xz\mathrm{d}z$，其中 Γ 是从点 $(0,0,0)$ 到点 $(1,0,0)$ 再到点 $(1,1,0)$ 最后到点 $(1,1,1)$ 的折线段.

(4) 计算 $\int_\Gamma x^2 \mathrm{d}x + z\mathrm{d}y - y\mathrm{d}z$,其中 Γ 为曲线 $x = k\theta, y = a\cos\theta, z = a\sin\theta$ 上对应于 θ 从 0 到 π 的一段弧.

三、设 L 为抛物线 $y = x^2$ 从点 $(0,0)$ 到点 $(1,1)$ 的一段弧,把对坐标的曲线积分 $\int_L P(x,y)\mathrm{d}x + Q(x,y)\mathrm{d}y$ 化成对弧长的曲线积分.

四、计算曲线积分 $I = \oint_\Gamma (y-z)\mathrm{d}x + (z-x)\mathrm{d}y + (x-y)\mathrm{d}z$,其中 Γ 是球面 $x^2 + y^2 + z^2 = 1$ 与平面 $y = \sqrt{3}x$ 的交线,从 x 轴正向看去 Γ 取逆时针方向.

练习 4. 6　格林(Green)公式及其应用

一、填空题

1. $\displaystyle\int_L \frac{x\,\mathrm{d}y - y\,\mathrm{d}x}{x^2 + y^2} = $ ＿＿＿＿＿＿＿＿＿＿＿＿＿. (L 是由抛物线 $y^2 = 2(x-1)$ 与直线 $x = 2$ 所围成区域的边界,取逆时针方向)

2. 若 $(x^2 + 2xy - y^2)\mathrm{d}x + (x^2 - axy - y^2)\mathrm{d}y$ 为某函数的全微分,则 $a = $ ＿＿＿＿＿＿＿＿＿＿;此时,它的原函数为＿＿＿＿＿＿＿＿＿＿.

3. $\displaystyle\int_{(0,0)}^{(2,2)} \mathrm{e}^{y^2}\mathrm{d}x + 2xy\mathrm{e}^{y^2}\,\mathrm{d}y = $ ＿＿＿＿＿＿＿＿＿＿.

4. 设 L 是上半圆周 $y = \sqrt{4x - x^2}$ 上从点 $A(4,0)$ 到点 $O(0,0)$ 的弧段,则曲线积分 $\displaystyle\int_L [\mathrm{e}^x \sin y - ky]\mathrm{d}x + (\mathrm{e}^x \cos y - k)\mathrm{d}y = $ ＿＿＿＿＿＿＿＿＿＿＿＿＿(k 为常数).

二、计算下列曲线积分:

(1) $I_1 = \displaystyle\oint_L (y - \mathrm{e}^x)\mathrm{d}x + (3x + \mathrm{e}^y)\mathrm{d}y$,其中 L 是椭圆 $\dfrac{x^2}{a^2} + \dfrac{y^2}{b^2} = 1$ 的正向.

(2) $I_2 = \displaystyle\oint_L (x + y)^2 \mathrm{d}x + (x^2 + y^2)\mathrm{d}y$,其中 L 是以 $A(1,1)$,$B(3,2)$,$C(3,3)$ 为顶点的三角形区域的正向边界.

(3) $I_3 = \displaystyle\oint_L (x^2 y\cos x + 2xy\sin x - y^2\mathrm{e}^x)\mathrm{d}x + (x^2\sin x - 2y\mathrm{e}^x)\mathrm{d}y$,其中 L 为正向星形线 $x = a\cos^3 t, y = a\sin^3 t (a > 0)$.

三、计算曲线积分 $\oint_L \dfrac{x\mathrm{d}y - y\mathrm{d}x}{2(x^2 + y^2)}$，其中 L 是圆周 $(x-1)^2 + y^2 = 2$，其方向为逆时针方向.

四、验证曲线积分 $\int_L (2xy - y^4 + 3)\mathrm{d}x + (x^2 - 4xy^3)\mathrm{d}y$ 在整个 xOy 面内与路径无关，并计算 $\int_{(1,0)}^{(2,1)} (2xy - y^4 + 3)\mathrm{d}x + (x^2 - 4xy^3)\mathrm{d}y$.

五、计算曲线积分 $\int_L \dfrac{3x - 5y}{3x^2 + y^2}\mathrm{d}x + \dfrac{5x + y}{3x^2 + y^2}\mathrm{d}y$，其中 L 是从点 $A(-a,0)$ 经椭圆 $\dfrac{x^2}{a^2} + \dfrac{y^2}{b^2} = 1(y \geqslant 0)$ 到点 $B(a,0)$ 的上半椭圆.

六、求解微分方程 $(2x\cos y - y^2\sin x)\mathrm{d}x + (2y\cos x - x^2\sin y)\mathrm{d}y$.

练习 4.7 第一型曲面积分

一、填空题

1. 设 Σ 为平面 $2x + 2y + z = 2$ 被三个坐标面截下的第一卦限部分，则 $\iint\limits_{\Sigma}(2x + 2y + z)\mathrm{d}S = $ _____.

2. 设 Σ 为球面 $x^2 + y^2 + z^2 = a^2(a > 0)$，则 $\oiint\limits_{\Sigma}z^2\mathrm{d}S = $ _____.

二、计算 $\iint\limits_{\Sigma}(x + y + z)\mathrm{d}S$，$\Sigma$ 为平面 $y + z = 5$ 被柱面 $x^2 + y^2 = 25$ 所截得的部分.

三、计算 $\iint\limits_{\Sigma}(x^2 + y^2)\mathrm{d}S$，其中 Σ 是：(1) 由锥面 $z = \sqrt{x^2 + y^2}$ 及平面 $z = 1$ 所围成的区域的整个边界曲面；(2) 由锥面 $z^2 = 3(x^2 + y^2)$ 被平面 $z = 0$ 和 $z = 3$ 所截得的部分.

四、设 $\sum$ 为球面 $x^2 + y^2 + z^2 = a^2(a > 0)$，若 $\oiint\limits_{\sum}(3x + 4z)^2 \mathrm{d}S = 300\pi$，求 a 的值.

五、计算 $\iint\limits_{\sum}(x + y + z)\mathrm{d}S$，其中 $\sum$ 为上球面 $x^2 + y^2 + z^2 = a^2$ 上 $z \geqslant h(0 < h < a)$ 部分.

六、计算 $\oiint\limits_{\sum} z\sqrt{x^2 + y^2}\mathrm{d}S$，其中 $\sum$ 是由锥面 $z = \sqrt{\dfrac{x^2 + y^2}{3}}$ 及平面 $z = 1$ 所围成的锥体的表面.

练习 4.8　第二型曲面积分

一、设 Σ 为圆锥面 $z = \sqrt{x^2 + y^2}$ 介于平面 $z = 1$ 和 $z = 2$ 中间的部分，计算

$$\iint_{\Sigma} \frac{e^z}{\sqrt{x^2 + y^2}} \mathrm{d}x\mathrm{d}y.$$

二、计算 $I = \oiint_{\Sigma} \frac{1}{x}\mathrm{d}y\mathrm{d}z + \frac{1}{y}\mathrm{d}z\mathrm{d}x + \frac{1}{z}\mathrm{d}x\mathrm{d}y$，其中 Σ 为球面 $x^2 + y^2 + z^2 = R^2\,(R > 0)$ 的外侧.

三、设 Σ 为圆柱面 $x^2 + y^2 = R^2\,(R > 0)$ 上 $x \geqslant 0$ 且 $0 \leqslant z \leqslant 1$ 的一部分曲面块，它的法线与 x 轴的正向交成锐角，计算 $I = \iint_{\Sigma}(z+1)\mathrm{d}x\mathrm{d}y + xy\mathrm{d}z\mathrm{d}x.$

四、计算 $I = \iint\limits_{\Sigma} x\mathrm{d}y\mathrm{d}z + y\mathrm{d}z\mathrm{d}x + z\mathrm{d}x\mathrm{d}y$，其中 Σ 为球面 $(x-a)^2 + (y-b)^2 + (z-c)^2 = R^2$ 的上半部分上侧.

五、把对坐标的曲面积分 $\iint\limits_{\Sigma} P(x,y,z)\mathrm{d}y\mathrm{d}z + Q(x,y,z)\mathrm{d}z\mathrm{d}x + R(x,y,z)\mathrm{d}x\mathrm{d}y$ 化成对面积的曲面积分，其中 Σ 为抛物面 $z = 8 - (x^2 + y^2)$ 在 xOy 面上方部分的上侧.

练习 4. 9（1）　高斯(Gauss)公式　通量与散度

一、计算 $I = \oiint\limits_{\Sigma}(y-z)\mathrm{d}y\mathrm{d}z + (z-x)\mathrm{d}z\mathrm{d}x + (x-y)\mathrm{d}x\mathrm{d}y$，其中 Σ 为锥面 $z = \sqrt{x^2+y^2}\,(0 \leqslant z \leqslant h)$ 的整个表面的外侧.

二、计算 $I = \oiint\limits_{\Sigma}x\mathrm{d}y\mathrm{d}z + 2y\mathrm{d}z\mathrm{d}x + 3z\mathrm{d}x\mathrm{d}y$，其中 Σ 为圆柱体 $x^2+y^2 = 9, 0 \leqslant z \leqslant 3$ 的整个表面的外侧.

三、计算 $I = \oiint\limits_{\Sigma}\sqrt{x^2+y^2+z^2}\,(x\mathrm{d}y\mathrm{d}z + y\mathrm{d}z\mathrm{d}x + z\mathrm{d}x\mathrm{d}y)$，其中 Σ 为曲面 $x^2+y^2+z^2 = R^2$ 的外侧.

四、求向量 $\boldsymbol{a} = (2x-z)\boldsymbol{i} + x^2 y\boldsymbol{j} - xz^2\boldsymbol{k}$ 的散度,并计算此向量穿过立方体 $0 \leqslant x \leqslant a, 0 \leqslant y \leqslant a, 0 \leqslant z \leqslant a$ 的全表面(流向外侧)的通量.

五、计算 $I = \oiint\limits_{\Sigma} x^2 \mathrm{d}y\mathrm{d}z + y^2 \mathrm{d}z\mathrm{d}x + z^2 \mathrm{d}x\mathrm{d}y$,其中 Σ 为球面 $(x-a)^2 + (y-b)^2 + (z-c)^2 = R^2$ 的外表面.

六、设 $u_1 = x^2 y - xyz, u_2 = 2xyz^2$,计算 $\mathrm{div}(\mathbf{grad}u_1 \times \mathbf{grad}u_2)$.

练习 4. 9 (2)　Stokes 公式、环流量与旋度

一、计算 $I = \oint_{\Gamma}(z-y)\mathrm{d}x + (x-z)\mathrm{d}y + (x-y)\mathrm{d}z$,其中 Γ 为曲线 $\begin{cases} x^2 + y^2 = 1, \\ x - y + z = 2 \end{cases}$ 从 z 轴正向往 z 轴负向看 Γ 的方向为顺时针方向.

二、计算 $I = \oint_{\Gamma}(y^2-z^2)\mathrm{d}x + (z^2-x^2)\mathrm{d}y + (x^2-y^2)\mathrm{d}z$,其中 Γ 为平面 $x + y + z = \frac{3}{2}$ 截立体:$0 \leqslant x \leqslant 1, 0 \leqslant y \leqslant 1, 0 \leqslant z \leqslant 1$ 的表面所得的截痕,若从 x 轴的正向看去,取逆时针方向.

三、计算 $\int_{\Gamma}(x^2-yz)\mathrm{d}x + (y^2-zx)\mathrm{d}y + (z^2-xy)\mathrm{d}z$,其中 Γ 是由点 $A(a,0,0)$ 沿螺旋线 $x = a\cos\varphi, y = a\sin\varphi, z = \frac{k}{2\pi}\varphi$ 到点 $B(a,0,k)$ 的一段弧.

四、计算向量 $\boldsymbol{\alpha} = z\boldsymbol{i} + x\boldsymbol{j} + y\boldsymbol{k}$ 的旋度,并计算此向量沿闭曲线 $\begin{cases} (x-1)^2 + (y-1)^2 = 1, \\ 2x + 2y - 1 = z \end{cases}$ (从 z 轴正向看为逆时针方向)的环流量.

五、设 $u = xy + yz + zx + xyz$,求 $\mathbf{grad}u, \operatorname{div}(\mathbf{grad}u), \mathbf{rot}(\mathbf{grad}u)$.

5 多元函数积分学的应用

练习 5. 1 - 5. 2 多元函数积分学在几何中的应用

一、求锥面 $z = \sqrt{x^2 + y^2}$ 被柱面 $z^2 = 2x$ 所截下部分的面积.

二、求圆柱体 $y^2 + z^2 \leqslant 1$ 在第一卦限部分被平面 $y = x, z = 0, x = 0$ 所截下的立体的体积.

三、求球体 $x^2 + y^2 + z^2 \leqslant a^2$ 被圆柱面 $x^2 + y^2 = ax$ 所截得的部分立体的体积.

四、求由曲面 $z = \sqrt{x^2 + y^2}$ 和 $z = x^2 + y^2$ 所围立体的体积.

五、求曲线 $\Gamma: x = \mathrm{e}^{-t}\cos t, y = \mathrm{e}^{-t}\sin t, z = \mathrm{e}^{-t}, 0 \leqslant t < +\infty$ 的弧长.

六、求柱面 $x^{\frac{2}{3}} + y^{\frac{2}{3}} = 1$ 在球面 $x^2 + y^2 + z^2 = 1$ 内的侧面积.

练习 5.3　多元函数积分学在物理中的应用

一、判断题（正确的打"√"；错误的打"×"）

1. $\bar{x} = \dfrac{\iint\limits_{D} x\rho(x,y)\mathrm{d}\sigma}{\iint\limits_{D}\rho(x,y)\mathrm{d}\sigma} = \dfrac{\iint\limits_{D} x\mathrm{d}\sigma}{\iint\limits_{D}\mathrm{d}\sigma}$.　　　　　　　　（　　）

2. 平面薄片 D 绕直线 $y = x$ 旋转的转动惯量 $I = \iint\limits_{D}\dfrac{1}{2}(x-y)^2\rho(x,y)\mathrm{d}\sigma$.　（　　）

二、填空题

1. 设均匀薄片所占区域为 $D = \left\{(x,y)\,\middle|\,\dfrac{x^2}{a^2}+\dfrac{y^2}{b^2}\leqslant 1, y\geqslant 0\right\}$，则其质心坐标为_____.

2. 半径为 a 的均匀半圆薄片对于其直径所在边的转动惯量为_____.

三、在均匀半圆形薄片的直径上，要接上一个一边与直径等长的矩形薄片，为了使整个均匀薄片的质心恰好在圆心上，问接上去的均匀矩形薄片的一边长度为多少？

四、求由抛物线 $y = x^2$ 及直线 $y = 1$ 所围成的均匀薄片（面密度为常数 ρ）对于直线 $y = -1$ 的转动惯量.

五、在 xOy 面上有一匀质圆环形薄片 $D = \{(x,y) \mid R_1^2 \leqslant x^2 + y^2 \leqslant R_2^2\}$,求 D 对 z 轴上的点 $M_0(0,0,-a)(a > 0)$ 处的单位质点的引力 $\boldsymbol{F}$.

六、由曲面 $4z^2 = 25(x^2 + y^2)$ 与曲面 $z = 5$ 围成一立体,其密度 $\mu = x^2 + y^2$,求此立体的质量.

七、已知单位立方体 $0 \leqslant x \leqslant 1, 0 \leqslant y \leqslant 1, 0 \leqslant z \leqslant 1$ 在点 (x,y,z) 处的密度与该点到原点的距离的平方成正比,求此立方体的质心坐标.

6 无穷级数

习题 6.1 常数项级数的概念与性质

一、判断题(正确的打"√",错误的打"×")

1. 若级数 $\sum\limits_{n=1}^{\infty} u_n$ 收敛,则数列 $\{u_n\}$ 必有界. （　　）

2. 若数列 $\{u_n\}$ 收敛,则级数 $\sum\limits_{n=1}^{\infty} u_n$ 必收敛. （　　）

3. 若数列 $\{u_n\}$ 满足 $u_n > 0, u_{n+1} < u_n (n = 1, 2, \cdots)$,则级数 $\sum\limits_{n=1}^{\infty} u_n$ 必收敛. （　　）

4. 设 $S_n = u_1 + u_2 + \cdots + u_n (n = 1, 2, \cdots)$,若 $\{S_{2n}\}$ 收敛,则 $\sum\limits_{n=1}^{\infty} u_n$ 必收敛. （　　）

二、填空题

1. 已知级数 $\sum\limits_{n=1}^{\infty} u_n$ 的前 n 项和为 $S_n = \dfrac{n}{2n+3}$,则 $u_n = $ _____.

2. 级数 $\sum\limits_{n=1}^{\infty} u_{2n}$ 与 $\sum\limits_{n=1}^{\infty} u_{2n-1}$ 均收敛是 $\sum\limits_{n=1}^{\infty} u_n$ 收敛的_____条件.

三、选择题

1. 若 $\sum\limits_{n=1}^{\infty} u_n$ 发散,则下列结论正确的是(　　).

A. $\lim\limits_{n \to \infty} u_n \neq 0$ 　　　　　　　B. $u_n (n = 1, 2, \cdots)$ 异号

C. $S_n = u_1 + u_2 + \cdots + u_n$ 发散 　　　　D. $\lim\limits_{n \to \infty} n u_n \neq 0$

2. 已知级数 $\sum\limits_{n=1}^{\infty} (-1)^{n-1} u_n = 2, \sum\limits_{n=1}^{\infty} u_{2n-1} = 5$,则级数 $\sum\limits_{n=1}^{\infty} u_n = ($　　$)$.

A. 7 　　　　　B. 8 　　　　　C. 9 　　　　　D. 3

3. 若 $\sum\limits_{n=1}^{\infty} u_n$ 收敛,$\sum\limits_{n=1}^{\infty} v_n$ 发散,则(　　).

A. $\sum\limits_{n=1}^{\infty} u_n v_n$ 必收敛 　　　　　　B. $\sum\limits_{n=1}^{\infty} u_n v_n$ 必发散

C. $\sum\limits_{n=1}^{\infty} (u_n + v_n)$ 必收敛 　　　　D. $\sum\limits_{n=1}^{\infty} (u_n + v_n)$ 必发散

4. 若 $\sum\limits_{n=1}^{\infty} u_n$ 收敛,则(　　).

A. $\sum\limits_{n=1}^{\infty} (u_n + u_{n+1})$ 收敛 　　　　B. $\sum\limits_{n=1}^{\infty} \cos u_n$ 收敛

C. $\sum\limits_{n=1}^{\infty} e^{u_n}$ 收敛 　　　　　　　D. $\sum\limits_{n=1}^{\infty} \dfrac{1}{u_n^2}$ 收敛

四、判别下列级数的敛散性,若收敛,则求其和:

(1) $\sum\limits_{n=1}^{\infty} \dfrac{1}{(n+1)(n+3)}$;

(2) $\dfrac{1}{3} + \dfrac{1}{6} + \dfrac{1}{9} + \cdots + \dfrac{1}{3n} + \cdots$;

(3) $\sum\limits_{n=1}^{\infty} \ln \dfrac{n}{n+1}$;

(4) $\sum\limits_{n=1}^{\infty} \dfrac{n^{n+\frac{1}{n}}}{(n+\frac{1}{n})^n}$;

(5) $\dfrac{3}{2} + \dfrac{3^2}{2^2} + \dfrac{3^3}{2^3} + \cdots + \dfrac{3^n}{2^n} + \cdots$;

(6)* $\sum\limits_{n=1}^{\infty} \sin \dfrac{n\pi}{6}$;

$(7)^* \displaystyle\sum_{n=0}^{\infty} \frac{x^{2^n}}{1-x^{2^{n+1}}}$;

五、* 已知数列 $\{na_n\}$ 收敛，$\displaystyle\sum_{n=2}^{\infty} n(a_n - a_{n+1})$ 也收敛，试证：级数 $\displaystyle\sum_{n=1}^{\infty} a_n$ 收敛.

习题 6.2(1)　常数项级数敛散性判别法

一、判断题(正确的打"√",错误的打"×")

1. 若正项级数 $\sum\limits_{n=1}^{\infty} u_n$ 收敛,则 $\sum\limits_{n=1}^{\infty} \sin u_n$ 也收敛.　　　　　　　　　　　(　　)

2. 设 $\sum\limits_{n=1}^{\infty} u_n$ 为正项级数,若 $u_n \to 0 (n \to \infty)$ 且 $\lim\limits_{n\to\infty} \dfrac{u_{n+1}}{u_n} = \rho$,则 $\rho \leqslant 1$.　　(　　)

3. 若正项级数 $\sum\limits_{n=1}^{\infty} u_n$ 满足 $\sqrt[n]{u_n} < 1$,则 $\sum\limits_{n=1}^{\infty} u_n$ 必收敛.　　　　(　　)

4. $\lim\limits_{n\to\infty} \dfrac{n^n}{(n!)^2} = 0$.　　　　　　　　　　　　　　　　　　　　　　(　　)

二、选择题

1. 若 $\sum\limits_{n=1}^{\infty} u_n$ 与 $\sum\limits_{n=1}^{\infty} v_n$ 均发散,则(　　　).

A. $\sum\limits_{n=1}^{\infty} (u_n + v_n)$ 发散　　　　　　　　B. $\sum\limits_{n=1}^{\infty} u_n v_n$ 必发散

C. $\sum\limits_{n=1}^{\infty} (|u_n| + |v_n|)$ 必发散　　　　　D. $\sum\limits_{n=1}^{\infty} (u_n^2 + v_n^2)$ 必发散

2. 已知级数 $\sum\limits_{n=1}^{\infty} \dfrac{1}{(2n-1)^2} = \dfrac{\pi^2}{8}$,则级数 $\sum\limits_{n=1}^{\infty} \dfrac{1}{n^2} = ($　　　$)$.

A. $\dfrac{\pi^2}{6}$　　　　　　B. $\dfrac{\pi^2}{4}$　　　　　　C. $\dfrac{\pi^2}{3}$　　　　　D. $\dfrac{\pi^2}{2}$

3. 下列说法正确的是(　　　).

A. 若级数 $\sum\limits_{n=1}^{\infty} u_n$ 收敛,且 $u_n \geqslant v_n$,则 $\sum\limits_{n=1}^{\infty} v_n$ 也收敛

B. 若 $\sum\limits_{n=1}^{\infty} |u_n v_n|$ 收敛,则 $\sum\limits_{n=1}^{\infty} u_n^2$ 和 $\sum\limits_{n=1}^{\infty} v_n^2$ 均收敛

C. 若正项级数 $\sum\limits_{n=1}^{\infty} u_n$ 发散,则 $u_n \geqslant \dfrac{1}{n}$

D. 若 $\sum\limits_{n=1}^{\infty} u_n^2$ 和 $\sum\limits_{n=1}^{\infty} v_n^2$ 均收敛,则 $\sum\limits_{n=1}^{\infty} (u_n + v_n)^2$ 收敛

三、判别下列级数的敛散性:

(1) $\sum\limits_{n=1}^{\infty} \sin \dfrac{\pi}{2^n}$;　　　　　　　　　　(2) $\sum\limits_{n=2}^{\infty} \dfrac{1}{(\ln n)^{\ln n}}$;

(3) $\displaystyle\sum_{n=2}^{\infty}\left(\frac{1}{\sqrt{n-1}}-\frac{1}{\sqrt{n+1}}\right)$;

(4) $\displaystyle\sum_{n=1}^{\infty}\frac{3+(-1)^n}{3^n}$;

(5) $\displaystyle\sum_{n=1}^{\infty}\int_{n}^{n+1}\frac{\mathrm{e}^{-x}}{x}\mathrm{d}x$;

(6) $\displaystyle\sum_{n=1}^{\infty}\frac{1}{3^n n^2}$;

(7) $\displaystyle\sum_{n=1}^{\infty}n\tan\frac{\pi}{2^{n+1}}$;

(8) $\displaystyle\sum_{n=1}^{\infty}\frac{7^n}{6^n-5^n}$;

(9) $\sum_{n=1}^{\infty} (\frac{b}{a_n})^n$,其中 $a_n \to a(n \to \infty)$, a_n , b , a 均为正数.

四、* 设 $a_n = \int_0^{\frac{\pi}{4}} \tan^n x \, \mathrm{d}x$.

(1) 求 $\sum_{n=1}^{\infty} \frac{a_n + a_{n+2}}{n}$ 的值;   (2) 试证:对任意的正数 λ ,级数 $\sum_{n=1}^{\infty} \frac{a_n}{n^\lambda}$ 收敛.

习题 6.2（2） 常数项级数敛散性判别法

一、判断题（正确的打"√"，错误的打"×"）

1. 若级数 $\sum\limits_{n=1}^{\infty} u_n$ 收敛，则级数 $\sum\limits_{n=1}^{\infty} u_n^2$ 也收敛．（　　）

2. 设 $\sum\limits_{n=1}^{\infty} u_n$ 收敛，$v_n \to 1(n \to \infty)$，则级数 $\sum\limits_{n=1}^{\infty} u_n v_n$ 必收敛．（　　）

3. 设 $u_n > 0(n = 1,2,\cdots)$，$u_n \to 0(n \to \infty)$，若数列 $\{u_n\}$ 不单调，则交错级数 $\sum\limits_{n=1}^{\infty} (-1)^n u_n$ 未必收敛．（　　）

4. 设 $\lim\limits_{n \to \infty} \dfrac{u_n}{v_n} = 1$，$\sum\limits_{n=1}^{\infty} u_n$ 收敛，则 $\sum\limits_{n=1}^{\infty} v_n$ 也收敛．（　　）

二、选择题

1. 若 $\sum\limits_{n=1}^{\infty} u_n$ 收敛，则（　　）．

A. $\sum\limits_{n=1}^{\infty} |u_n|$ 收敛

B. $\sum\limits_{n=1}^{\infty} u_n^2$ 收敛

C. $\sum\limits_{n=1}^{\infty} (-1)^n u_n$ 收敛

D. $\sum\limits_{n=1}^{\infty} u_{n+l}$ 收敛（l 为确定的自然数）

2. 设 $\sum\limits_{n=1}^{\infty} u_n$ 绝对收敛，$\sum\limits_{n=1}^{\infty} v_n$ 条件收敛，则（　　）．

A. $\sum\limits_{n=1}^{\infty} (u_n + v_n)$ 条件收敛

B. $\sum\limits_{n=1}^{\infty} (u_n + v_n)$ 可能绝对收敛

C. $\sum\limits_{n=1}^{\infty} (u_n + v_n)$ 可能发散

D. $\sum\limits_{n=1}^{\infty} |u_n + v_n|$ 必收敛

3. 设 $0 \leqslant u_n < \dfrac{1}{n}(n = 1,2,\cdots)$，则以下级数收敛的是（　　）．

A. $\sum\limits_{n=1}^{\infty} u_n$　　　B. $\sum\limits_{n=1}^{\infty} \sqrt{u_n}$　　　C. $\sum\limits_{n=1}^{\infty} (-1)^n u_n^2$　　　D. $\sum\limits_{n=1}^{\infty} (-1)^n u_n$

4. 设 λ 为常数，则 $\sum\limits_{n=1}^{\infty} \left(\dfrac{\cos n\lambda}{n^2} + \dfrac{\cos n\pi}{\sqrt{n}} \right)$（　　）．

A. 绝对收敛　　　B. 条件收敛　　　C. 发散　　　D. 收敛与否与 λ 有关

三、判别下列级数的敛散性. 若收敛,是绝对收敛还是条件收敛.

(1) $\sum_{n=1}^{\infty}(-1)^{n}(1-\cos\dfrac{\alpha}{n})$ (常数 $\alpha > 0$);

(2) $\sum_{n=1}^{\infty}(-1)^{n}\dfrac{1}{\ln(n+1)}$;

(3) $\sum_{n=2}^{\infty}\dfrac{(-1)^{n}}{\sqrt{n}+(-1)^{n}}$.

四、已知级数 $\sum\limits_{n=1}^{\infty}(u_n-u_{n-1})$ 和 $\sum\limits_{n=1}^{\infty}v_n$ 都收敛,$v_n>0(n=1,2,\cdots)$,求证:级数 $\sum\limits_{n=1}^{\infty}u_nv_n$ 绝对收敛.

五、* 讨论级数 $\sum\limits_{n=1}^{\infty}\ln\left[1+\dfrac{(-1)^n}{n^p}\right](p>0)$ 的绝对收敛和条件收敛性.

习题 6.3　函数项级数

一、判断题(正确的打"√",错误的打"×")

1. 幂级数 $\sum\limits_{n=0}^{\infty} \dfrac{x^{3n}}{3^n}$ 的收敛半径为 3. 　　　　　　　　　　(　　)

2. 设幂级数 $\sum\limits_{n=1}^{\infty} a_n(x-1)^n$ 在 $x=-1$ 处收敛,则它在 $x=2$ 处必绝对收敛. 　(　　)

3. 幂级数 $\sum\limits_{n=0}^{\infty} a_n x^n$ 的收敛半径为 $R \neq 0$,则 $\sum\limits_{n=0}^{\infty} \sqrt[n]{|a_n|} = \dfrac{1}{R}$. 　　(　　)

二、填空题

1. 幂级数 $\sum\limits_{n=0}^{\infty} \dfrac{x^{3n}}{n!}$ 的和函数为_____.

2. 幂级数 $\sum\limits_{n=1}^{\infty} \dfrac{3^n}{\sqrt{n}}(x+1)^n$ 的收敛域为_____.

3. 设幂级数 $\sum\limits_{n=1}^{\infty} a_n x^n$ 的收敛半径为 R,则 $\sum\limits_{n=1}^{\infty} a_n x^{3n}$ 的收敛半径为_____.

三、选择题

1. 极限 $\lim\limits_{x \to 0^+} \sum\limits_{n=1}^{\infty} x e^{-nx}$ 的值等于(　　　).

A. 0 　　　　　　　　B. 1 　　　　　　　　C. -1 　　　　　　　　D. ∞

2. 设幂级数 $\sum\limits_{n=1}^{\infty} a_n x^n$,$\sum\limits_{n=1}^{\infty} b_n x^n$ 的收敛半径分别为 R_1,R_2,则 $\sum\limits_{n=1}^{\infty} a_n b_n x^n$ 的收敛半径 R 满足(　　　).

A. $R \geqslant R_1 R_2$ 　　　　B. $R < R_1 R_2$ 　　　　C. $R = \min\{R_1, R_2\}$ 　　D. $R = \max\{R_1, R_2\}$

3. 设幂级数 $\sum\limits_{n=1}^{\infty} a_n x^n$ 的收敛半径为 R,则下列幂级数中收敛半径也为 R 的是(　　　).

A. $\sum\limits_{n=1}^{\infty} \sqrt[n]{|a_n|}\, x^n$ 　　B. $\sum\limits_{n=1}^{\infty} a_n^2 x^n$ 　　　　C. $\sum\limits_{n=1}^{\infty} a_n x^{2n}$ 　　　　D. $\sum\limits_{n=1}^{\infty} n a_n x^n$

四、求下列幂级数的收敛域:

(1) $\sum\limits_{n=1}^{\infty} \dfrac{\ln(1+n)}{n} x^{n-1}$;　　　　　　　(2) $\sum\limits_{n=1}^{\infty} \dfrac{x}{(2n)!!}$;

(3) $\displaystyle\sum_{n=1}^{\infty} \frac{1}{2n-1}\left(\frac{x-2}{2}\right)^n$;   (4) $\displaystyle\sum_{n=1}^{\infty} \frac{n}{2^n}x^{2n}$;

(5) $\displaystyle\sum_{n=1}^{\infty} \frac{(-1)^n}{n^p}x^n$.

五、求下列幂级数在收敛区间上的和函数 $S(x)$：

(1) $\displaystyle\sum_{n=1}^{\infty} \frac{(-1)^{n-1}}{2n}x^{2n-1}$;   (2) $\displaystyle\sum_{n=1}^{\infty} \frac{(x^2-1)^n}{n(n+1)}$;

(3)* $\displaystyle\sum_{n=1}^{\infty} \frac{2n+1}{2^{n+1}} x^{2n}$,并求 $\displaystyle\sum_{n=2}^{\infty} \frac{2n-1}{2^n}$ 的和.

六、求级数 $\displaystyle\sum_{n=1}^{\infty}(-1)^n \frac{n+1}{(2n+1)!}$ 的和.

七、设 $f(x)=\displaystyle\sum_{n=1}^{\infty} n3^{n-1}x^{n-1}$,求 $f(x)$ 及 $\displaystyle\int_0^{\frac{1}{8}} f(x)\mathrm{d}x$.

习题 6.4 函数展开成幂级数

一、填空题

1. 函数 $f(x) = \ln x$ 在 $x = 2$ 处的幂级数为 $f(x) =$ _____.

2. 函数 $f(x) = \ln(2 + 2x + x^2)$ 在 $x = -1$ 处的幂级数为 $f(x) =$ _____.

3. 函数 $f(x) = \int_0^x e^{-t^2} dt$ 的麦克劳林级数为 $f(x) =$ _____.

4. 设 $f(x) = x^3 \sin x$，则 $f^{(10)}(0) =$ _____.

二、求 $f(x) = \dfrac{1}{x^2 + 3x + 2}$ 在 $x_0 = -4$ 处的幂级数展开式.

三、将 $f(x) = \sin^2 x$ 在 $x_0 = 0$ 处展开成幂级数，并求其收敛域.

四、将 $f(x) = \sqrt{x^3}$ 展开成 $x - 1$ 的幂级数，并求其收敛域.

五、求 $\int_0^1 e^{-x^2} dx$ 的近似值,使误差小于 0.01.

六、* 将 $\dfrac{d}{dx}\left(\dfrac{\cos x - 1}{x}\right)$ 展开成 x 的幂级数,并利用它求级数 $\displaystyle\sum_{n=1}^{\infty}(-1)^n \dfrac{2n-1}{(2n)!}\left(\dfrac{\pi}{2}\right)^{2n}$ 的和.

七、* 试用幂级数解法求下列微分方程的解:

$(1) y'' + xy' + y = 0, y(0) = 0, y'(0) = 1;$

$(2) y'' + y\cos x = 0, y(0) = 1, y'(0) = 0.$

习题 6.5　函数展开为傅里叶级数

一、填空题

1. $f(x) = \pi x + x^2 (-\pi < x < \pi)$ 的傅里叶级数展开式中系数 $b_3 =$ _____.

2. 设 $f(x) = \begin{cases} 1, 0 \leqslant x < \dfrac{T}{2}, \\ 0, \dfrac{T}{2} \leqslant x \leqslant T \end{cases}$ 的傅里叶级数在 $x = 0$ 处收敛于_____，余弦级数

在 $x = 0$ 处收敛于_____，正弦级数在 $x = 0$ 处收敛于_____.

二、将下面以 2π 为周期的周期函数展开成傅里叶级数：

$(1) f(x) = 3x^2 + 1, -\pi \leqslant x \leqslant \pi;$

$(2) f(x) = \begin{cases} 0, -\pi \leqslant x < 0 \\ \mathrm{e}^x, 0 \leqslant x \leqslant \pi \end{cases}$，并计算 $\displaystyle\sum_{n=0}^{\infty} \frac{\mathrm{e}^\pi (-1)^n - 1}{n^2 + 1}$.

三、将函数 $f(x) = 2x^2 (0 \leqslant x \leqslant \pi)$ 分别展开成正弦级数与余弦级数.

四、将函数 $f(x) = \begin{cases} x, & 0 \leqslant x < \dfrac{l}{2}, \\ l-x, & \dfrac{l}{2} \leqslant x \leqslant l \end{cases}$ 分别展开为正弦级数与余弦级数.

五、* 利用 x 与 x^2 在区间 $(0,\pi)$ 内的余弦级数展开式,证明:$\displaystyle\sum_{n=1}^{\infty} \frac{\cos nx}{n^2} = \frac{3x^2 - 6\pi x + 2\pi^2}{12} (0 \leqslant x \leqslant \pi)$.

六、* 设周期函数 $f(x)$ 的周期为 2π,证明:如果 $f(x-\pi) = f(x)$,则 $f(x)$ 的傅里叶系数 $a_{2k+1} = 0, b_{2k+1} = 0, k = 0,1,2,\cdots$.

综合测试 1

（向量代数与空间解析几何）

一、填空题(每空 3 分,共 18 分)

1. 设 $a=(2,3,6)$, $b=(-1,\lambda,2)$, $a\perp b$, 则 $\lambda=$_____.

2. 设 $\|a+b\|=\|a-b\|$, $a=(3,-5,8)$, $b=(-1,1,t)$, 则 $t=$_____.

3. 已知三单位向量 p,q,r 两两垂直,则 $\|p+q+r\|=$_____.

4. 设三向量 a,b,c 不共面,而 $\alpha=3a+kb-7c$, $\beta=a-3b+c$, $\gamma=a+kb-3c$ 共面,则 $k=$_____.

5. 经过点 $M_1(2,-1,3)$ 与 $M_2(3,1,2)$ 且平行于向量 $\tau=(3,-1,4)$ 的平面方程为_____.

6. 经过点 $M(2,0,1)$ 且与平面 $x+3y-5z-1=0$ 垂直的直线方程为_____.

二、选择题(每空 3 分,共 18 分)

1. 下列命题正确的是( ).

A. 若 $a\cdot b=a\cdot c$ 且 $a\neq 0$,则 $b=c$

B. 若 $a\times b=a\times c$ 且 $a\neq 0$,则 $b=c$

C. $(a\times b)\cdot(a\times b)+(a\cdot b)\cdot(a\cdot b)=\|a\|^2\|b\|^2$

D. 若 $(a\times b)\cdot c=0$,则 $c\perp a$, $c\perp b$

2. 设非零向量 a 的方向角为 α,β,γ, 则( ).

A. $\alpha+\beta+\gamma=\pi$ B. $\alpha+\beta+\gamma=2\pi$

C. $\sin^2\alpha+\sin^2\beta+\sin^2\gamma=1$ D. $\sin^2\alpha+\sin^2\beta+\sin^2\gamma=2$.

3. 两平行平面 $5x-14y+2z+14=0$ 与 $5x-14y+2z-6=0$ 之间的距离为( ).

A. $\dfrac{2}{5}$ B. $\dfrac{8}{15}$ C. $\dfrac{6}{5}$ D. $\dfrac{4}{3}$

4. 直线 $\Gamma:\begin{cases}3x-2y+z=2\\6x+y+z=8\end{cases}$ 与平面 $\Pi:4x-y+z=4$( ).

A. 垂直   B. 斜交   C. 平行但不共面   D. 共面

5. 直线 $\Gamma_1:\begin{cases}2x-3y-7z+8=0,\\x+y-z-1=0\end{cases}$ 与直线 $\Gamma_2:\begin{cases}2x-y-z+2=0,\\x-5y+z+7=0\end{cases}$( ).

A. 异面   B. 相交于一点   C. 平行但不重合   D. 重合

6. 以点 $A(1,1,1)$, $B(5,2,0)$, $C(2,5,0)$, $D(1,2,4)$ 为顶点的四面体体积为( ).

A. 12   B. 8   C. 4   D. 3

三、(8分)已知点 $A(1,0,0)$ 及点 $B(0,2,1)$,试在 z 轴上求一点 C,使 $\triangle ABC$ 的面积最小.

四、(12分)(1)求点 $P(1,3,-4)$ 关于平面 $\Pi:3x+y-2z=0$ 的对称点的坐标.

(2)求点 $P(2,2,12)$ 关于直线 $\Gamma:\begin{cases} x-y-4z+12=0, \\ 2x+y-2z+3=0 \end{cases}$ 的对称点的坐标.

五、(10 分)设一平面垂直于平面 $z=0$,并通过点 $(1,-1,1)$ 到直线 $\begin{cases} y-z+1=0, \\ x=0 \end{cases}$ 的垂线,求此平面方程.

六、(12 分)设平面 Π_1 与 Π_2 的方程分别为 $x-y-z+2=0$ 与 $2x+y+z+1=0$,试求:

(1) 两平面交线的方程;

(2) 通过 $P(-1,2,3)$ 且与这两个平面都垂直的平面方程.

七、(12 分)(1)求直线 $\Gamma:\begin{cases}2x-y+z-1=0,\\x+y-z+1=0\end{cases}$ 在平面 $\Pi:x+2y-z=0$ 上的投影直线的方程.

(2)求直线 $\Gamma:\dfrac{x-1}{0}=\dfrac{y}{1}=\dfrac{z}{1}$ 绕 z 轴旋转一周所得的旋转曲面的方程.

八、* (10 分)有一束平行于直线 $\Gamma:x=y=-z$ 的平行光照射不透明的球面 $\sum:x^2+y^2+z^2=2z$. 求球面在 xOy 面上留下的阴影部分的边界线方程.

综合测试 2

（多元函数微分学及应用）

一、填空题(每小题 3 分,共 15 分)

1. 设 $f(x,y)=\dfrac{y}{1+xy}-\dfrac{1-y\sin\dfrac{\pi x}{y}}{\arctan x}$, $x>0$, $y>0$,则 $\lim\limits_{y\to+\infty}f(x,y)=$ _____.

2. 由方程 $F\left(\dfrac{y}{x},\dfrac{z}{x}\right)=0$ (F 为任意可微函数)确定隐函数 $z=z(x,y)$,则 $x\dfrac{\partial z}{\partial x}+y\dfrac{\partial z}{\partial y}$ = _____.

3. 设 $f(x,y)$ 在点 (a,b) 处的偏导数存在,则 $\lim\limits_{x\to0}\dfrac{f(a+x,b)-f(a-x,b)}{x}=$ _____.

4. 设 $f(u,v)$ 由关系式 $f[xg(y),y]=x+g(y)$ 确定,其中 $g(y)$ 可微,且 $g(y)\neq0$,则 $\dfrac{\partial^2 f}{\partial u\partial v}=$ _____.

5. 设 $u=2xy-z^2$,则 u 在点 $(2,-1,1)$ 处方向导数的最大值为 _____.

二、选择题(每小题 3 分,共 15 分)

1. 设有方程 $xy-z\ln y+e^{xz}=1$,根据隐函数存在定理,存在点 $(0,1,1)$ 的一个邻域,在此邻域内(　　).

A. 只能确定一个具有连续偏导数的隐函数 $z=z(x,y)$

B. 可确定两个具有连续偏导数的隐函数 $x=x(y,z)$ 和 $y=y(x,z)$

C. 可确定两个具有连续偏导数的隐函数 $y=y(x,z)$ 和 $z=z(x,y)$

D. 可确定两个具有连续偏导数的隐函数 $z=z(x,y)$ 和 $x=x(y,z)$

2. 设 $f(x,y)$ 与 $\varphi(x,y)$ 均为可微函数,且 $\varphi'_y(x,y)\neq0$. 已知 (x_0,y_0) 是 $f(x,y)$ 在约束条件 $\varphi(x,y)=0$ 下的一个极值点,下列选项正确的是(　　).

A. 若 $f'_x(x_0,y_0)=0$,则 $f'_y(x_0,y_0)=0$

B. 若 $f'_x(x_0,y_0)=0$,则 $f'_y(x_0,y_0)\neq0$

C. 若 $f'_x(x_0,y_0)\neq0$,则 $f'_y(x_0,y_0)=0$

D. 若 $f'_x(x_0,y_0)\neq0$,则 $f'_y(x_0,y_0)\neq0$

3. 设函数 $f(x,y)$ 在 (x_0,y_0) 处的两个偏导数都存在,则下列结论正确的是 (　　).

A. 函数 $f(x,y)$ 在 (x_0,y_0) 处可微

B. 函数 $f(x,y)$ 在 (x_0,y_0) 处连续

C. 曲线 $\begin{cases}z=f(x,y),\\x=x_0\end{cases}$ 在点 $(x_0,y_0,f(x_0,y_0))$ 的切向量为 $(0,1,f'_y(x_0,y_0))$

D. 曲线 $\begin{cases}z=f(x,y),\\y=y_0\end{cases}$ 在点 $(x_0,y_0,f(x_0,y_0))$ 的切向量为 $(1,0,f'_y(x_0,y_0))$

4. 设函数 $z=f(x,y)$ 的全微分为 $\mathrm{d}z=x\mathrm{d}x+y\mathrm{d}y$,则点 $(0,0)$(　　).

A. 不是 $f(x,y)$ 的连续点　　　　　　B. 不是 $f(x,y)$ 的极值点

C. 是 $f(x,y)$ 的极大值点　　　　　　　　D. 是 $f(x,y)$ 的极小值点

5. 考虑二元函数 $f(x,y)$ 的以下四条性质:(1)$f(x,y)$ 在点 (x_0,y_0) 处连续;(2)$f'_x(x,y)$,$f'_y(x,y)$ 在点 (x_0,y_0) 处连续;(3)$f(x,y)$ 在点 (x_0,y_0) 处可微;(4)$f'_x(x_0,y_0)$,$f'_y(x_0,y_0)$ 存在. 若用"$P{\Rightarrow}Q$"表示可由性质 P 推出性质 Q,则下列四个选项中正确的是(　　　).

　　A. $(2){\Rightarrow}(3){\Rightarrow}(1)$　　B. $(3){\Rightarrow}(2){\Rightarrow}(1)$　　C. $(3){\Rightarrow}(4){\Rightarrow}(1)$　　D. $(3){\Rightarrow}(1){\Rightarrow}(4)$

三、(8 分)设函数 $z=z(x,y)$ 由方程 $z=\sqrt{x^2-y^2}\tan\dfrac{z}{\sqrt{x^2-y^2}}$ 确定,试求 $\dfrac{\partial^2 z}{\partial x^2}$.

四、(8 分)试证:所有与曲面 $z=xf\left(\dfrac{y}{x}\right)$ 相切的平面都相交于一点.

五、(10 分)求过直线 $\begin{cases}x+2y+z=1,\\x-y-2z=-3\end{cases}$ 的平面,使之平行于曲线 $\begin{cases}x^2+y^2=\dfrac{z^2}{2},\\x+y+2z=4\end{cases}$ 在点 $(1,-1,2)$ 处的切线.

六、(10分)设函数 $f(x,y)$ 具有二阶连续偏导数,且 $f''_{xx}(x,y)=f''_{yy}(x,y)$,$f(x,2x)=x^2$,$f'_x(x,2x)=x$,试求 $f''_{xx}(x,2x)$,$f''_{xy}(x,2x)$.

七、(10分)讨论 $f(x,y)=\begin{cases}(x^2+y^2)\cos\dfrac{1}{\sqrt{x^2+y^2}},&x^2+y^2\neq0,\\0,&x^2+y^2=0\end{cases}$ 在点$(0,0)$处,

(1)是否存在偏导数?　　(2)偏导数是否连续?　　(3)是否可微?

八、(12 分) 设变换 $\begin{cases} u = x + ay, \\ v = x + by \end{cases}$ 可将方程 $6 \dfrac{\partial^2 z}{\partial x^2} + \dfrac{\partial^2 z}{\partial x \partial y} - \dfrac{\partial^2 z}{\partial y^2} = 0$ 化简为 $\dfrac{\partial^2 z}{\partial u \partial v} = 0$,求常数 a,b 的值,其中 $z = z(x,y)$ 具有二阶连续偏导数.

九、(12 分) 在第一卦限内作球面 $x^2 + y^2 + z^2 = 1$ 的切平面,使得切平面与三个坐标面所围的四面体的体积最小,求切点的坐标,并求此最小体积.

综合测试 3

（多元函数积分学及应用）

一、填空题（每小题 5 分，共 20）

1. 交换 $\int_1^2 \mathrm{d}x \int_{2-x}^{\sqrt{2x-x^2}} f(x,y)\mathrm{d}y$ 的积分次序得_____.

2. 曲线 $y^2 = 4ax$，$x^2 = \dfrac{ay}{2}(a>0)$ 所围成图形的面积为_____.

3. 设 D 是由 $x^2+y^2 \leqslant a^2(a>0)$，$y \geqslant 0$ 所围成的闭区域，则 $\iint\limits_D x^2 \mathrm{d}x\mathrm{d}y$ 在极坐标下的二次积分的表达式为_____.

4. 设 Ω 为球体 $x^2+y^2+z^2 \leqslant R^2$，则 $\iiint\limits_\Omega z^2 \mathrm{d}x\mathrm{d}y\mathrm{d}z =$ _____.

二、选择题（每小题 5 分，共 10 分）

1. 设积分区域为圆环 $D:1 \leqslant x^2+y^2 \leqslant 4$，则二重积分 $\iint\limits_D \sqrt{x^2+y^2}\mathrm{d}x\mathrm{d}y = ($ $)$.

A. $\int_0^{2\pi} \mathrm{d}\theta \int_0^1 r^2 \mathrm{d}r$ B. $\int_0^{2\pi} \mathrm{d}\theta \int_r^4 \mathrm{d}r$

C. $\int_0^{2\pi} \mathrm{d}\theta \int_1^2 r^2 \mathrm{d}r$ D. $\int_0^{2\pi} \mathrm{d}\theta \int_1^2 r\mathrm{d}r$

2. 下列结果中正确的是（   ）.

A. 若 $D:x^2+y^2 \leqslant 1$，$D_1:x^2+y^2 \leqslant 1$，$x \geqslant 0$，$y \geqslant 0$，则 $\iint\limits_D \sqrt{1-x^2-y^2}\mathrm{d}x\mathrm{d}y = 4\iint\limits_{D_1}\sqrt{1-x^2-y^2}\mathrm{d}x\mathrm{d}y$

B. 若 $D:x^2+y^2 \leqslant 1$，$D_1:x^2+y^2 \leqslant 1$，$x \geqslant 0$，$y \geqslant 0$，则 $\iint\limits_D xy\mathrm{d}x\mathrm{d}y = 4\iint\limits_{D_1}xy\mathrm{d}x\mathrm{d}y$

C. 二重积分 $\iint\limits_D f(x,y)\mathrm{d}x\mathrm{d}y$ 的几何意义是以 $z = f(x,y)$ 为曲顶，以 D 为底的曲顶柱体的体积；

D. 若 $\Omega:x^2+y^2+z^2 \leqslant R^2$，$z \geqslant 0$，$\Omega_1:x^2+y^2+z^2 \leqslant R^2$，$x \geqslant 0$，$y \geqslant 0$，$z \geqslant 0$，则 $\iiint\limits_\Omega x\mathrm{d}v = 4\iiint\limits_{\Omega_1} x\mathrm{d}v$.

三、(8分) 设 $I = \iiint\limits_{x^2+y^2+z^2\leqslant 4}(1-\sqrt{x^2+y^2+z^2})\mathrm{d}v, J = \iiint\limits_{x^2+y^2+z^2\leqslant 1}(1-\sqrt{x^2+y^2+z^2})\mathrm{d}v,$ 比较 I 与 J 的大小并说明理由.

四、(每题 7 分,共 14 分) 计算:

(1) $\iiint\limits_{\Omega}\mathrm{e}^{|z|}\mathrm{d}v$,其中 $\Omega = \{(x,y,z) \mid x^2+y^2+z^2 \leqslant 1\}$;

(2) $\iint\limits_{D}(x^2+y^2)\mathrm{d}x\mathrm{d}y$,其中 $D = \{(x,y) \mid x^2+4y^2 \leqslant 1\}$.

五、(12分) 设 $f(x)$ 在 $[0,1]$ 上连续,求证: $\int_0^1\mathrm{d}x\int_x^1\mathrm{d}y\int_x^y f(x)f(y)f(z)\mathrm{d}z = \frac{1}{6}\left[\int_0^1 f(x)\mathrm{d}x\right]^3.$

六、(12 分) 求由平面 $z = x^2 + y^2 + 1$ 上点 $M_0(1, -1, 3)$ 处的切平面与曲面 $z = x^2 + y^2$ 所围成的空间区域的体积.

七、(12 分) 已知函数 $f(x, y)$ 具有二阶连续偏导数, 且 $f(1, y) = 0, f(x, 1) = 0$, $\iint\limits_{D} f(x, y) \mathrm{d}x \mathrm{d}y = a$, 其中 $D = \{(x, y) \mid 0 \leqslant x \leqslant 1, 0 \leqslant y \leqslant 1\}$, 计算二重积分 $I = \iint\limits_{D} xy f''_{xy}(x, y) \mathrm{d}x \mathrm{d}y$.

八、(12 分) 求半径为 a, 高为 h 的均匀圆柱体对于过中心而垂直于母线的轴的转动惯量(设密度 $\rho = 1$).

综合测试 4

（多元函数积分学及应用）

一、填空题（每小题 5 分，共 25 分）

1. 设曲线 L 为 $y = -\sqrt{1-x^2}$，则 $\int_L (x^2 + y^2)\mathrm{d}s = $ _____.

2. 若 Γ 为柱面 $x^2 + y^2 = 1$ 与平面 $z = x + y$ 的交线，从 z 轴正向往 z 轴负向看去为逆时针方向，则 $\oint_\Gamma xz\mathrm{d}x + x\mathrm{d}y + \dfrac{y^2}{2}\mathrm{d}z = $ _____.

3. 若 $\sum$ 为下半球面 $z = -\sqrt{R^2 - x^2 - y^2}$，则 $\iint\limits_{\sum} \dfrac{\mathrm{d}S}{x^2 + y^2 + z^2} = $ _____.

4. 若 $\sum$ 为下半球面 $z = -\sqrt{R^2 - x^2 - y^2}$ 的上侧，则 $\iint\limits_{\sum} \dfrac{\mathrm{d}x\mathrm{d}y}{x^2 + y^2 + z^2} = $ _____.

5. 设向量 $\boldsymbol{\alpha} = y^2 \boldsymbol{i} + xy \boldsymbol{j} + xz \boldsymbol{k}$，则 $\operatorname{div} \boldsymbol{\alpha} = $ _____.

二、选择题（每小题 5 分，共 15 分）

1. 若 $\sum$ 为正八面体 $|x| + |y| + |z| \leqslant 1$ 的表面，则 $\iint\limits_{\sum} (x + y + z)\mathrm{d}S = ($ ___ $)$.

A. $4\sqrt{3}$ 　　　　B. $\dfrac{4}{3}\sqrt{3}$ 　　　　C. 0 　　　　D. $2\sqrt{3}$

2. 曲面积分 $\iint\limits_{\sum} \mathrm{d}x\mathrm{d}y$ 表示的是（ ___ ）.

A. 曲面 $\sum$ 在 xOy 面上投影 D 的面积　　　　B. 曲面 $\sum$ 的面积
C. 不是 $\sum$ 的面积，也不是投影 D 的面积　　　　D. 可能不是 $\sum$ 的面积

3. 设 $P = -\dfrac{y}{x^2 + y^2}$，$Q = \dfrac{x}{x^2 + y^2}$，则下列结论正确的是（ ___ ）.

A. 对任意光滑闭曲线都有 $\oint_L P\mathrm{d}x + Q\mathrm{d}y = 0$

B. 设 G 为一不包含原点的开区域，则积分 $\int_L P\mathrm{d}x + Q\mathrm{d}y$ 在 G 内与路径无关

C. 记 $u = \int_1^x P(x,1)\mathrm{d}x + \int_1^y Q(x,y)\mathrm{d}y, (x,y) \neq (0,0)$，则 $\mathrm{d}u = P\mathrm{d}x + Q\mathrm{d}y$

D. 设 L 为包含原点的任意正向简单闭曲线，则 $\oint_L P\mathrm{d}x + Q\mathrm{d}y = 2\pi$.

三、（12 分）计算 $\iint\limits_{\sum} (x + y + z)\mathrm{d}S$，$\sum$ 是半球面 $x^2 + y^2 + z^2 = a^2, z \geqslant 0 (a > 0)$.

四、(12分) 计算 $\iint\limits_{\Sigma} x \mathrm{d}y\mathrm{d}z$, Σ 是圆柱面 $x^2 + y^2 = 1$ 被平面 $z = 0, z = x + 2$ 所截下的部分,方向指向外侧.

五、(12分) 计算 $I = \iint\limits_{\Sigma}(x^3 + az^2)\mathrm{d}y\mathrm{d}z + (y^3 + ax^2)\mathrm{d}z\mathrm{d}x + (z^3 + ay^2)\mathrm{d}x\mathrm{d}y$, Σ 为上半球面 $z = \sqrt{a^2 - x^2 - y^2}$ 的上侧.

六、(12 分) 计算 $I = \iint\limits_{\Sigma} [f(x,y,z)+x]\mathrm{d}y\mathrm{d}z + [2f(x,y,z)+y]\mathrm{d}z\mathrm{d}x + [f(x,y,z)+z]\mathrm{d}x\mathrm{d}y$，$\Sigma$ 为平面 $x-y+z=1$ 在第四卦限部分的上侧.

七、(12 分) 计算 $I = \int_L [(\mathrm{e}^x\sin y - b(x+y))]\mathrm{d}x + (\mathrm{e}^x\cos y - ax)\mathrm{d}y$，$L$ 为从点 $A(2a,0)$ 沿曲线 $y = \sqrt{2ax-x^2}$ 到点 $O(0,0)$ 的弧，a,b 为正的常数.

综合测试 5

（无穷级数）

一、填空题（每小题 3 分，共 15 分）

1. 若级数 $\sum\limits_{n=1}^{\infty} u_n$ 的前 n 项部分和 $S_n = \dfrac{1}{2} - \dfrac{1}{2(2n+1)}$，$u_n = $_____.

2. 设级数 $\sum\limits_{n=1}^{\infty} \dfrac{1}{n^{2+p}}$ 收敛，则常数 p 的最大取值范围是_____.

3. $\int_0^1 x\left(1 - \dfrac{x^2}{1!} + \dfrac{x^4}{2!} - \dfrac{x^6}{3!} + \cdots\right) \mathrm{d}x = $_____.

4. 极限 $\lim\limits_{n\to\infty} \dfrac{n^p}{n!}$（$p$ 为任意常数）的值等于_____.

5. 设 $f(x)$ 为 $(-\infty, +\infty)$ 上以 2π 为周期的周期函数，且在 $(-\pi, \pi]$ 上的表达式为
$$f(x) = \begin{cases} -\dfrac{1}{2}x, & -\pi < x < 0, \\ x - \pi, & 0 \leqslant x \leqslant \pi, \end{cases}$$ 则 $f(x)$ 的以 2π 为周期的傅里叶级数在 $[-\pi, \pi]$ 上的和

函数为 $S(x) = $_____.

二、选择题（每小题 3 分，共 15 分）

1. 下列命题中，正确的是（　　）.

A. 若级数 $\sum\limits_{n=1}^{\infty} u_n$ 与 $\sum\limits_{n=1}^{\infty} v_n$ 的一般项有 $u_n < v_n$（$n = 1, 2, \cdots$），则有 $\sum\limits_{n=1}^{\infty} u_n < \sum\limits_{n=1}^{\infty} v_n$

B. 若正项级数 $\sum\limits_{n=1}^{\infty} u_n$ 满足 $\dfrac{u_{n+1}}{u_n} \geqslant 1$（$n = 1, 2, \cdots$），则 $\sum\limits_{n=1}^{\infty} u_n$ 发散

C. 若正项级数 $\sum\limits_{n=1}^{\infty} u_n$ 收敛，则 $\lim\limits_{n\to\infty} \dfrac{u_{n+1}}{u_n} < 1$

D. 若幂级数 $\sum\limits_{n=1}^{\infty} a_n x^n$ 的收敛半径为 R（$0 < R < +\infty$），则 $\lim\limits_{n\to\infty} \left|\dfrac{a_n}{a_{n+1}}\right| = R$

2. 设 $\alpha > 0$ 为常数，则级数 $\sum\limits_{n=1}^{\infty} (-1)^n \left(1 - \cos\dfrac{\alpha}{n}\right)$（　　）.

A. 绝对收敛　　　　　B. 条件收敛　　　　　C. 发散　　　　　D. 敛散性与 α 有关

3. 设级数 $\sum\limits_{n=1}^{\infty} (-1)^n a_n 2^n$ 收敛，则级数 $\sum\limits_{n=1}^{\infty} a_n$（　　）.

A. 绝对收敛　　　　　B. 条件收敛　　　　　C. 发散　　　　　D. 敛散性不确定

4. 若级数 $\sum\limits_{n=1}^{\infty} (-1)^n \dfrac{(x-a)^n}{n}$ 在 $x > 0$ 时发散，在 $x = 0$ 处收敛，则常数 $a = $（　　）.

A. 1　　　　　　　　B. -1　　　　　　　C. 2　　　　　　　　D. -2

5. 设 $f(x) = \begin{cases} x, & 0 \leqslant x \leqslant \dfrac{1}{2}, \\ 2(1-x), & \dfrac{1}{2} < x < 1, \end{cases}$ $S(x) = \dfrac{a_0}{2} + \sum\limits_{n=1}^{\infty} a_n \cos n\pi x, x \in \mathbf{R}$，其中 a_n

$= 2\int_0^1 f(x)\cos n\pi x\,\mathrm{d}x\,(n = 1,2,\cdots)$，则 $S\left(-\dfrac{5}{2}\right) = ($ $)$.

  A. $\dfrac{3}{4}$ B. $\dfrac{1}{2}$ C. $-\dfrac{3}{4}$ D. $-\dfrac{1}{2}$

三、判别下列级数的敛散性(每小题 6 分,共 18 分):

(1) $\displaystyle\sum_{n=1}^{\infty}\left[\dfrac{\sin(n\alpha)}{n^2} - \dfrac{1}{\sqrt{n}}\right]$,其中 α 为常数;   (2) $\displaystyle\sum_{n=1}^{\infty}\int_n^{n+1}\dfrac{\mathrm{e}^{-x}}{x}\mathrm{d}x$;

(3) $\displaystyle\sum_{n=2}^{\infty}\dfrac{(-1)^n}{\sqrt{n}+(-1)^n}$.

四、解答下列各题(每小题 6 分,共 12 分):

(1) 设幂级数 $\displaystyle\sum_{n=1}^{\infty}a_n(x-2)^n$ 在 $x = 0$ 收敛,在 $x = 4$ 处发散,求该幂函数的收敛域.

(2) 求幂函数 $\sum\limits_{n=1}^{\infty} \dfrac{2n+1}{n!} x^{2n}$ 的收敛区间及和函数.

五、(8分) 设 $\begin{cases} x = \displaystyle\int_{0}^{t} \dfrac{u}{(2-u)^2}\mathrm{d}u, \\ y = \displaystyle\sum_{n=1}^{\infty} \dfrac{n}{2^n} t^{n-1}, \end{cases}$ 求 $\dfrac{\mathrm{d}y}{\mathrm{d}x}, \dfrac{\mathrm{d}^2 y}{\mathrm{d}x^2}$.

六、(10分) 将函数 $f(x) = \ln(2x^2 + x - 3)$ 展开成 $(x-3)$ 的幂级数.

七、(10 分) 设 $f(x) = 1 - x^2$,试将 $f(x)$ 展开成余弦级数,并求级数 $\sum\limits_{n=1}^{\infty} \dfrac{(-1)^{n+1}}{n^2}$ 的和.

八、*(12 分) 设 $a_n = \displaystyle\int_0^{n\pi} x |\sin x| \, \mathrm{d}x (n = 1, 2, \cdots)$,试求级数 $\sum\limits_{n=1}^{\infty} \dfrac{a_n}{3^n}$ 的和.

综合测试 6

（综合）

一、填空题（每小题 3 分，共 15 分）

1. 设 $A=\mathrm{e}^{x-y-z}(x\,\boldsymbol{i}-z\,\boldsymbol{j}+xyz\,\boldsymbol{k})$，则散度 $\mathrm{div}\,\boldsymbol{A}\big|_{(0,0,0)}=$＿＿＿＿＿＿.

2. 设函数 $f(x,y)$ 在 $\mathbf{R}^2$ 中存在二阶连续偏导数，L 是椭圆 $\dfrac{x^2}{4}+y^2=1$，并取负向，则曲线积分 $\displaystyle\oint_L\big[-3y+f'_x(x,y)\big]\mathrm{d}x+f'_y(x,y)\mathrm{d}y$ 的值为＿＿＿＿＿＿.

3. 级数 $\displaystyle\sum_{n=1}^{\infty}\frac{(n+1)!}{10^n}$ 的敛散性为＿＿＿＿＿＿.

4. 设 D 由曲线 $y=\sqrt{x}$ 和 $y=x^2$ 所围成，则二重积分 $\displaystyle\iint_D x\sqrt{y}\,\mathrm{d}\sigma$ 的值为＿＿＿＿＿＿.

5. 设函数 $f(x,y)$ 连续，且满足 $f(x,y)=x\displaystyle\iint_D f(x,y)\mathrm{d}\sigma+y^2$，其中 $D=\{(x,y)\mid x^2+y^2\leqslant a^2\}$，则 $f(x,y)=$＿＿＿＿＿＿.

二、选择题（每小题 3 分，共 15 分）

1. 函数 $z=\sqrt{x^2+y^2}$ 在点 $(0,0)$ 处（　　　　）.

A. 偏导数与方向导数均存在
B. 偏导数不存在，但方向导数存在
C. 偏导数与方向导数均不存在
D. 偏导数存在，但方向导数不存在

2. 设 $I_1=\displaystyle\iint_D\frac{x+y}{4}\mathrm{d}\sigma$，$I_2=\displaystyle\iint_D\sqrt{\frac{x+y}{4}}\,\mathrm{d}\sigma$，$I_3=\displaystyle\iint_D\sqrt[3]{\frac{x+y}{4}}\,\mathrm{d}\sigma$，其中 $D=\{(x,y)\mid (x-1)^2+(y-1)^2\leqslant 2\}$，则 I_1,I_2,I_3 的大小关系是（　　　　）.

A. $I_1<I_2<I_3$　　　B. $I_3<I_2<I_1$　　　C. $I_2<I_1<I_3$　　　D. $I_1<I_3<I_2$

3. 函数 $f(x,y)=x^2-ay^2$（$a>0$ 为常数）在 $(0,0)$ 处（　　　　）.

A. 不取极值
B. 取极小值
C. 取极大值
D. 否取极值与 a 有关

4. 设 $\sum$ 是立体 $\Omega=\{(x,y,z)\mid 0\leqslant x\leqslant a, 0\leqslant y\leqslant b, 0\leqslant z\leqslant c\}$ 的外表面，则 $\displaystyle\iint_\Sigma x^3\mathrm{d}y\mathrm{d}z+y^3\mathrm{d}z\mathrm{d}x+z^3\mathrm{d}x\mathrm{d}y$ 的值为（　　　　）.

A. $\pi abc(a^2+b^2+c^2)$　　　　　B. $\dfrac{abc}{3}(a^2+b^2+c^2)$

C. $3abc(a^2+b^2+c^2)$　　　　　D. $abc(a^2+b^2+c^2)$

5. 曲面 $\sum:z=x+f(x-z)$ 的所有切平面都与某定直线（　　　　）.

A. 垂直　　　B. 平行　　　C. 交成 $45°$ 角　　　D. 交成 $60°$ 角

三、解答题(每小题 6 分,共 30 分)

(1)设 $F(x,y(x),z(x))=\varphi(x,y(x))+z(x)g(x,y(x))$,其中 F,φ,g 均有连续偏导数,$z(x),y(x)$ 可微,试求 $\dfrac{\partial F}{\partial y}-\dfrac{\mathrm{d}}{\mathrm{d}x}\left(\dfrac{\partial F}{\partial z}\right)$.

(2)计算二重积分 $I=\displaystyle\iint\limits_{D}(1-x)(1-y)(1-|x|-|y|)\mathrm{d}x\mathrm{d}y$,其中 $D=\{(x,y)\,|\,|x|+|y|\leqslant1\}$.

(3)求函数 $u=\ln\left(\sqrt{y^2+z^2}+x\right)$ 在点 $A(1,0,1)$ 处沿 A 指向点 $B(3,-2,2)$ 的方向的方向导数.

(4)判别级数 $\displaystyle\sum_{n=1}^{\infty}(-1)^{n-1}\sqrt{a_n\cdot a_{n+1}}$ 的敛散性,其中 $a_n>0,\{a_n\}$ 单调减少且趋于零.

（5）设 Σ 是由曲线 $\Gamma:\begin{cases}3x^2+2y^2=12,\\z=0\end{cases}$ 绕 y 轴旋转一周生成的曲面，求 Σ 上点 M $(0,\sqrt{3},\sqrt{2})$ 处的切平面方程.

四、(8 分)设函数 $z=f(xy,yg(x))$，其中 f 具有二阶连续偏导数，$f(x)$ 可导且在 $x=1$ 处取得极值 $g(1)=1$，求 $\dfrac{\partial^2 z}{\partial x\partial y}\Big|_{(1,1)}$.

五、(8 分)计算 $I=\iint\limits_{\Sigma}2(1-x^2)\mathrm{d}y\mathrm{d}z+8xy\mathrm{d}z\mathrm{d}x+z(z-4x)\mathrm{d}x\mathrm{d}y$，其中 Σ 为 $z=x^2+y^2$ $(0\leqslant z\leqslant 4)$ 并取上侧.

六、(8 分)设 $f(x)$ 为偶函数,存在二阶连续导数,且 $f(0)=1$,证明:级数 $\sum\limits_{n=1}^{\infty}\left[f\left(\dfrac{1}{n}\right)-1\right]$ 绝对收敛.

七、(8 分)设质点在力 $\boldsymbol{F}$ 的作用下,沿曲线 $x^{\frac{2}{3}}+y^{\frac{2}{3}}=a^{\frac{2}{3}}(a>0)$ 从点 $A(a,0)$ 沿逆时针方向运动到点 $B(0,a)$;力 $\boldsymbol{F}$ 的大小与作用点到原点的距离成反比(比例系数为 k),其方向规定如下:$\boldsymbol{F}$ 与作用点的向径 $\boldsymbol{r}$ 成直角,且 $\boldsymbol{r}$ 与 $\boldsymbol{F}$ 构成右手系. 试求运动中力 $\boldsymbol{F}$ 所做之功.

八、(8 分)设 $Q(x,y)$ 在 xOy 平面上具有一阶连续偏导数,曲线积分 $\int_\Gamma 2xy\mathrm{d}x+Q(x,y)\mathrm{d}y$ 与路径无关,且对任意实数 t,恒有 $\int_{(0,0)}^{(t,1)} 2xy\mathrm{d}x+Q(x,y)\mathrm{d}y=\int_{(0,0)}^{(1,t)} 2xy\mathrm{d}x+Q(x,y)\mathrm{d}y$,求 $Q(x,y)$.

课后习题及综合测试答案

1　向量代数与空间解析几何

习题 1.1

一、1. $\checkmark$；　2. $\times$；　3. $\times$；　4. $\times$.

二、1. $b-\dfrac{1}{2}a$；　2. $2\sqrt{3}$；　3. $(0,0,\sqrt{2})$；$(0,\sqrt{2},0)$.　4. $(-2,3,0)$.　5. yOz.

三、(1)关于 xOy 面，yOz 面，zOx 面的对称点分别是 $(a,b,-c)$，$(-a,b,c)$，$(a,-b,c)$；(2)关于 x 轴，y 轴和 z 轴的对称点分别是 $(a,-b,-c)$，$(-a,b,-c)$，$(-a,-b,c)$；(3)关于原点的对称点是 $(-a,-b,-c)$.

四、点 (a,b,c) 到 xOy 面的垂足为 $(a,b,0)$，距离为 $d=|c|$；到 yOz 面的垂足为 $(0,b,c)$，距离为 $d=|a|$；到 zOx 面的垂足为 $(a,0,c)$，距离为 $d=|b|$. 点 (a,b,c) 到 x 轴的垂足为 $(a,0,0)$，距离为 $d=\sqrt{b^2+c^2}$；到 y 轴的垂足为 $(0,b,0)$，距离为 $d=\sqrt{a^2+c^2}$；到 z 轴的垂足为 $(0,0,c)$，距离为 $d=\sqrt{a^2+b^2}$.

五、9，13j.

六、$v=\dfrac{5}{2}i+\dfrac{5\sqrt{2}}{2}j+\dfrac{5}{2}k$.

七、$\left(6,3,\dfrac{20}{2}\right)$.

八、提示：利用 $a\neq 0$ 时，$a\,/\!/\,b\Leftrightarrow b-\lambda a\,(\lambda\in\mathbf{R})$.

习题 1.2

一、1. $\times$；　2. $\checkmark$；　3. $\times$；　4. $\times$；　5. $\checkmark$.

二、1. $-\dfrac{26}{3},\dfrac{2}{3}$；　2. 3；　3. 7；　4. ±30；　5. $(-10,5,5)$.

三、1. C；　2. B；　3. D.

四、(1) 3，$5i+j+7k$；　(2) -12，$10i+2j+14k$；　(3) $\dfrac{3}{2\sqrt{21}}$.

五、(1) $\overrightarrow{AB}=(2,4,-1)$，$\|\overrightarrow{AB}\|=\sqrt{21}$，$\cos\alpha=\dfrac{2}{\sqrt{21}}$，$\cos\beta=\dfrac{4}{\sqrt{21}}$，$\cos\gamma=-\dfrac{1}{\sqrt{21}}$；

(2)$\sqrt{17}$; (3)$\frac{1}{3}$.

六、略.

七、略.

习题 1. 3

一、1. ×; 2. ×; 3. ×; 4. √; 5. √.

二、1. $2x+2y-3z=0$; 2. $x+2y=0$ 或 $z+1=0$.

三、1. C; 2. B.

四、(1)$x-3y-2z=0$; (2)$x-y-4=0$; (3)$x-y-2z+3=0$.

五、$2x-y-3z=0$.

六、$\left(\frac{7}{5},1,\frac{1}{5}\right)$.

七、$(0,0,2)$或$\left(0,0,\frac{4}{5}\right)$.

习题 1. 4

一、1. y; 2. $-\frac{5}{\sqrt{30}},\frac{2}{\sqrt{30}},-\frac{1}{\sqrt{30}}$ 或 $\frac{5}{\sqrt{30}},-\frac{2}{\sqrt{30}},\frac{1}{\sqrt{30}}$; 3. $\frac{5}{4}$; 4. $\arcsin\frac{\sqrt{2}}{3}$; 5. 3.

二、1. A; 2. A; 3. C.

三、$B=-6,D=27$.

四、$x=\frac{y}{0}=\frac{z}{-3}$.

五、(1)$\begin{cases}x=1,\\x+y+z=1;\end{cases}$ (2)$\frac{x-2}{2}=\frac{y+3}{-3}=\frac{z-4}{0}$ 或 $\begin{cases}3x+2y=0,\\z=4\end{cases}$.

六、$\frac{x}{-2}=y-1=\frac{z+1}{3}$ 和 $x=-2t,y=t+1,z=3t-1(-\infty<t<+\infty)$(注:本题答案不唯一).

七、$\left(-\frac{5}{3},\frac{2}{3},\frac{5}{3}\right);\left(\frac{18}{13},\frac{10}{13},\frac{54}{13}\right)$.

八、$\begin{cases}x-y+1=0,\\x+y+2z-3=0.\end{cases}$

习题 1. 5

一、1. $4y+3z=21$; 2. x,抛物; 3. $y^2+z^2=5x$; 4. $\frac{\pi}{3}$; 5. $\begin{cases}x^2+y^2=a^2,\\z=0.\end{cases}$

6. 直线,平面;点,直线;双曲线,母线平行于 z 轴的双曲柱面.

二、(1)$y^2=2z$; (2)$(x-1)^2+(y-1)^2=8$.

三、(1)是旋转曲面,由 zOx 面上抛物线 $x=1-z^2$ 绕 x 轴旋转一周而形成的旋转抛物面，也可看成抛物线 $x=1-y^2$ 绕 x 轴旋转一周而成的；

（2）不是旋转曲面；

（3）是旋转曲面，由 xOy 面上双曲线 $x^2-\dfrac{y^2}{4}=1$ 绕 y 轴旋转一周而形成的单叶旋

转双曲面，也可看成 yOz 面上双曲线 $-\dfrac{y^2}{4}+z^2=1$ 绕 y 轴旋转一周而成的.

四、$x^2+y^2=-8(z-2)$，旋转抛物面.

五、$x^2+y^2=2\left(\dfrac{y}{2}+1\right)^2$.

六、略.

七、(1) $x=\dfrac{\sqrt{2}}{2}\cos t,y=-\dfrac{\sqrt{2}}{2}\cos t,z=\sin t(0\leqslant t<2\pi)$；

（2）$x=1+\cos t,y=\sin t,z=2\sin\dfrac{t}{2}(0\leqslant t<2\pi)$.（注：本题答案不唯一）

八、(1) $\left\{(x,y)\mid x^2+y^2\leqslant\dfrac{3}{2}R^2\right\}$；　(2) $\{(x,y)\mid 1\leqslant x^2+y^2\leqslant 4\}$.

习题 1.6

一、1. ×；　2. ×；　3. ×；　4. √；　5. √.

二、(1)椭球面；　(2)椭圆抛物面；　(3)圆锥面；　(4)旋转双叶双曲面.

三、在 xOy 面中，方程 $xy=h$：当 $h>0$ 时，表示一、三卦限中关于 $y=-x$ 对称的双曲线；当 $h<0$ 时，表示二、四卦限中关于 $y=x$ 对称的双曲线；当 $h=0$ 时，表示 x 轴和 y 轴.在空间直角坐标系中 $xy=z$ 表示的是双曲抛物面，即马鞍面.

2　多元函数微分学

习题 2.1

一、1. $\{(x,y)\mid x^2+y^2=1\}\bigcup\{(x,y)\mid y=0,0\leqslant x\leqslant 1\}$ 或 $\{(r,\theta)\mid r=1\}\bigcup\{(r,\theta)\mid \theta=0,0\leqslant r\leqslant 1\}$；

2. $\left\{(x,y)\mid \dfrac{1}{e}<x+y\leqslant e\right\}$，$[0,\pi]$；　3. $\dfrac{\sqrt{1+x^2}}{|x|}$；　4. $x^2+2x,\sqrt{y}+x-1$.

二、1. A；　2. C；　3. B；　4. D；　5. A.

三、(1) $\{(x,y)\mid x\geqslant 0,y\geqslant 0,x^2\geqslant y\}$；

（2）以点 $A(1,2)$、$B\left(\dfrac{3}{2},3\right)$、$C(2,3)$ 为顶点的三角形区域.

习题 2.2

一、1. ×；　2. √；3. ×.

二、1. D；　2. C；　3. A；　4. B.

三、(1)2; (2)0; (3)不存在; (4)不存在.

习题 2.3

一、1. ×; 2. ×; 3. √; 4. √.

二、1. $0,0$; 2. $\dfrac{\partial z}{\partial x}=\mathrm{e}^{xy}(xy+y^2+1)$, $\dfrac{\partial z}{\partial y}=\mathrm{e}^{xy}(xy+x^2+1)$;

3. $\dfrac{\partial u}{\partial x}=\dfrac{y}{z}x^{\frac{y}{z}-1}$, $\dfrac{\partial u}{\partial y}=\dfrac{1}{z}x^{\frac{y}{z}}\ln x$, $\dfrac{\partial u}{\partial z}=-\dfrac{y}{z^2}x^{\frac{y}{z}}\ln x$; 4. $\dfrac{\pi}{4}$; 5. $\dfrac{1}{n}$.

三、1. B; 2. A.

四、(1)$\dfrac{\partial z}{\partial x}=y[\cos(xy)-\sin(2xy)]$, $\dfrac{\partial z}{\partial y}=x[\cos(xy)-\sin(2xy)]$;

(2)$\dfrac{\partial u}{\partial x}=\dfrac{1}{1+(x-y)^{2z}}z(x-y)^{z-1}$, $\dfrac{\partial u}{\partial y}=\dfrac{-1}{1+(x-y)^{2z}}z(x-y)^{z-1}$,

$\dfrac{\partial u}{\partial z}=\dfrac{1}{1+(x-y)^{2z}}(x-y)^z\ln(x-y)$;

(3)$\dfrac{\partial u}{\partial x}=y^{z+1}x^{y-1}$, $\dfrac{\partial u}{\partial y}=x^yy^z\ln x+zx^yy^{z-1}$, $\dfrac{\partial u}{\partial z}=x^yy^z\ln y$;

(4)$\dfrac{\partial F}{\partial x}=yf(xy)$, $\dfrac{\partial F}{\partial y}=xf(xy)-f(y)$.

五、$f'_x(x,y)=\begin{cases}2x\arctan\dfrac{y}{x}-y, & x\neq0,y\in\mathbf{R},\\ -y, & x=0,y\in\mathbf{R}.\end{cases}$

习题 2.4

一、1. ×; 2. ×; 3. ×.

二、1. B; 2. D; 3. A; 4. B.

三、(1)$\mathrm{d}z=[\mathrm{e}^xy\sin(x+y)+\mathrm{e}^xy\cos(x+y)]\mathrm{d}x+[\mathrm{e}^x\sin(x+y)+\mathrm{e}^xy\cos(x+y)]\mathrm{d}y$;

(2)$\mathrm{d}u|_{(1,2,1)}=\mathrm{e}^2\mathrm{d}x+(\mathrm{e}^2+1)\mathrm{d}y+(2\mathrm{e}^2-\mathrm{e}^{-1})\mathrm{d}z$.

四、略.

五、(1)$\varphi(0,0)=0$, $f'_x(0,0)=0$, $f'_y(0,0)=0$; (2)$\varphi(0,0)=0$.

习题 2.5

一、1. $f'_1+f'_2$, $f'_1-f'_2$; 2. nz; 3. $-\rho\sin\theta f'_x+\rho\cos\theta f'_y$; 4. $-\sin2t+3t^2\cos t^3$.

二、1. B; 2. C; 3. A.

三、$\dfrac{\partial z}{\partial x}=\left(2x+y-\dfrac{2x^2y}{x^2+y^2}\right)\mathrm{e}^{\frac{xy}{x^2+y^2}}$, $\dfrac{\partial z}{\partial y}=\left(2y+x-\dfrac{2y^2x}{x^2+y^2}\right)\mathrm{e}^{\frac{xy}{x^2+y^2}}$.

四、$\dfrac{\mathrm{d}z}{\mathrm{d}t}=\dfrac{3(1-4t^2)}{\sqrt{1-(3t-4t^3)^2}}$.

五、xyz.

七、51.

习题 2.6

一、1. z；   2. $-(\sqrt{2}+1)^2\mathrm{d}x-2\sqrt{2}(\sqrt{2}+1)\mathrm{d}y$；   3. -2；   4. -1；   5. $\dfrac{f_1'+\mathrm{e}^x f_2'}{1-f_3'}$；

6. -1.

二、$\dfrac{\mathrm{d}y}{\mathrm{d}x}=\dfrac{y-x}{x+y}$.

三、$\mathrm{d}z=-[1+\tan(x+z)]\mathrm{d}x-\tan(x+z)\mathrm{d}y$.

四、$\dfrac{\partial u}{\partial x}=\cos\dfrac{v}{u}$，$\dfrac{\partial u}{\partial y}=\sin\dfrac{v}{u}$，$\dfrac{\partial v}{\partial x}=\dfrac{v}{u}\cos\dfrac{v}{u}-\sin\dfrac{v}{u}$，$\dfrac{\partial v}{\partial y}=\cos\dfrac{v}{u}+\dfrac{v}{u}\sin\dfrac{v}{u}$.

五、$f_1'+f_2'\cos x-f_3'\cdot\dfrac{2x\varphi_1'+\mathrm{e}^{\sin x}\cos x\varphi_2'}{\varphi_3'}$.

习题 2.7

一、1. $z_{xx}''=\dfrac{2xy}{(x^2+y^2)^2}$，$z_{xy}''=\dfrac{y^2-x^2}{(x^2+y^2)^2}$，$z_{yy}''=-\dfrac{2xy}{(x^2+y^2)^2}$；

2. $u_{xy}=-\left(\dfrac{x}{y}\right)^z\left(\dfrac{1}{y}+\dfrac{z}{y}\ln\dfrac{x}{y}\right)$；   3. $6\mathrm{d}x\mathrm{d}y\mathrm{d}z$；   4. $2\mathrm{e}^{-x^2 y^2}$.

二、1. D；2. C.

三、$\dfrac{\partial^3 z}{\partial x^2\partial y}=0$，$\dfrac{\partial^3 z}{\partial x\partial y^2}=-\dfrac{1}{y^2}$.

四、$1+xy+y^2$.

五、$yf''(xy)+f'(x+y)+yf''(x+y)$.

六、$\dfrac{\partial^2 z}{\partial x^2}=\dfrac{2(y+z)}{(x+y)^2}$，$\dfrac{\partial^2 z}{\partial y^2}=\dfrac{2(x+z)}{(x+y)^2}$.

七、$\dfrac{2}{x^3}\mathrm{d}x^4+\dfrac{2}{y^3}\mathrm{d}y^4+\dfrac{2}{z^3}\mathrm{d}z^4$.

八、$f(x,y)=y+\dfrac{1}{2!}(2xy-y^2)+\dfrac{1}{3!}(3x^2 y-3xy^2+2y^3)+R_3$.

习题 2.8

一、1. $\times$；   2. $\checkmark$；   3. $\times$；   4. $\checkmark$.

二、1. $1+2\sqrt{3}$；   2. $3\boldsymbol{i}-2\boldsymbol{j}-6\boldsymbol{k}$；   3. $|\mathbf{grad}u|=\sqrt{\left(\dfrac{2x}{a^2}\right)^2+\left(\dfrac{2y}{b^2}\right)^2+\left(\dfrac{2z}{c^2}\right)^2}$；

4. 方向导数最大的方向一致，最大值.

三、1. B；   2. A.

四、$-\dfrac{3}{\sqrt{5}}$，$(-3,3)$，$\dfrac{1}{\sqrt{2}}(1,-1)$，$\dfrac{\pi}{4}$ 或 $\dfrac{5\pi}{4}$.

五、$\dfrac{\partial u}{\partial r}=\dfrac{2u(x_0,y_0,z_0)}{\sqrt{x_0^2+y_0^2+z_0^2}}$，$a=b=c$.

六、$e_l = \left(\dfrac{3}{5}, \dfrac{4}{5} \right)$ 或 $e_l = \left(\dfrac{4}{5}, \dfrac{3}{5} \right)$.

3 多元函数微分学的应用

习题 3.1-3.2

一、1. $\sqrt{}$；　2. $\times$；　3. $\sqrt{}$.

二、1. $(0, a, 1)$；　2. $x + 2y + 3z = 6, \dfrac{x-1}{1} = \dfrac{y-1}{2} = \dfrac{z-1}{3}$；

　　3. $\dfrac{x-1}{3} = \dfrac{y-1}{3} = \dfrac{z-3}{-1}, 3x + 3y - z = 3$；　4. $\left(0, \dfrac{2}{\sqrt{13}}, \dfrac{3}{\sqrt{13}} \right)$.

三、1. C；　2. A.

四、$\dfrac{x-1}{5} = \dfrac{y-1}{1} = \dfrac{z-1}{-3}, 5x + y - 3z = 0$.

五、$\dfrac{x-1/2}{1} = \dfrac{y-2}{-4} = \dfrac{z-1}{8}, 2x - 8y + 16z - 1 = 0$.

六、$z = 2$.

七、$\dfrac{x - x_0}{\sqrt[3]{x_0}} + \dfrac{y - y_0}{\sqrt[3]{y_0}} = 0$.

八、$\cos \alpha = \dfrac{1}{\sqrt{6}}$.

习题 3.3

一、1. $z\left(\dfrac{1}{4}, \dfrac{1}{2} \right) = \dfrac{1}{64}$；　2. 大, $\dfrac{1}{4}$；　3. $7, -1$；　4. $125, -75$.

二、1. C；　2. A.

三、极小值为 $f\left(\dfrac{1}{2}, -1 \right) = -\dfrac{e}{2}$.

四、最大值为 6, 最小值为 -1.

五、最大值为 $\sqrt{9 + 5\sqrt{3}}$, 最小值为 $\sqrt{9 - 5\sqrt{3}}$.

六、$\left(\pm \dfrac{4}{3}, -\dfrac{4}{3}, -\dfrac{4}{3} \right)$.

七、$(-5, -5), (1, 1)$.

4 多元函数积分学

习题 4.1 (1)

一、1. $\sqrt{}$；　2. $\times$；　3. $\times$；　4. $\times$；　5. $\sqrt{}$.

二、1. $36\pi,100\pi$； 2. 4； 3. $I_1<I_3<I_2$.

三、(1)$\dfrac{2}{3}\pi a^3$； (2)0.

四、(1)$I_1<I_2$； (2)$I_1<I_2$.

五、$ab\pi\leqslant I\leqslant ab\pi e^{a^2}$.

六、1.

习题 4. 1 (2)

一、1. $\checkmark$； 2. $\times$； 3. $\checkmark$.

二、1. $\displaystyle\int_0^1 dy\int_{2-y}^{1+\sqrt{1-y^2}} f(x,y)dx$； 2. $\dfrac{1}{2}(e^{-1}-1)$； 3. $\dfrac{1}{4}$；

4. $\displaystyle\int_{-2}^{-1} dx\int_{-\sqrt{4-x^2}}^{\sqrt{4-x^2}} f(x,y)dy+\int_{-1}^1 dx\int_{\sqrt{1-x^2}}^{\sqrt{4-x^2}} f(x,y)dy+\int_{-1}^1 dx\int_{-\sqrt{4-x^2}}^{-\sqrt{1-x^2}} f(x,y)dy$

$\displaystyle+\int_1^2 dx\int_{-\sqrt{4-x^2}}^{\sqrt{4-x^2}} f(x,y)dy$.

三、(1)$\dfrac{3}{2}$； (2)$\dfrac{R^4}{80}$； (3)$\dfrac{11}{30}$； (4)$\dfrac{9}{2}$； (5)$ae^{-a}-be^{-b}+e^{-a}-e^{-b}$.

四、略.

五、略.

习题 4. 1 (3)

一、1. $\displaystyle\int_0^{\frac{\pi}{2}} d\theta\int_{\frac{1}{\cos\theta+\sin\theta}}^1 f(r\cos\theta,\sin\theta)rdr$； 2. $\displaystyle\int_{-\frac{\pi}{2}}^{\frac{\pi}{2}} d\theta\int_0^{2\cos\theta} f(r)rdr$；

3. $J(u,v)=\begin{vmatrix}\dfrac{\partial x}{\partial u} & \dfrac{\partial x}{\partial v}\\[2mm]\dfrac{\partial y}{\partial u} & \dfrac{\partial y}{\partial v}\end{vmatrix}$.

二、1. A； 2. C.

三、(1)$\dfrac{10\sqrt{2}}{9}$； (2)$4-\dfrac{\pi}{2}$； (3)$\dfrac{2}{3}a^3\left(\pi-\dfrac{2}{3}\right)$； (4)$\dfrac{3}{2}\pi$.

四、(1)$\dfrac{\pi}{4}R^4\left(\dfrac{1}{a^2}+\dfrac{1}{b^2}\right)$； (2)$\dfrac{\pi^4}{3}$； (3)$\dfrac{1}{2}(e-1)$.

习题 4. 2 (1)

一、1. $\times$； 2. $\times$； 3. $\checkmark$.

二、1. $\displaystyle\int_{-1}^1 dx\int_{-\sqrt{1-x^2}}^{\sqrt{1-x^2}} dy\int_{x^2+2y^2}^{2-x^2} f(x,y,z)dz$； 2. $\displaystyle\int_0^a dx\int_0^{\frac{b\sqrt{a^2-x^2}}{a}} dy\int_0^{\frac{xy}{c}} f(x,y,z)dz$.

三、(1)$\dfrac{1}{4}(\pi-2)$； (2)$\dfrac{1}{48}$.

四、(1)$\dfrac{59}{480}\pi R^5$； (2)$\dfrac{2}{3}\pi$.

五、$\dfrac{4}{5}\pi abc$.

习题 4. 2 (2)

一、1. ×； 2. ×.

二、1. $J(u,v,w)=\begin{vmatrix} \dfrac{\partial x}{\partial u} & \dfrac{\partial x}{\partial v} & \dfrac{\partial x}{\partial w} \\ \dfrac{\partial y}{\partial u} & \dfrac{\partial y}{\partial v} & \dfrac{\partial y}{\partial w} \\ \dfrac{\partial z}{\partial u} & \dfrac{\partial z}{\partial v} & \dfrac{\partial z}{\partial w} \end{vmatrix}$；

2. $\displaystyle\int_{-1}^{1}\mathrm{d}x\int_{-\sqrt{1-x^2}}^{\sqrt{1-x^2}}\mathrm{d}y\int_{x^2+y^2}^{\sqrt{2-x^2-y^2}}z^2\mathrm{d}z$；$\displaystyle\int_{0}^{2\pi}\mathrm{d}\theta\int_{0}^{1}r\mathrm{d}r\int_{r^2}^{\sqrt{2-r^2}}z^2\mathrm{d}z$；$\displaystyle\int_{0}^{2\pi}\mathrm{d}\theta\int_{0}^{\frac{\pi}{4}}\mathrm{d}\varphi\int_{0}^{\sqrt{2}}r^4\cos^2\varphi\sin\varphi\mathrm{d}r$

$+\displaystyle\int_{0}^{2\pi}\mathrm{d}\theta\int_{\frac{\pi}{4}}^{\frac{\pi}{2}}\mathrm{d}\varphi\int_{0}^{\frac{\cos\varphi}{\sin^2\varphi}}r^4\cos^2\varphi\sin\varphi\mathrm{d}r$.

三、(1)$\dfrac{7}{12}\pi$；(2)$2\pi\mathrm{e}^2$.

四、(1)$\dfrac{\pi}{10}$； (2)$\dfrac{7}{6}\pi a^4$.

五、(1)8π； (2)$\dfrac{4}{15}(A^5-a^5)$.

六、$2\pi ht\left[\dfrac{h^2}{3}+f(t^2)\right]$，$\pi h\left[\dfrac{h^2}{3}+f(0)\right]$.

习题 4. 3 (无)

习题 4. 4

一、1. 0； 2. πR^2； 3. $\displaystyle\int_{\alpha}^{\beta}f(r\cos\theta,r\sin\theta)\sqrt{r^2+r'^2}\mathrm{d}\theta$； 4. 9.

二、(1)$20\sqrt{2}\pi$； (2)$2\pi^2a^3(1+2\pi^2)$； (3)$\dfrac{256}{15}a^3$.

三、(1)$2a^2(2-\sqrt{2})$； (2)$\dfrac{4}{3}\pi a^3+26\pi a$.

四、$4a^{\frac{7}{3}}$.

习题 4. 5

一、1. 0； 2. 2； 3. $mg(z_2-z_1)$.

二、(1)$\dfrac{7}{2}$； (2)$-\dfrac{\pi}{2}a^3$； (3)1； (4)$\dfrac{1}{3}\pi^3k^3-a^2\pi$.

三、$\int_L \dfrac{P(x,y)+2xQ(x,y)}{\sqrt{1+4x^2}}\mathrm{d}s.$

四、$(1-\sqrt{3})\pi.$

习题 4.6

一、1. 0；　2. $2,\dfrac{x^3}{3}+x^2y-xy^2-\dfrac{y^3}{3}+C$；　3. $2\mathrm{e}^4$；　4. $2k\pi.$

二、(1)$2\pi ab$；　(2)-4；　(3)0.

三、$\pi.$

四、5.

五、0.

六、$x^2\cos y+y^2\cos x=C.$

习题 4.7

一、1. 3；　2. $\dfrac{4\pi a^4}{3}.$

二、$125\sqrt{2}\pi.$

三、(1)$\dfrac{1}{2}(1+\sqrt{2})\pi$；　(2)$9\pi.$

四、$\sqrt{3}.$

五、$\pi a(a^2-h^2).$

六、$(3+2\sqrt{3})\pi.$

习题 4.8

一、$2\pi(\mathrm{e}-\mathrm{e}^2).$

二、$12\pi R.$

三、$\dfrac{2}{3}R^3.$

四、$2\pi R^3+c\pi R^2.$

五、$\displaystyle\iint\limits_{\Sigma}\dfrac{2xP+2yQ+R}{\sqrt{1+4x^2+4y^2}}\mathrm{d}S.$

习题 4.9 (1)

一、0.

二、$162\pi.$

三、$4\pi R^4.$

四、$2+x^2-2xz,a^3\left(2-\dfrac{a^2}{6}\right).$

五、$\dfrac{8\pi R^3}{3}(a+b+c)$.

六、0.

习题 4. 9 (2)

一、-2π.

二、$-\dfrac{9}{2}$.

三、$\dfrac{k^3}{3}$.

四、$\boldsymbol{i}+\boldsymbol{j}+\boldsymbol{k}$,$-3\pi$.

五、$(y+z+yz,z+x+xz,x+y+xy)$,0,$\boldsymbol{0}$.

5　多元函数积分学的应用

习题 5. 1-5. 2

一、$\sqrt{2}\pi$.

二、$\dfrac{1}{3}$.

三、$\dfrac{4}{3}a^3\left(\dfrac{\pi}{2}-\dfrac{2}{3}\right)$.

四、$\dfrac{\pi}{6}$.

五、$\sqrt{3}$.

六、$\dfrac{3\sqrt{3}}{2}\pi$.

习题 5. 3

一、1. $\times$；2. $\checkmark$.

二、1. $\left(0,\dfrac{4b}{3\pi}\right)$；2. $\dfrac{1}{8}\pi a^4\rho$.

三、$\sqrt{\dfrac{2}{3}}R$.

四、$\dfrac{368}{105}\rho$.

五、$\boldsymbol{F}=(0,0,f_3)$,其中 $f_3=2\pi ak\rho\left(\dfrac{1}{\sqrt{a^2+R_1^2}}-\dfrac{1}{\sqrt{a^2+R_2^2}}\right)$.

六、8π.

七、$\left(\dfrac{7}{12}, \dfrac{7}{12}, \dfrac{7}{12}\right)$.

6   无穷级数

习题 6.1

一、1. $\checkmark$；   2. $\times$；   3. $\times$；   4. $\times$.

二、1. $\dfrac{3}{(2n+1)(2n+3)}$；   2. 充分.

三、1. C；   2. B；   3. D；   4. A.

四、(1)收敛于 $\dfrac{5}{12}$；   (2)发散；   (3)发散；   (4)发散；   (5)发散；   (6)发散；

  (7)收敛于 $\dfrac{1}{1-x}$.

五、提示：利用级数收敛的定义可证.

习题 6.2 (1)

一、1. $\checkmark$；   2. $\checkmark$；   3. $\times$；   4. $\checkmark$.

二、1. C；   2. A；   3. D.

三、(1)收敛；   (2)收敛；   (3)发散；   (4)收敛；   (5)收敛；   (6)收敛；   (7)收敛；

  (8)发散；   (9)$b<a$ 时，收敛；$b>a$ 时，发散；$b=a$ 时，不能确定是发散还是
  收敛.

四、(1)1；   (2) 提示：利用比较判别法.

习题 6.2 (2)

一、1. $\times$；   2. $\times$；   3. $\checkmark$；   4. $\times$.

二、1. D；   2. A；   3. C；   4. B.

三、(1)绝对收敛；   (2)条件收敛；   (3)发散.

四、提示：令 $S_n = \displaystyle\sum_{k=1}^{n}(u_k - u_{k-1})$，先证数列 $\{u_n\}$ 有界，再利用比较判别法可知结论
成立.

五、当 $p>1$ 时，绝对收敛；当 $0<p\leqslant\dfrac{1}{2}$ 时，发散；当 $\dfrac{1}{2}<p\leqslant 1$ 时，条件收敛.

习题 6.3

一、1. $\times$；   2. $\checkmark$；   3. $\times$.

二、1. e^{x^3}；   2. $\left[-\dfrac{4}{3}, -\dfrac{2}{3}\right)$；   3. $\sqrt[3]{R}$.

三、1. B；   2. A；   3. D.

四、(1) $(-1,1)$；　(2) $(-\infty,+\infty)$；　(3) $[0,4]$；　(4) $(-\sqrt{2},\sqrt{2})$；

(5) $p>1$ 时，$[-1,1]$；$0<p<1$ 时，$(-1,1]$.

五、(1) $S(x)=\arctan x(-1\leqslant x\leqslant 1)$；　(2) $S(x)=1+\dfrac{2-x^2}{x^2-1}\ln(2-x^2)(0<x<\sqrt{2})$；

(3) $\dfrac{6x^2-x^4}{2(2-x^2)^2}$，$\dfrac{5}{2}$.

六、$\dfrac{1}{2}(\sin 1+\cos 1)$.

七、$f(x)=\dfrac{1}{(1-3x)^2}$，$\dfrac{1}{5}$.

习题 6.4

一、1. $\ln 2+\displaystyle\sum_{n=1}^{\infty}(-1)^{n+1}\dfrac{(x-2)^n}{2^n n}$，$x\in(0,4]$；

2. $\displaystyle\sum_{n=1}^{\infty}(-1)^{n+1}\dfrac{(x+1)^{2n}}{n}$，$x\in[-2,0]$；

3. $\displaystyle\sum_{n=0}^{\infty}(-1)^n\dfrac{x^{2n+1}}{(2n+1)n!}$，$x\in\mathbf{R}$　　4. -720；.

二、$\displaystyle\sum_{n=0}^{\infty}\left(\dfrac{1}{2^{n+1}}-\dfrac{1}{3^{n+1}}\right)(x+4)^n$，$x\in(-6,-2)$.

三、$\displaystyle\sum_{n=1}^{\infty}(-1)^{n-1}\dfrac{2^{2n-1}x^{2n}}{(2n)!}$，$x\in\mathbf{R}$.

四、$1+\dfrac{3}{2}(x-1)+\displaystyle\sum_{n=0}^{\infty}(-1)^n\dfrac{2(n)!}{(n!)^2}\dfrac{3}{(n+1)(n+2)2^n}\left(\dfrac{x-1}{2}\right)^{n+2}$，$0\leqslant x\leqslant 2$.

五、0.74.

六、$\displaystyle\sum_{n=1}^{\infty}(-1)^n\dfrac{2n-1}{(2n)!}x^{2n-2}$，$x\neq 0$；　$1-\dfrac{\pi}{2}$.

七、(1) $y=x-\dfrac{x^3}{1\cdot 3}+\dfrac{x^5}{1\cdot 3\cdot 5}+\cdots+(-1)^n\dfrac{x^{2n+1}}{(2n+1)!!}+\cdots$；

(2) $y=1-\dfrac{x^2}{2!}+\dfrac{2x^4}{4!}-\dfrac{9x^6}{6!}+\dfrac{55x^8}{8!}-\cdots$.

习题 6.5

一、1. $\dfrac{2\pi}{3}$；　2. $\dfrac{1}{2}$，1，0.

二、(1) $f(x)=\pi^2+1+12\displaystyle\sum_{n=1}^{\infty}(-1)^n\dfrac{\cos nx}{n^2}$，$-\infty<x<+\infty$；

(2) $f(x)=\dfrac{e^{\pi}-1}{2\pi}+\dfrac{1}{\pi}\displaystyle\sum_{n=1}^{\infty}\dfrac{e^{\pi}(-1)^n-1}{1+n^2}(\cos nx-n\sin nx)(x\neq k\pi)$，$\dfrac{2\pi+1-e^{\pi}}{2}$.

三、$\dfrac{4}{\pi}\displaystyle\sum_{n=1}^{\infty}\left[(-1)^n\left(\dfrac{2}{n^3}-\dfrac{\pi^2}{n}\right)-\dfrac{2}{n^3}\right]\sin nx$，$0\leqslant x<\pi$；

$$\frac{2}{3}\pi^2+8\sum_{n=1}^{\infty}\frac{(-1)^n}{n^2}\cos nx,0\leqslant x\leqslant\pi.$$

四、$f(x)=\dfrac{4l}{\pi^2}\displaystyle\sum_{k=1}^{\infty}\dfrac{(-1)^{k-1}}{(2k-1)^2}\sin\dfrac{(2k-1)\pi x}{l},0\leqslant x\leqslant l,$

$$f(x)=\frac{1}{4}-\frac{2l}{\pi^2}\sum_{k=1}^{\infty}\frac{1}{(2k-1)^2}\cos\frac{2(2k-1)\pi x}{l},0\leqslant x\leqslant l.$$

综合测试 1

一、1. $-\dfrac{10}{3}$; 2. 1; 3. $\sqrt{3}$; 4. 1; 5. $x-y-z=0$; 6. $\dfrac{x-2}{1}=\dfrac{y-0}{3}=\dfrac{z-1}{-5}$.

二、1. C; 2. D; 3. D; 4. D; 5. B; 6. B.

三、$C\left(0,0,\dfrac{1}{5}\right)$.

四、(1) $P_1(-5,1,0)$;(2) $P_2(4,-4,-4)$.

五、$x+2y+1=0$.

六、(1) $\begin{cases}x-y-z+2=0,\\2x+y+z+1=0;\end{cases}$ (2) $y-z+1=0$.

七、(1) $\begin{cases}3x-y+z-1=0,\\x+2y-z=0;\end{cases}$ (2) $x^2+y^2-z^2=1$.

八、$\begin{cases}x^2+y^2-xy-x-y=\dfrac{1}{2},\\z=0.\end{cases}$

综合测试 2

一、1. $\dfrac{1}{x}-\dfrac{1-\pi x}{\arctan x}$; 2. z; 3. $2f'_x(a,b)$; 4. $-\dfrac{g'(v)}{[g(v)]^2}$; 5. $2\sqrt{6}$.

二、1. B; 2. D; 3. C; 4. D; 5. B.

三、$\dfrac{\partial^2 z}{\partial x^2}=-\dfrac{y^2 z}{(x^2-y^2)^3}$.

四、略.

五、$3x-9y-12z+17=0$.

六、$0,\dfrac{1}{2}$.

七、(1)存在,$f'_x(0,0)=f'_y(0,0)=0$;(2)不连续;(3)可微.

八、$a=-2,b=3$.

九、$\left(\dfrac{a}{\sqrt{3}},\dfrac{b}{\sqrt{3}},\dfrac{c}{\sqrt{3}}\right),\dfrac{\sqrt{3}}{2}abc$.

综合测试 3

一、1. $\int_0^1 \mathrm{d}y \int_{2-y}^{1+\sqrt{1-y^2}} f(x,y)\mathrm{d}x$； 2. $\frac{2}{3}a^2$； 3. $\int_0^\pi \mathrm{d}\theta \int_0^a r^3 \cos^2\theta \mathrm{d}r$； 4. $\frac{4}{15}\pi R^5$.

二、1. C； 2. A.

三、$I < J$.

四、(1) 2π； (2) $\frac{5}{32}\pi$.

五、略.

六、$\frac{\pi}{2}$.

七、a.

八、$\frac{\pi}{4}a^2 h\left(\frac{h^2}{3}+a^2\right)$.

综合测试 4

一、1. π； 2. π； 3. 2π； 4. π； 5. $2x$.

二、1. C； 2. D； 3. D.

三、πa^3.

四、2π.

五、$\frac{29}{20}\pi a^5$.

六、$\frac{1}{2}$.

七、$\frac{\pi}{2}(b-a)a^2 + 2a^2 b$.

综合测试 5

一、1. $\frac{1}{(2n-1)(2n+1)}$； 2. $p > -1$； 3. $\frac{1}{2}\left(1-\frac{1}{e}\right)$； 4. 0；

5. $S(x) = \begin{cases} -\dfrac{x}{2}, & -\pi < x < 0, \\ x-\pi, & 0 < x < \pi, \\ -\dfrac{\pi}{2}, & x = 0, \\ \dfrac{\pi}{4}, & x = \pm\pi. \end{cases}$

二、1. B；　2. A；　3. A；　4. B；　5. A.

三、(1)发散；　(2)收敛；　(3)发散.

四、(1)$[0,4]$；　(2)$(-\infty,+\infty),2x^2\mathrm{e}^{x^2}+\mathrm{e}^{x^2}-1$.

五、$\dfrac{4}{(2-t)t},\dfrac{8(t-1)}{t^3}$.

六、$\ln18\displaystyle\sum_{n=1}^{\infty}\dfrac{(-1)^{n-1}}{n}\left[\left(\dfrac{2}{9}\right)^n+\left(\dfrac{1}{2}\right)^n\right](x-3)^n$.

七、$1+\displaystyle\sum_{n=1}^{\infty}\dfrac{(-1)^n2}{1-4n^2}x^{2n},x\in[-1,1],\dfrac{\pi}{4}-\dfrac{1}{2}$.

八、$\dfrac{3\pi}{2}$.

综合测试 6

一、1. 1；　2. -6π；　3. 收敛；　4. $\dfrac{6}{55}$；　5. $y^2+\dfrac{\pi a^4}{4}x$.

二、1. B；　2. A；　3. A；　4. D；　5. B.

三、(1)$\dfrac{\partial\varphi}{\partial y}-\dfrac{\partial y}{\partial x}+[2(x)-y'(x)]\dfrac{\partial\varphi}{\partial y}$；　(2)$\dfrac{2}{3}$；　(3)$\dfrac{3\pi}{4}$；　(4)收敛；

(5)$2\sqrt{3}y+3\sqrt{2}z=12$.

四、$f'_1(1,1)+f''_{11}(1,1)+f''_{12}(1,1)$.

五、$\dfrac{64}{3}\pi$.

六、略.

七、$\dfrac{3k\pi}{16}a^2$.

八、x^2+2y-1.

责任编辑：陈建华　金红艳

封面设计：吴颖辉　贺红梅

ISBN 978-7-5667-0810-6

9 787566 708106 >

01>

定价：38.00元（含练习册）